333 Gartentips von Edgar Gugenhan

Herausgeber:
SDR 1
Jochen Heuer
Neckarstraße 230, 70049 Stuttgart
Redaktion: Heinz Waldmüller

Verlag:

Zeppelinstraße 29–31, 73760 Ostfildern

Projektleitung: Sigmund Zipperle
Herstellung: Jolanta Gatzanis
Redaktion: Hans Schilder
Umschlaggestaltung: Grafik Rolf Seufferle
Cartoons: Rolf Kutschera
Satz: SCS Schwarz Satz & Bild digital
Druck: Ebner Ulm

ISBN: 3-7718-0695-X

SDR 1 RATGEBER

Ein Herz fürs Grüne

333 Gartentips

von

Edgar Gugenhan

Fink-Kümmerly+Frey

SDR 1. Das Herz des Südens.

Liebe Leserin, lieber Leser

Wer mit Pflanzen umgeht weiß, daß oft Probleme auftreten. Es bleibt nicht aus, daß Pflanzen kränkeln, gelbe Blätter bekommen, nicht rechtzeitig blühen oder zur Unzeit „schießen". Ganz zu schweigen von Krankheiten und Schädlingen, die Pflanzen und Menschen das Leben schwer machen.
Mit solchen Problemen wurde ich während meiner praktischen Tätigkeit und auch später nach dem Gartenbaustudium immer wieder konfrontiert. Durch die vielen Kontakte zu Gartenbesitzern und Blumenfreunden entwickelte sich eine fachjournalistische Tätigkeit, aus der heraus zahlreiche Blumen- und Gartenbücher entstanden sind.

Eines Tages – es sind fast 30 Jahre her – saß ich plötzlich im Studio des Süddeutschen Rundfunks und durfte so mehreren 100 000 Hörern Ratschläge zur Garten- und Blumenpflege geben. Als dann SDR 1 mit seinem „Hallo Radiomarkt-Telefon" die Möglichkeit eröffnete, direkten Kontakt zu den Hörerinnen und Hörern zu bekommen, war es für mich erstaunlich, wie wichtig gerade für meinen Bereich der Rat des Experten ist. Hunderte von Anrufen erreichten mich auf diese Weise bei SDR 1 im Laufe der letzten 10 Jahre.
Mehr einem Zufall ist es zu verdanken, daß ich seit Beginn der Telefonaktion die Fragen und auch viele Antworten notiert und gesammelt habe. Sie sollten immer wieder Grundlage für spätere Sendungen in SDR 1 sein.
Nicht Nein sagen konnte ich, als die SDR 1-Radiomacher mit dem Wunsch an mich herantraten, aus den direkten Hörerfragen und Antworten das erste Buch für die neue SDR 1-Ratgeber-Reihe zu verfassen. So entstand „Ein Herz fürs Grüne – 333 Gartentips von Edgar Gugenhan".

Mein besonderer Gruß gilt meinen Hörerinnen und Hörern, die mir über viele Jahre hinweg die Treue gehalten haben. Meinen Lesern wünsche ich, daß Sie aus den „333 Gartentips" viele Anregungen für Ihren grünen Bereich schöpfen können.

Ihr
Edgar Gugenhan

Liebe Leserin, lieber Leser

Hörfunk ist ein flüchtiges Medium. Und so ist es nicht verwunderlich, daß das, was über den Sender geht, von den Hörerinnen und Hörern „schwarz auf weiß" eingefordert wird. In vielen Fällen konnte SDR 1 mit einfachen Handzetteln aushelfen. In diesem Fall kommt der SDR der Bitte vieler Hörerinnen und Hörern nach: Die Hörfunkexpertentips erscheinen als Buchreihe.

Mit dieser SDR 1-Ratgeber-Reihe kommen wir der Bitte unserer Hörer nach, Information zu geben, die man schwarz auf weiß nachlesen kann. Ratgeber-Themen stehen in der Gunst der Hörer ganz oben. Guter Rat ist also gefragt. Deshalb steht, gewissermaßen unsichtbar, über dieser SDR 1-Ratgeber-Reihe die optimistische Devise: auch wenn der Alltag gelegentlich schwierig ist, gibt es für die meisten Probleme passable Lösungen. Man muß sie nur kennen. Und man muß wissen, wo guter Rat nicht teuer ist: in SDR 1. Es ist die ganz praktische Information, der handfeste Tip, den unsere Hörer in Sendungen wie dem Radiomarkt (8.20 bis 11.00 Uhr, täglich Montag bis Freitag in SDR 1) zu schätzen wissen.

Warum wir diese SDR 1-Ratgeber-Reihe mit dem Titel „Ein Herz fürs Grüne – 333 Gartentips von Edgar Gugenhan" beginnen? Edgar Gugenhan ist in SDR 1 eine „Institution". Seit 30 Jahren ist er Freund und Helfer der Hörer. Edgar Gugenhan steht für Kompetenz und Zuverlässigkeit, sein Herz schlägt fürs Grüne. Was er sagt, interessiert, und wie er's sagt, das wird vom Hörer verstanden.

Deshalb ist es uns eine Freude, mit ihm unsere SDR 1-Ratgeber-Reihe zu starten. 30 Jahre Gartenexperte beim Süddeutschen Rundfunk und 10 Jahre Telefon-Anrufservice für die Hörer von SDR 1 sind in diesem Buch kompakt zusammengefaßt. Wer das Buch liest, erfährt Seite für Seite, daß guter Rat nicht teuer ist, wenn man SDR 1 hört.

SÜDDEUTSCHER RUNDFUNK
Jochen Heuer

Eine Freude fürs Auge

Der Ziergarten gehört zum Haus, wie ein schöner Rahmen zu einem Gemälde. Er dient aber gleichzeitig der Erholung und Entspannung, der Kommunikation mit den Nachbarn und anderen Menschen. Für Kinder ist er ein geschützter Hort, in dem sie ohne Gefahren spielen können.

Die Pflanzengemeinschaften werden nach eigenem Ermessen ausgewählt, wobei der Spielraum vom Naturgarten bis zum Garten des Pflanzensammlers reichen kann

ZIER-
GARTEN

► Berberis (Berberitzen) schneiden

In meinem Garten stehen einige Berberitzen. Wie soll ich sie schneiden, damit sie sich optimal entwickeln?

◁ Für den Garten sind bald ein Dutzend verschiedene Berberitzen-Arten und zahlreiche Sorten geeignet. Es gibt sommergrüne und immergrüne Arten. Sie lieben sonnige, eher trockene Lagen und eignen sich vor allen Dingen gut für dichte Dornenhecken.
Den schönsten Wuchs erzielt man, wenn man die Sträucher in natürlicher Weise wachsen läßt. Besondere Schnittmaßnahmen sind eigentlich nicht erforderlich. Die kräftig wachsenden, laubabwerfenden Arten werden nur ausgelichtet. Außerdem kann man stark entwickelte Langtriebe im Sommer eventuell einkürzen. Die Rosmarin-Berberitze, B. stenophylla, sollte überhaupt nicht geschnitten werden. Insgesamt gesehen entwickeln Berberitzen ihren schönsten Wuchs, wenn sie locker wachsen, also keinem strengen Schnitt unterworfen sind.

Wußten Sie...

daß der deutsche Name Sauerdorn vermutlich auf die massenhaft gebildeten roten Beerenfrüchte zurückgeführt wird? Sie bleiben am Strauch lange haften, weil sie sehr sauer sind und selbst von den Singvögeln erst zu einem sehr späten Zeitpunkt gefressen werden.

► Blutjohannisbeere blüht nicht

In meinen Garten habe ich eine Blutjohannisbeere gesetzt. Mir gefällt dieser Strauch in Blüte. In meinem Garten bildet sie aber nur kräftige Triebe, die nicht zum Blühen kommen, obwohl ich sie in jedem Winter kräftig zurückschneide.

◁ Zier- oder Blutjohannisbeere muß man nach einiger Zeit ständig verjüngen. Nur durch ein fortgesetztes Auslichten bilden die Sträucher immer wieder junge, blühfreudige Triebe. Wahrscheinlich ist der Busch aber deshalb nicht mehr zum Blühen gekommen, weil der Rückschnitt im Winter erfolgte. Zu diesem Zeitpunkt sind die Blütenknospen bereits angelegt und blühen im Frühjahr auf. Am besten ist es wohl, wenn immer wieder ein älterer Trieb ganz herausgeschnitten wird, dafür aber immer wieder ein oder zwei junge Triebe, die nicht geschnitten werden dürfen, hochgezogen werden. Keinesfalls dürfen also alle Triebe ganz zurückgeschnitten werden. Auf diese Weise erfolgt immer wieder eine laufende Verjüngung des Strauches, und man hat im Frühjahr genügend ein- und mehrjährige Äste, die dann zwischen März und Mai reich blühen. Möglich ist auch, den einen oder anderen sehr wüchsigen Langtrieb unmittelbar nach der Blüte ganz herauszuschneiden. Auf diese Weise bekommen die verbleibenden Zweige Luft zur Entwicklung. Wichtig ist nur, daß die sich bis zum Herbst bildenden Blütenknospen erhalten bleiben, um den Flor im Frühjahr nicht zu gefährden.

Wußten Sie...

daß die Blut- oder Zierjohannisbeere zur gleichen Gattung Ribes wie die Johannis- und Stachelbeere gehört? Da diese Pflanzengattung zur Familie der Steinbrechgewächse (Saxifragaceae) zählt, sind also diese Beerensträucher mit den im Alpinum, in Steingärten und auf Trockenmauern oft polsterförmig wachsenden Steinbrechern nahe verwandt.

► *Sind die Früchte der Blutpflaume eßbar?*

In meinem Garten steht eine wunderschöne Blutpflaume. Sie blüht jedes Jahr üppig und setzt oft auch Früchte an. Sind diese Früchte eßbar?

◁ Es gibt eine ganze Reihe von Sorten der Blutpflaume (Prunus cerasifera), die pflaumenartige, saftige Früchte bilden. Sie sind eßbar und schmecken in der Regel süß-säuerlich. Bekannt ist z.B. die eigentliche Blutpflaume P.c. 'Nigra'. Zu den bekannten Sorten gehört aber auch 'Trailblazer', die relativ große, schmackhafte Früchte ausbildet.

► *Blutpflaumen schneiden*

Ich besitze einige Blutpflaumen. Müssen diese Bäume im Winter geschnitten werden, und wie wird der Schnitt ausgeführt?

◁ Blutpflaumen (Prunus cerasifera) werden oft in jungen Jahren wenig geschnitten. Es kann dann vorkommen, daß das Holz leicht überaltert und im Trieb nachläßt. Deshalb ist es empfehlenswert, die Triebe nach der Blüte auf 3–5 Knospen einzukürzen. Dadurch entstehen wieder genügend neue Austriebe mit gutem Blühholz.
Ältere Exemplare müssen in der Regel kräftig ausgelichtet werden, um das überalterte Holz herauszunehmen.

Mein Zusatztip

Schnittmaßnahmen sollten im Winter ausgeführt werden. Oft zieht man aber den Zeitpunkt nach der Blüte vor, um einen möglichen Gummifluß zu verhindern. Unter Gummifluß versteht man harzähnliche Ausscheidungen aus der Rinde, die gerne bei Steinobstbäumen auftreten. Auf jeden Fall sollten nach dem Schnitt eine ausreichende Wundpflege erfolgen.

Wußten Sie...

daß die Blutpflaume zu den Flachwurzlern gehört und empfindlich ist gegen Bodenverdichtungen? Deshalb sollte dieser Baum nur an einem günstigen, sonnigen Standort mit guten Bodenverhältnissen angepflanzt werden.

▶ Bodendeckerrosen

In Baumschulen werden sogenannte Bodendecker angeboten, um Freiflächen mit niederen Gehölzen oder Stauden gleichmäßig zu bepflanzen. Dadurch kann offensichtlich auch Unkraut unterdrückt werden. Nun habe ich gehört, daß es auch Bodendeckerrosen gibt. Um was für Rosen handelt es sich, und welche Anbauempfehlungen können gegeben werden?

◁ Seit einigen Jahren werden zum Abdecken von Böschungen, Rainen oder größeren Freiflächen in sonniger Lage Bodendeckerrosen angeboten. Es handelt sich um Sorten, die zahlreiche, mittellange bis lange Triebe ausbilden, die nicht straff aufrecht wachsen, sondern sich bogig niederbiegen. Die Triebe bedecken die Pflanzflächen relativ dicht, so daß tatsächlich kein oder nur wenig Unkraut aufkommt. Außerdem sind diese Rosen sehr zierend, da sie zum Teil einen reichen Blütenflor tragen.
Meistens handelt es sich auch um sehr widerstandsfähige Sorten, die weniger von Krankheiten und Schädlingen befallen werden. Zu den bekannten Sorten gehören z.B. 'Heidekönigin', 'Repandia', 'Swany', 'Marondo', 'Heidetraum' usw. Benötigt werden je nach Wuchscharakter ein bis drei Pflanzen pro Quadratmeter. Die Pflanzzeit und Pflanzung entspricht den Beetrosen.

► Buddleja (Schmetterlingsstrauch) schneiden

Vor einigen Jahren pflanzte ich einen Schmetterlingsstrauch oder Sommerflieder in den Garten. Wie soll ich ihn schneiden, daß er sich nicht so üppig entwickelt und trotzdem jedes Jahr zum Blühen kommt?

◁ Es handelt sich beim Sommerflieder um eines der schönsten sommerblühenden Gehölze. Die Blüten liefern im Sommer zahllosen Schmetterlingen Nektar.
Empfehlenswert ist bei diesem sommerblühenden Strauch, im Herbst die noch weichen Triebspitzen einzukürzen. Am Ende der Frostperiode, also im Spätwinter, können alle vorjährigen Triebe auf wenige Knospen zurückgeschnitten werden. Das hat den Vorteil, daß der Strauch alljährlich kräftige Neutriebe bildet, die im gleichen Jahr zum Blühen kommen.
Es ist aber auch möglich, im zeitigen Frühjahr die vorjährigen Triebe auf wenige Augen zurückzuschneiden. Auf diese Weise kann man den Busch immer in seiner Form halten. Er wird dann auch nicht höher als etwa 2 m. Wird nicht regelmäßig geschnitten, kann die Buddleja bis zu 4 m hoch werden.

► Miniermotte auf Chamaecyparis (Scheinzypresse)

In meinem Garten steht eine Scheinzypresse (Chamaecyparis). Seit etwa 2 Jahren beobachte ich, daß die Triebe braun werden und absterben. Handelt es sich dabei um einen Umwelt- oder parasitären Schaden? Kann ich etwas unternehmen, um eine weitere Ausbreitung zu verhindern?

◁ Wichtig wäre auf jeden Fall einmal, die einzelnen Zweige oder „Blätter“ der Scheinzypresse genau zu untersuchen. Es sind mehrere Ursachen möglich. Naheliegend ist jedoch ein Befall durch die Wacholder-Miniermotte, die seit einigen Jahren als neuer Schädling verschiedene Arten von Wacholder, Lebensbaum und Scheinzypresse befällt.

Es handelt sich dabei um die Larve eines kleinen Schmetterlings, der vor allen Dingen im Mai und Juni auftritt. Man bekommt diese Motten kaum zu sehen, da sie nachtaktiv sind und sich tagsüber in den Sträuchern versteckt halten. Nach der Paarung legt das Weibchen seine Eier ab, aus denen nach etwa 3 – 4 Wochen eine kleine Raupe schlüpft. Sie wandert zur Triebspitze und frißt sich dort in eine frische Blattschuppe ein. Dadurch entstehen die geschilderten Verbräunungen. Außerdem können Gangminen entdeckt werden. Erst im späten Herbst verlassen die Raupen ihre Wirtspflanze und verpuppen sich an den älteren Teilen der Sträucher. Die nächste Generation erscheint im folgenden Jahr.
Der Schaden durch diese Miniermotte ist sehr unterschiedlich. Eine Bekämpfung mit einem zugelassenen Pflanzenschutzmittel auf Pyrethrum-Basis ist nur dann sinnvoll, wenn man sicher ist, daß der Falterflug eingesetzt hat. Zu diesem Zweck kann man einmal tagsüber das Gehölz tüchtig schütteln. Meistens fliegen die Miniermotten kurz auf und setzen sich dann wieder an der Wirtspflanze nieder.
Im Zweifelsfalle ist eine Beratung durch den amtlichen Pflanzenschutzdienst empfehlenswert.

► Chamaecyparis (Scheinzypresse) verpflanzen

Vor vielen Jahren pflanzte ich eine Chamaecyparis in den Garten. In der Zwischenzeit ist sie bereits 2 m hoch geworden. Da sie an einem nicht so günstigen Platz steht, möchte ich sie gerne verpflanzen. Ist das jetzt noch möglich?

◁ Das Verpflanzen von größeren Bäumen oder Sträuchern ist immer etwas problematisch. Es kann aber durchaus funktionieren, wenn die Pflanze mit einem genügend großen Wurzelballen ausgegraben wird. Wichtig ist also, daß die Wurzeln großzügig umstochen und die Pflanze samt der Erde an einen neuen Standort gepflanzt wird. Dieser ist sorgfältig vorzubereiten und das Substrat reichlich mit Humus zu versorgen. Auf keinen Fall soll dafür aber frischer Mist verwendet werden.

Der Wurzelballen muß deshalb so groß sein, damit die Pflanze sofort mit den noch vorhandenen Wurzeln weiterleben und möglichst rasch auch am neuen Standort einwurzeln kann. Außerdem besitzen die Nadelgehölze keine Wurzelhaare. Die Wurzeln sind dicht von Pilzen umgeben, mit denen sie in Symbiosen (Lebensgemeinschaft) leben. Solche „Pilzwurzeln" werden auch als Mykorrhizen bezeichnet. Wichtig ist nun, daß beim Verpflanzen diese Mykorrhiza auf den neuen Standort übertragen wird, damit das Gehölz dort überhaupt weitergedeihen kann. Außerdem sind natürlich nach dem Verpflanzen die weiteren notwendigen Pflegemaßnahmen auszuführen, vor allen Dingen während trockener Perioden ausreichend zu wässern.

Wußten Sie…

daß außer den Nadelgehölzen auch viele andere Gartenpflanzen Lebensgemeinschaften im Wurzelbereich mit Pilzen eingegangen sind? So kennt man diese Mykorrhizen bei vielen Nadel- und Laubbäumen, aber auch bei anderen Pflanzen, z.B. Erikengewächsen, Orchideen usw. Deshalb müssen alle diese Pflanzen beim Umtopfen oder Verpflanzen besonders vorsichtig behandelt werden.

▶ *Mehltau bei Clematis (Waldrebe)*

In meinem Garten steht eine wunderschöne Clematis. In diesem Jahr sind Blätter, Triebe und Blüten mit einem weißen, mehligen Belag überzogen. Die jungen Blätter sind überhaupt nicht normal ausgebildet, sondern mißgestaltet. Um was für eine Krankheit handelt es sich, und was soll ich tun, damit die schöne Pflanze nicht stärker darunter leidet?

◁ Es handelt sich bei dieser Krankheit um den sogenannten Echten Mehltau, eine Pilzkrankheit.
Im allgemeinen ist die Krankheit bei den Waldreben nicht besonders gefährlich, und es kann auch sein, daß sie im nächsten Jahr nicht mehr auftritt. Auf jeden Fall sollte einmal der Befall beobachtet werden. Sind nur wenige Blätter befallen, können diese abgepflückt und vernichtet werden. Wird jedoch ein größerer Schaden befürchtet, kann eine Behandlung der Pflanze mit einem zugelassenen Mittel erfolgen.
Zur Bekämpfung von Echten Mehltaupilzen an Gehölzen kann z.B. ein Lecithin-Präparat eingesetzt werden. Es handelt sich dabei um ein Präparat, das dem biologischen Pflanzenschutz zugeordnet werden kann. Diese Mittel wirken jedoch nur, wenn sie wöchentlich ab Befallsbeginn eingesetzt werden.

Mein Zusatztip

In Fachgeschäften sind auch einige Präparate erhältlich, die prophylaktisch, also vorbeugend angewandt werden können. Es handelt sich um sogenannte Stärkungsmittel, die einen Befall durch diesen pilzlichen Erreger verhindern. Wichtig ist nur, daß diese Mittel bereits ab Frühjahr eingesetzt werden und eine Behandlung immer wieder in gewissen Zeitabständen wiederholt wird. Bekannt sind z.B. Milsana, das aus Knöterichpflanzen hergestellt wird sowie Neudo-Vital.

▶ Clematis (Waldrebe) pflanzen

Sehr gerne möchte ich in meinen Garten eine Clematis (Wald rebe) pflanzen. Ich suche eine Sorte mit blauen Blüten, die ich da und dort schon in anderen Gärten gesehen habe. Wie heißt diese Sorte, und wann muß ich sie pflanzen?

◁ Es gibt eine ganze Reihe von blau oder violett blühenden Clematis-Sorten. Vermutlich meinen sie aber die bekannte Sorte ‚Jackmanii', die außerordentlich dankbar ist und von Juli bis Oktober blüht. Die Pflanze hat einen robusten Wuchs und gilt mit ihren violett purpurfarbenen Blüten als Massenblüher.

Beste Pflanzzeit ist der frühe Herbst, damit die Pflanze noch vor Beginn des Winters am neuen Standort einwurzeln kann. Wichtig ist, daß der Boden gut vorbereitet wird. Waldreben lieben lockere, humose, durchlässige Böden mit einem neutralen bis schwach sauren Reaktionsgrad. Unter pH 5,5–6 sollte die Reaktion nicht sinken. Nicht geeignet sind schwere, bindige Lehmböden, die zu Staunässe neigen. In diesem Falle muß eine gute Drainage eingebaut und für Wasserabzug gesorgt werden. Die Pflanzgrube muß genügend groß gemacht und zum Pflanzen selbst möglichst Rindenkompost, abgelagerte Komposterde mit Torf oder ein ähnliches Substrat verwendet werden. Die Pflanze selbst wird so tief gepflanzt, daß der Wurzelansatz etwa 15 cm unter die Bodenoberfläche kommt.

Sehr günstig ist auch, wenn nach dem Pflanzen der Boden mit einer Mulchdecke versehen wird. Zum Abdecken ist Rindenhumus, Rindenmulch oder Rindenkompost gut geeignet.

Mein Zusatztip

Wurde die Clematissorte 'Jackmanii' im Herbst gepflanzt, sind vermutlich die Triebe im Frühjahr zurückgetrocknet. Die Pflanze kann unbedenklich bis nahe an den Erdboden zurückgeschnitten werden. Sie treibt dann aus den Basisknospen sicher aus.

Überhaupt kann die sommer- bis herbstblühende Sorte immer im Nachwinter zurückgeschnitten werden. Auf diese Weise bildet die Pflanze alljährlich neue Triebe mit gutem Blütenansatz. Wird nicht zurückgeschnitten, können im Laufe der Zeit die unteren Teile der Triebe verkahlen.

► Winterschutz für Clematis (Waldrebe)

Im Frühjahr habe ich eine Waldrebe (Clematis) gepflanzt. Sie hat sich im Laufe des Jahres ordentlich entwickelt. Obwohl das Schlinggehölz winterhart ist, mache ich mir Sorgen, ob die junge Pflanze gut durch den Winter kommt. Muß ich die Pflanze in irgendeiner Weise schützen?

◁ Einen ausgesprochenen Winterschutz braucht die Waldrebe nicht. Sie ist bei uns genügend winterhart. Empfehlenswert ist jedoch, den Boden mit einer ausreichenden Mulchschicht abzudecken. Sie verhindert eine rasche Austrockung des Bodens und schützt vor eindringender Kälte. Zum Abdecken eignet sich vor allen Dingen Rindenmulch, Rindenhumus und Rindenkompost.

► Clematis (Waldrebe) sterben

Ich habe eine Clematis (Waldrebe) im Garten. Sie hat sich in den letzten Jahren prächtig entwickelt. Jetzt, im Sommer, sterben die Triebe plötzlich ab. Was ist die Ursache, und kann ich die Pflanze noch retten?

◁ Das plötzliche Welken der Clematistriebe deutet auf eine Krankheit hin, die als Clematissterben oder Clematiskrankheit bekannt ist. Es sollen zwei verschiedene Pilze dafür verantwortlich sein. Meistens tritt diese Krankheit bei schon älteren, etwas kranken oder bei sehr jungen Pflanzen auf. Gefährdet sind vor allen Dingen solche Clematis, die auf schweren, undurchlässigen Böden mit stauender Nässe stehen. Auch spätfrostgeschädigte Pflanzen sind gefährdet.

Es ist nicht sicher, ob die Waldrebe ganz abgestorben ist. Auf jeden Fall sollte man den Versuch machen, die abgestorbenen Triebe sehr tief zurückzuschneiden und zu beseitigen. Sie dürfen nicht auf den Kompost geworfen werden. Es ist möglich, daß sich die Pflanze nach einem sehr starken Rückschnitt aus schlafenden Augen, die zum Teil sogar unter der Bodenoberfläche liegen, wieder regenerieren kann. Sollte dies nicht der Fall sein, muß neu gepflanzt werden.

▶ Dickmaulrüßler an Ziergehölzen

Ich habe auf fast allen Pflanzen stark beschädigte Blätter durch den Dickmaul-Rüsselkäfer, den ich zwar bei Dunkelheit täglich ablese, der aber stärker zu sein scheint als ich. Es sind in meinem Garten fast alle Pflanzen geschädigt, am meisten bedaure ich dies bei winterharten Sachen, z.B. Efeu und anderen Gehölzen. Der Befall ist deshalb tragisch, weil nicht nur laubabwerfende, sondern vor allem die wintergrünen Pflanzen befallen sind. Mich stört, wenn fast jedes Blatt ausgefranst am Baum hängt. Was kann ich tun, um diesem Schädling Herr zu werden? Wie kann ich die Larven beseitigen, um dem Übel im nächsten Jahr bereits von vorneherein zu begegnen?

◁ Bei dem geschilderten Schadbild handelt es sich eindeutig um den Befall durch den Gefurchten Dickmaulrüßler. Es gibt aber auch noch andere Dickmaulrüßlerarten. Besonders gerne befallen werden im Garten Primeln, Hortensien, Farne, Chrysanthemen, Rosen, Flieder, Rhododenron, Eibe, Lebensbaum, Efeu, Azalee, Begonie, Alpenveilchen usw.

Der ca. 1 cm große, grau-schwarze Käfer hält sich tagsüber am Boden verborgen. Bei Einbruch der Dunkelheit klettert er an den Pflanzen hoch und frißt an den Blättern vom Blattrand her. Dadurch entstehen U-förmige Kerben, der Fachmann spricht von einem Buchtenfraß. Beliebt sind auch Knospen, die ähnlich angefressen werden.

Nicht nur der Käfer ist schädlich. Gefährlich sind auch die weißlich gefärbten, bis 12 mm lang werdenden, bauchwärts gekrümmten Larven, mit braunem Kopf, die einem

Mein Zusatztip

Schäden durch Dickmaulrüßler-Larven sind in den letzten Jahren in stärkerem Umfang auch auf Dachgärten, Dachterrassen und Gräbern aufgetreten. In die humushaltigen Substrate werden von den Käfern gerne die Eier abgelegt, die Larven fressen die Wurzeln besonders von Sommerblumen und Stauden ab. Oft dringen sie auch in fleischige Stengel, z.B. von sommerblühenden Begonien ein. Auch hier kann eine Bekämpfung mit den Nematoden nützlich sein.

kleinen Engerling ähnlich sehen. Sie fressen an den Wurzeln. Bei starkem Befall kommt es zu Wuchshemmungen, oft sterben geschädigte Pflanzen vollständig ab. Da der Käfer seine Eier gerne in humushaltige Erden, z.B. Kompost, ablegt, ist der Schaden im Garten oft sehr groß.

Zur Bekämpfung wurden früher chemische Mittel eingesetzt. Neuerdings können Nützlinge eingesetzt werden und zwar Nematoden (Älchen, Fadenwürmer) der Gattung Heterorhabditis. Sie leben ausschließlich parasitisch von bestimmten Insekten und sind für andere Pflanzen, aber auch Tiere und Menschen, ungefährlich. Bezogen werden können die Nematoden von Firmen, die sich auf Nützlingszucht spezialisiert haben. Sie liefern die Nematoden in Kunststoffbeuteln auf Schaumstoffflocken. Nach dem Eintreffen werden die Nematoden in einem Behälter aus den Flocken herausgewaschen. Anschließend können die Nützlinge ausgegossen bzw. gespritzt werden.

Die Anwendung muß unbedingt genau nach Gebrauchsanweisung erfolgen. Besonders wichtig ist, daß bei der Behandlung eine Mindesttemperatur von +13°C herrscht.

Die Nematoden sollten am Tag des Eintreffens sofort ausgebracht werden. Ansonsten ist eine Lagerung im Kühlschrank bei +5 bis +7°C möglich.

Die Nematoden suchen im Boden die Dickmaulrüßlerlarven und -puppen auf, dringen durch Haut und Körperöffnungen ein und sondern Bakterien in das Insektenblut ab, die sich stark vermehren und in wenigen Tagen den Tod des Schädlings herbeiführen. Auf diese Weise kann die Entwicklung neuer Käfer auf biologischem Wege wirksam bekämpft werden.

▶ *Erica (Heide) zurückschneiden*

In meinem Garten stehen viele Heidepflanzen. Sie sehen ziemlich verwildert aus. Kann ich diese zurückschneiden? Wann und wie muß ich schneiden?

◁ Die Herbst- oder Besenheide wird am besten im Nachwinter, wenn die strengsten Fröste vorbei sind, zurückgeschnitten. Die Winter- und Frühjahrsblüher werden am ehesten in der ausgehenden Blüte geschnitten, ehe sich der neue Austrieb zu üppig entwickelt. Der Rückschnitt der Triebe erfolgt um 1 – 3 cm. Ein strenger Rückschnitt ist bei Heidekräutern nicht üblich, da ein Wiederaustrieb meistens nicht oder nur ungleichmäßig erfolgt.

Mein Zusatztip

Zwischen der Herbstheide (Calluna vulgaris) und der Winterheide (Erica carnea) besteht ein ganz wichtiger Unterscheid bezüglich des Standorts. Während allgemein die Pflanzen aus der Familie der Ericaceae (Erikengewächse) zu den Moorbeetpflanzen zählen und einen sauren Boden benötigen, ist die Winterheide (Erica carnea) die große Ausnahme. Während die üblichen Heidekräuter am besten bei einem pH-Wert zwischen 4,5 und 5,5 gedeihen, ist die Winterheide kalkhold und verträgt deshalb auch einen Boden, in dem der Reaktionsgrad höher liegt.

► Forsythia schneiden

In meinem Garten stehen einige ältere Forsythiensträucher. Sie haben jetzt ausgeblüht (Mai). Da es sich um große, alte Sträucher handelt, interessiert mich, ob ich sie jetzt oder im Winter zurückschneiden soll?

◁ Die Forsythie (Goldglöckchen) ist ein bekannter Frühjahrsblüher, dessen Knospen bereits im Herbst angelegt werden. Deshalb erfolgen Schnittmaßnahmen meistens direkt nach der Blüte, um bis zum Herbst wieder neue Zweige mit Knospen zu erzielen.

Damit die lockere Form eines Forsythienstrauchs erhalten bleibt, sollte er immer nur ausgelichtet werden. Die schönsten Blütentriebe entstehen am zwei bis dreijährigen Holz, also an den meist kürzeren Seitenzweigen der Langtriebe. Günstig ist es, wenn man immer ältere Zweige ganz herausschneidet und neue Bodentriebe von der Basis her nach oben wachsen läßt. Auf diese Weise wird der Strauch ständig verjüngt und behält seine „jugendliche" Gestalt. Nur in ganz dringenden Fällen erfolgt eine radikale Verjüngung im Winter. In diesem Falle muß jedoch ein vollständig neuer Aufbau des Strauchs angestrebt werden.

▶ Hedera (Efeu) ranken nicht

An der Nordseite meines Hauses möchte ich die Wand mit Efeu beranken lassen. Trotzt verschiedener Versuche „greifen" die Ranken nicht. Was soll ich machen, damit der Efeu problemlos nach oben klettert?

◁ Immer wieder hört man Klagen, daß Efeu an der vorgesehenen Wand nicht nach oben klettert. Spezialisten sind diesem Phänomen schon nachgegangen und haben einige interessante Beobachtungen gemacht. So weiß man heute, daß die Haftwurzeln des Efeus am besten an einer festen, eher wasserabweisenden Unterlage „greifen". Ein Kratzputz mit seinen groben Unebenheiten kann bereits ein Anhaften des Efeu verhindern. Probleme gibt es auch, wenn die Wand aus feuchtigkeitssaugendem, porösem Material besteht. Weniger günstige Erfahrungen hat man deshalb bei Mauern aus Kalksandstein oder nicht hart gebrannten Ziegeln gemacht. Auch nicht genügend feste Wände verhindern das Anhaften des Efeus. Solche ungünstigen Verhältnisse können auftreten, wenn sich Sandsteine auflösen oder aber auch ein Kratzputz mit losen Sandkörnern und Staub behaftet ist.

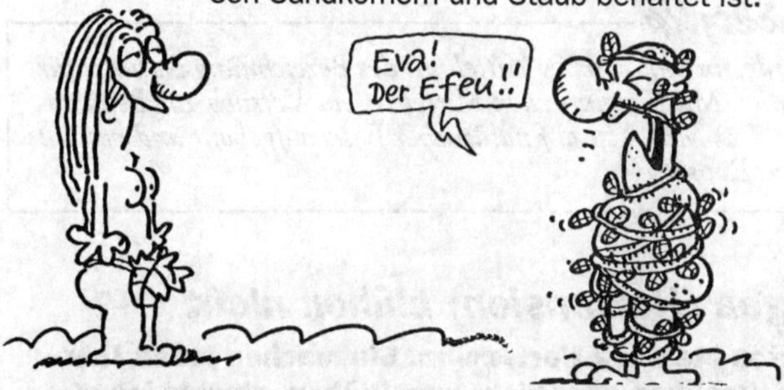

Wußten Sie...

daß die schwarzen Beeren des Efeus giftig sind? Sie können besonders bei Kindern zu einer Reizung des Magen-Darm-Traktes führen und Schmerzen und Erbrechen erzeugen. Größere Mengen führen zu Brechdurchfall. Deshalb sollten Kinder auf jeden Fall davon abgehalten werden, mit den Früchten des Efeus zu spielen.

► Hedera (Efeu) mit Spinnmilben

Ich besitze als Sichtschutz eine Efeuwand. Die Blätter sind weißlich-gelb gefleckt und haben ein fahles Aussehen. Viele Blätter sind bereits gelb und sterben ab. Auf der Blattunterseite kann man zarte Gespinste entdecken, darunter sitzen winzig kleine, blasse oder auch rötliche Tiere.

◁ Nach der Schilderung handelt es sich um den Befall von Spinnmilben (Rote Spinne). Typisch ist das Gespinst, das den Milben Schutz bietet und zur Fortbewegung dient. Stark vermehren sich die Spinnmilben bei trockenem, warmem Wetter, Feuchtigkeit lieben sie nicht.

Die Bekämpfung ist schwierig, da die Tiere sehr hartnäckig und oft gegen Pflanzenschutzmittel resistent sind. Zur Bekämpfung kommen im Haus- und Kleingarten nur wenige Mittel in Frage. Zugelassen sind Mittel auf der Basis von Piperonylbutoxid + Pyrethrine oder Kaliseife (z.B. Neudosan).

Diese Mittel müssen einige Male angewandt und vor allen Dingen die Blattunterseiten getroffen werden.

Mein Zusatztip

Ende 1992 wurde ein biologisches Mittel mit der Bezeichnung Naturen für 1993 angekündigt. Mit diesem neuen Mittel ist ein Versuch zur Bekämpfung anzuraten. Das Mittel ist auf natürlicher Basis aufgebaut und besteht überwiegend aus Rapsöl.

► Hydrangea (Hortensien) blühen nicht

In meinem Garten stehen 2 Hortensien. Sie machen jedes Jahr kräftige Triebe, kommen aber nicht zum Blühen, obwohl ich sie regelmäßig schneide. Woran liegt das?

◁ Sofern es sich um übliche Gartenhortensien handelt (Hydrangea macrophylla), also die Hortnesie, die auch im Frühjahr als blühende Topfpflanze anbeboten wird, so hängt das vermutlich mit dem Schnitt zusammen.

Diese Hortensienart entwickelt im Laufe eines Jahres kräftige Triebe, die im Spätsommer bzw. im Herbst mit einer Blütenknospe abschließen. Wird nun diese Hortensie alljährlich zurückgeschnitten, entfernt man die Blütenknospe, so daß sich aus der Basis wohl immer wieder neue Triebe bilden, die aber im Laufe des Jahres nicht zum Blühen kommen.

► *Hydrangea (Hortensie)*

Ich habe auf einem Grab eine Hortensie ausgepflanzt. Sie hat viele Triebe gebildet und in diesem Jahr „mächtig geblüht". Soll ich die verblühten Teile abschneiden? Was soll ich machen, damit die Triebe kurz bleiben und die Pflanze nicht zu groß wird?

◁ In dieser Jahreszeit (Dezember) können die verblühten Pflanzenteile abgeschnitten werden, jedoch dürfen die neuen Triebe nicht mehr gestutzt werden. Sie haben bereits mit der Blütenknospe für das nächste Jahr abgeschlossen. Die übliche Gartenhortensie (Hydrangea macrophylla) blüht immer am sogenannten zweijährigen Holz, also an den Trieben des Vorjahres.
Um die Pflanze kurz zu halten, sollten die neuen Austriebe, die sich vom Frühsommer bis zum Sommer entwickeln, einmal gestutzt werden. Sie treiben aus schlafenden Augen in den Blattachseln noch einmal durch und bilden dann ab August oder September ihre Blütenknospen fürs nächste Jahr. Durch dieses Stutzen bleiben die Triebe kürzer, der Busch wird nicht zu groß. Es können sich jedoch nach dem Stutzen zahlreiche Triebe bilden, die sich gegenseitig bedrängen. In diesem Falle muß der Strauch eventuell etwas ausgelichtet werden.

Mein Zusatztip

Manchmal bekommen ausgepflanzte Hortensien gelbe Blätter. Man spricht von einer sogenannten Chlorose. Sie wird meistens durch zu viel Kalk im Boden ausgelöst. Kalk bindet nämlich Eisen. Verhindern kann man dieses Gelbwerden dadurch, daß man bereits beim Pflanzen saures Humusmaterial (z.B. sauren Hochmoorweißtorf) unter die Erde mischt. Ansonsten kann die Pflanze mit einem Eisenchelatdünger angegossen werden.

► Hydrangea (Hortensie) im Garten

Meine Hortensien im Garten sind jetzt verblüht (Spätherbst). Müssen die Blütenstände abgeschnitten werden, und muß ich überhaupt die Triebe zurückschneiden?

◁ Die Gartenhortensie (Hydrangea macrophylla) soll so wenig wie möglich geschnitten werden. Werden die Triebe im Spätherbst oder Winter zurückgenommen, blühen die Pflanzen im folgenden Vegetationsjahr nicht, da die bereits im Herbst gebildeten Blütenknospen an den einjährigen Trieben weggeschnitten wurden. Es kommt jedoch vor, daß diese Hortensie unter starkem Frostschaden leidet. In diesem Fall müssen die Triebe nach dem Winter zurückgeschnitten werden. Mit einem Blütenflor in diesem Jahr ist aber dann nicht zu rechnen.
Andererseits können die verblühten Blütenstände abgeschnitten werden. Geschont werden müssen auf jeden Fall die einjährigen Triebe mit den kräftigen Endknospen.

Mein Zusatztip

Im Gegensatz zur Gartenhortensie wird die Rispenhortensie (H. paniculata 'Grandiflora') im Winter kräftig zurückgeschnitten. Alle letztjährigen Triebe werden bis auf fingerlange Zapfen zurückgenommen. Diese Hortensie bildet an den neuen, einjährigen Trieben des Folgejahres ihre Blütenstände aus.

Wußten Sie...

daß die volkstümliche Bezeichnung Hortensie auf den früher üblichen botanischen Gattungsname Hortensia zurückgeführt wird? Über die Einführung dieses Namens gibt es eine hübsche Geschichte. So begleitete der französische Arzt und Botaniker Philibert Commerson (1727–1773) den Botaniker Bougainville von 1766 bis 1769 auf dessen Weltreise. Er blieb auf der Insel Mauritius und sandte von dort die ersten Herbarpflanzen der Hortensie nach Paris und Genf. Diese Pflanzen benannte er nach einer Begleiterin namens Hortense Barré oder Hortense Lepaute, Hortensia.

► Schmierläuse an Hydrangea (Hortensien)

In meinem Garten wächst ein riesiger Hortensienbusch (Hydrangea). Er entwickelte seit dem Frühjahr mindestens 300 Blüten. Nun sind die Triebe eingehüllt mit lauter weißen Kügelchen, die alle zusammen eine klebrige Masse bilden. Was ist die Ursache, und was kann ich tun, um Schaden abzuwenden?

◁ Es handelt sich um einen sehr starken Befall durch Woll- und Schmierläuse. Eine Bekämpfung ist sicher nur dann notwendig, wenn ein sehr starker Befall festzustellen ist. Bewährt hat sich der Einsatz der Mittel Blattlausfrei Pirimor G oder Pirimor Granulat. Diese Mittel schonen Nützlinge und sind für den Einsatz in Haus- und Kleingarten zugelassen. Trotzdem sollte man die Anwendung dieser Spritzmittel so vornehmen, daß nur die befallenen Stellen an den Pflanzen getroffen werden. Außerdem ist die Gebrauchsanweisung genau zu beachten.

Mein Zusatztip

Woll- und Schmierläuse treten auch an Zimmerpflanzen auf. Sofern Topfpflanzen in geschützten Räumen (Wohnräunmen, Wintergarten, Kleingewächshaus) befallen sind, kann auch als Nützling der Australische Marienkäfer eingesetzt werden. In diesem Falle kann auf die Verwendung von chemischen Pflanzenschutzmitteln verzichtet werden. Eine Einsatz des Nützlings im Freien kommt nicht in Frage, da er temperaturempfindlich ist.

► Juniperus (Wacholder) wird gelb

In meinem Garten steht ein schönder Wacholderstrauch. Nun stelle ich fest, daß an einigen Trieben die Nadeln oder Zweige gelb werden und sich gleichzeitig an den Ästen gelbe bis braune zäpfchenartige Ausstülpungen gebildet haben. Was sind das für Erscheinungen, und ist der Wacholder noch zu retten?

◁ Sicher handelt es sich hierbei um einen Befall durch den Erreger des Birnengitterrosts. Diese Krankheit tritt augenblicklich sehr stark an den Birnen auf, deren Blätter im Sommer mit orangefarbenen Pusteln auf der Blattoberseite überzogen sind. Auf der Blattunterseite bilden sich netzartige Auswüchse.

Es handelt sich bei diesem Birnengitterrost um einen sogenannten wirtswechselnden Rostpilz. Im Herbst fliegen Sporen von den Birnenblättern auf den Wacholder, dessen Triebe infiziert werden. Gegen Frühjahr bilden sich diese gelatineartig weichen, orangefarbenen Zäpfchen auf den meistens etwas angeschwollenen Trieben. Durch diesen Befall kann es zu Wachstumsstörungen und Nahrungsmangel kommen, so daß die geschilderten Verfärbungen der Nadeln auftreten. Bei einem sehr starken Befall können ganze Äste absterben.
Der Pilz selbst bildet im Frühjahr wiederum Sporen, die Neuinfektionen auf den Birnenblättern verursachen.
Eine Bekämpfung dieser Krankheit auf dem Wacholder ist nicht bekannt. Pflanzenschutzexperten empfehlen meistens nur, die kranken Pflanzenteile herauszuschneiden.
In Birnenanbaugebieten sollte man unter Umständen auf die Anpflanzung solcher Wacholderarten und -sorten verzichten, die besonders gerne als Überträger des Birnengitterrostes auftreten. Es sind dies in erster Linie Juniperus sabina, J. chinensis und J. virginiana. Das gilt natürlich nicht nur für die reinen Arten.

▶ *Koniferen als Bindegrün*

Ich besitze einen großen Garten und möchte dort einige Koniferen (Nadelgehölze) anpflanzen, die sich gleichzeitig als Bindegrün eignen. Welche Gattung und Arten kommen dafür in Frage?

◁ Eigentlich sind alle Nadelgehölze als „Bindegrün" geeignet. Nur vertragen manche Gattungen eher einen Schnitt als andere. Problemlos geschnitten werden können z.B. Eibe oder Lebensbaum. Alle anderen Koniferen läßt man in der Regel auf natürliche Weise wachsen. Fichten, auch Blaufichten (Blautannen), werden für Bindezwecke in besonderen Kulturen angebaut. Ein Anpflanzen zum Schnitt im Garten ist nicht empfehlenswert, da sich die Gehölze immer nur sehr schwer regenerieren und meistens ihre natürliche Form verlieren. Im Garten sollte man sich eigentlich mehr auf die schöne Entwicklung eines Nadelgehölzes einstellen, notwendiges Bindegrün für häusliches Blumenbinden vom Fachmann (Floristen) besorgen.

▶ Magnolia blüht nicht

Ich habe im vergangenen Jahr eine Magnolie in den Garten gepflanzt. Nun hatte ich gehofft, daß sie in diesem Jahr Blüten bilden wird. Das war nicht der Fall. Wann kann ich mit den ersten Blüten rechnen?

◁ Magnolien sind herrliche Frühjahrsblüher. Nur gibt es Unterschiede hinsichtlich der Blütenbildung. Sie ist abhängig von der Art und Sorte. So ist z.B. bekannt, daß die Sternmagnolie, Magnolia stellata, schon als junge Pflanze reichlich Blüten ansetzt. Andererseits kann es beispielsweise bei einem Sämling, der auch häufig angepflanzten Magnolia kobus manchmal 10–15 Jahr dauern, ehe sie zum Blühen kommt. Es ist also durchaus denkbar, daß die Magnolie im ersten Jahr nach dem Pflanzen noch nicht geblüht hat. Da nicht bekannt ist, um welche Art, Hybride oder Sorte es sich handelt, muß man sich wohl etwas in Geduld üben und hoffen, daß die Pflanze im nächsten Jahr zum Blühen kommt.
Ansonsten ist es sehr wichtig, daß gewisse Ansprüche der Magnolie an den Standort, vor allen Dingen an den Boden beachtet werden. So lieben Magnolien einen geschützten, freien Stand, obwohl sie nicht unbedingt vollsonnig stehen müssen. Am liebsten haben sie einen Boden in guter gartenmäßiger Kultur, der humos und nahrhaft sein soll. Auch benötigt sie eine leicht saure Reaktion. Ist zu viel Kalk im Boden, werden die Blätter gelb, sie bekommen Chlorose. In etwas rauhen Lagen soll man auch darauf bedacht sein, den Boden mit einer Mulchdecke zu versehen. Die flach unter der Erdoberfläche streichenden Wurzeln können bei strengen Frösten Schaden leiden.

▶ Wann Picea (Fichtenhecke) schneiden?

Kann um diese Jahreszeit (Oktober) eine Rottannenhecke (Fichtenhecke) noch geschnitten werden?

◁ Viele Koniferen (Nadelgehölze) reagieren auf Schnittmaßnahmen empfindlich. Bei der Rottanne handelt es sich eigentlich um eine Fichte, die als frei wachsender Baum ebenfalls nicht beschnitten werden sollte. Anders ist es, wenn es sich um eine ausgesprochene Schnitthecke handelt, die schon als solche angepflanzt und aufgebaut wurde. Der beste Schnittzeitpunkt liegt in den Sommerwochen (Ende Juni und Juli). Der neue Austrieb erfolgt dann aus den an der Basis der Triebe verbliebenen Knospen. Dadurch kommt es nicht zu Ausfällen. Auch bleibt die Hecke dadurch relativ dicht. Ansonsten wird ein Schnitt auch gerne im Frühjahr kurz vor Austrieb vorgenommen.

▶ Picea omorika (Serbische Fichte) läßt die Nadeln fallen

In meinem Garten steht eine Serbische Fichte. Diese sieht schon so aus, daß sogar den Nachbarn das Grausen kommt. Die Nadeln werden braun und fallen ab. Was kann ich gegen diese Krankheit tun?

◁ Fichten werden von zahlreichen Schädlingen befallen. Besonders häufig ist die Ansiedlung der Fichtenröhren- oder Sitkalaus. Bei einem Befall zeigen ab dem Frühjahr zuerst die alten Nadeln gelbe Flecken. Diese werden dann braun und fallen ab. An der Unterseite der Nadeln, vor allen Dingen im inneren Bereich des Baumes, sitzen grüne Blattläuse mit rotbraunen Knopfaugen. Zur Kontrolle sollte man unter die befallsverdächtigen Zweige besonders der inneren Partien eine helle Unterlage (weiße Pappe) halten und die Äste mit einem Stock abklopfen. Diese Maßnahme bereits ab dem Spätwinter oder zeitigen Frühjahr ausführen, da die Eilarven je nach Witterung schon ab Anfang März, manchmal auch früher, schlüpfen.

Stellt man durch die „Klopfprobe“ einen starken Blattlausbefall fest, empfiehlt der amtliche Pflanzenschutzdienst eine chemische Behandlung. Dabei sollte auf jeden Fall vorab geprüft werden, ob die Höhe der Bäume eine Behandlung erlauben und diese Maßnahme ohne Beeinträchtigung der Nachbargärten oder Wohnbereiche durch Abdriften von Spritzflüssigkeit ausgeführt werden kann. Sind die Nadeln stark verfärbt oder fallen sie bereits ab, ist es für eine Behandlung zu spät.
Im Haus- und Kleingarten dürfen zur Behandlung der Sitkaläuse Mittel auf der Basis von Pirimcarb, Kaliseife und Piperonylbutoxid + Pyrethrine eingesetzt werden.

► *Picea pungens 'Glauca' (Blaufichte) hat Blattläuse*

Meine Blaufichte im Garten sieht traurig aus. Sie hat an den unteren Zweigen fast schon alle Nadeln verloren. Der Schaden macht aber ständig weiter. Auch die oberen Zweige sind schon von innen heraus völlig kahl. Nur die jungen Austriebe sind in den oberen Bereichen frisch und grün. Ich habe gehört, daß dafür Läuse verantwortlich sind. Was kann ich tun, um den Schaden abzuwenden, wachsen die abgestorbenen Zweige nach, oder muß ich den Baum entfernen?

◁ Blaufichten werden sehr gerne von Blattläusen, speziell der Sitkalaus, befallen. Die Läuse leben vorwiegend auf der Unterseite der Nadeln und entziehen diesen durch ihre Saugtätigkeit den Pflanzensaft. Dadurch kommt es zu einem Vergilben und vorzeitigen Abfallen der Nadeln. Besonders ab Mai ist dieser Schaden ganz deutlich festellbar. Der Neuaustrieb ist meistens weniger befallen. Die Blattläuse können sich unter günstigen Bedingungen sehr stark vermehren, so daß es nach einem anfänglichen leichten Befall sehr bald zu einer Massenvermehrung mit entsprechendem Schaden an Blaufichten und anderen Fichten kommt. Am besten ist es, wenn schon ab Vegetationsbeginn Blaufichten und andere Fichten im Garten auf einen Läusebefall kontrolliert werden. Man hält unter einen Zweig eine helle Unterlage (weiße Pappe) und schlägt mit einem Stock gegen die Zweige. Durch die ruckartige Bewegung fallen die Läuse auf die Unterlage, und man kann kontrollieren, wieviel Tiere an den Zweigen sitzen. Hat man einen Läusebefall festgestellt, hängt eine weitere Behandlung von der Zahl der Tiere ab. Sind nur wenige Läuse auf dem Baum, kann meistens auf eine Behandlung verzichtet werden. Fallen jedoch viele Läuse auf die weiße Unterlage, sollte eine Bekämpfungsmaßnahme durchgeführt werden, sonst kann es zu dem geschilderten Schaden kommen. Vom Pflanzenschutzdienst werden zum Einsatz in Haus- und Kleingarten gegen die Sitkaläuse Mittel auf der Basis von Pirimicarb (z.B. Pirimor), Kaliseife und Piperonylbutoxid + Pyrethrine empfohlen. Ein Problem sind hohe Bäume, da man hier bei einer Spritzung sehr darauf bedacht sein muß, daß keine Spritzflüssigkeit auf andere Pflanzen bzw. die Nachbargrundstücke abdriftet, also abweht. Ein stark geschädigter Baum ist meistens nicht mehr zu retten, da abgestorbene Pflanzenteile nicht mehr nachwachsen. Hier ist zu überlegen, ob man sich nicht von dem Baum trennen soll.

Mein Zusatztip

Wird bei einer zeitig durchgeführten Klopfprobe ein schwacher Läusebefall festgestellt, sollte diese Maßnahme im wöchentlichen Abstand wiederholt werden. Nimmt der Läusebefall im Laufe des Frühjahrs zu, sollte rechtzeitig eine Behandlung mit einem zugelassenen Mittel vorgenommen werden. Außerdem ist es sehr wichtig, daß die Gehölze im Garten richtig und vor allem auch harmonisch mit den Kernnährstoffen ernährt werden. Wichtig ist das Kernelement Kali, das das Pflanzengewebe festigt. Eine spezielle Düngung mit schwefelsaurem Kalimagnesia (Patentkali) wirkt sich meist günstig aus.

▶ *Potentilla (Fingerstrauch)*

In meines Nachbars Garten wächst ein etwa 1 m hoher Strauch, der den ganzen Sommer bis zum ersten Frost ununterbrochen mit gelben Blüten reich besetzt ist. Die Blätter sind handförmig und fallen im Winter ab. Mein Nachbar kennt leider den Namen dieses Strauches nicht. Können Sie mir vielleicht weiterhelfen?

◁ Es ist natürlich schwierig, durch „Ferndiagnose" aus der großen Zahl von Gehölzen die richtige Gattung und Art herauszufinden. Aufgrund des Hinweises, daß der Strauch handförmige Blätter hat, könnte es der sogenannte Fingerstrauch, Potentilla fruticosa, sein. Diesen Fingerstrauch gibt es in verschiedenen Sorten, die etwa ab Juni zum Teil bis Oktober ununterbrochen blühen. Die Blätter sind sommergrün und meistens 5-zählig gefingert. Nehmen Sie einige Blättchen und Blüten in eine naheliegende Baumschule mit und lassen Sie dort das Gehölz exakt bestimmen. Sollte es ein Fingerstrauch sein, so ist dieser für Einfassungen, niedere Blütenhecken, als Bodendecker, für Stein- und Dachgärten sowie Pflanzkübel gut geeignet. Es handelt sich um eines der anspruchslosesten Gehölze für den Garten.

▶ *Triebe vom Prunus triloba (Mandelbäumchen) sterben ab*

In meinem Garten welkten kurz nach der Vollblüte zahlreiche Triebspitzen des Mandelbäumchens, die schon nach kurzer Zeit abstarben. Ich bin in Sorge, ob dieses Bäumchen eingeht. Was ist die Ursache, und was kann ich dagegen tun?

◁ Nach der Schilderung des Schadbilds handelt es sich um die sogenannte Monilia-Spitzendürre, einer pilzlichen Erkrankung, die verschiedene Prunus-Arten, vor allen Dingen Sauerkirschen, Aprikosen, aber auch das Mandelbäumchen (Prunus triloba) befällt.
Zur Bekämpfung sollte man sofort nach dem Sichtbarwerden des Schadens die erkrankten Triebspitzen minde-

stens 5–10 cm tief in das gesunde Holz hinein zurückschneiden. Das ist wichtig, da sich die Hyphen des Pilzes sicher schon im gesunden Teil des Gewebes ausgebreitet haben. Die abgeschnittenen Pflanzenteile nicht auf den Kompost werfen, sondern vernichten (verbrennen, Müll). Will man einen weiteren Befall verhindern, sollte das Mandelbäumchen, vor allen Dingen bei feuchter Witterung, kurz vor und während der Blüte mit geeigneten Pilzmitteln gespritzt werden. Der amtliche Pflanzenschutzdienst empfiehlt Mittel auf der Basis von Triforin, z.B. Pilzfrei Saprol Neu und Bitertanol, z.B. Baycor-Spritzpulver, Baymat-Rosenspritzmittel oder CompoRosen-Schutz. Da die Infektion über die Blüte erfolgt, muß die Spritzung ab Blühbeginn durchgeführt werden.

Wußten Sie...

daß es neben dem bekannten Mandelbäumchen auch eine sogenannte Zwerg-Mandel gibt? Es handelt sich um einen dünnzweigigen, aufrechten Strauch, der aber nur bis 150 cm hoch wird. Die Triebe von Prunus tenella sind im Frühjahr mit zahllosen, 3 cm großen, rosaroten Blüten übersät.

► Rhododendron (Azalee)

In meinen Garten habe ich einen Rhododendron gepflanzt. Er blühte im Mai und Juni sehr reich. Was muß ich jetzt (Dezember) tun, damit dieses Gehölz im nächsten Jahr wieder reichlich blüht? Muß ich die Triebe in irgendeiner Weise zurückschneiden?

◁ Rhododendron zählen zu den sogenannten Moorbeetpflanzen. Das bedeutet, daß sie vor allen Dingen einen sauren Boden brauchen. Der ideale Reaktionsgrad liegt bei pH 4,5 bis 5,0 (stark sauer). Sinnvoll ist es um diese Jahreszeit, den Boden mit Humusmaterial abzudecken. Sollte der Reaktionsgrad, was in mineralischen Böden gerne der Fall ist, zu hoch liegen, ist dafür in erster Linie saurer Hochmoorweißtorf oder das Handelsprodukt Rhodohum zu verwenden. Die Dicke der Mulchschicht kann zwischen 5 und 10 cm liegen. Auch Kiefernadelstreu, Laub von hartholzigen Gehölzarten, z.B. Eiche, Esche, Buche, kann

verwendet werden. Doch muß beachtet werden, daß bei der Verwendung von Laubstreu durch die Zersetzung relativ viel Stickstoff verbraucht wird, der unter Umständen dem Boden entzogen wird. In diesem Falle ist während der Vegetationsperiode eine etwas höhere Stickstoffgabe erforderlich.
Gedüngt werden Rhododendron während der Vegetationsperiode. Verwendung eines speziellen Rhododendrondüngers ist empfehlenswert. Er ist in seinen Nährstoffen auf die Bedürfnisse der Rhododendron abgestimmt. Beim Düngen ist darauf zu achten, daß die Aufwandmengen nicht zu hoch gewählt werden, da Rhododendron salzempfindlich sind. Vor allen Dingen bei der Verwendung mineralischer Dünger kann es sonst leicht zu Salzkonzentrationsschäden (Verbrennungen) kommen.
Normalerweise werden Rhododendron nicht geschnitten. Man überläßt sie ihrem natürlichen Wuchs. Sollte eine Pflanze einmal zu groß geworden sein, ist ein Rückschnitt möglich. Problemlos ist ein Rückschnitt bis auf eine Triebstärke von etwa 2-3 mm im Durchmesser. Selbst ein stärkerer Schnitt ist möglich, jedoch ist dann mit einem verzögerten Austrieb zu rechnen. Werden relativ dünne Triebe zurückgenommen, beginnt im Frühjahr bereits nach kurzer Zeit ein Austrieb aus „schlafenden Augen". Beste Zeit für einen Rückschnitt ist der Spätwinter oder das zeitige Frühjahr, z.B. Anfang März. Da bei einem solchen Rückschnitt die im Herbst gebildeten Knospen wegfallen, muß auf den Blütenflor in diesem Jahr verzichtet werden. Treiben aber Rhododendron wieder kräftig durch, kann mit einem Ansatz der Blütenknospen bis zum Herbst gerechnet werden, die Blüte folgt dann im folgenden Frühsommer.

Mein Zusatztip

Wird im Herbst oder Frühwinter der Boden mit einer Mulchschicht abgedeckt, sollte der Boden zusätzlich mit dichtem Reisig abgedeckt werden. Beobachtet wurde nämlich, daß über einer frisch aufgebrachten Mulchschicht während klarer, windstiller Frostnächte, die Temperatur 3–5°C niedriger ist als über unbedecktem Boden. Vor allen Dingen bei jüngeren Rhododendron und Japanischen Azaleen sind dann Frostschäden möglich (Frostrisse an der Rinde kurz über dem Wurzelhals).

► Rhododendron (Azaleen) vor Frost schützen

In meinem,an einem Südhang liegenden Garten, stehen auch Rhododendron und Azaleen. Welche Möglichkeiten gibt es, daß Frostschäden vermieden werden? Kann ich die Pflanzen abdecken oder gibt es noch eine andere Methode?

◁ Es ist wohl nicht möglich, die Rhododendron und Azaleen den ganzen Winter über abzudecken. Das ist sicherlich auch nicht notwendig, da die Gehölze wahrscheinlich nur dann Schaden leiden, wenn nach kalten Frostnächten am Morgen die Sonne direkt auf die Pflanzen scheint. Andererseits ist es natürlich möglich, daß es sich nicht um einen Frostschaden, sondern um Trockenschaden handelt. Die immergrünen Pflanzen verdunsten auch im Winter Wasser. In dem Garten am Hang kann es aber sein, daß der Boden auch während der Wintermonate stark austrocknet und die Pflanzen so unter Wassermangel leiden.

Je nach Ursache müssen 2 Maßnahmen ergriffen werden. Einmal ist auf jeden Fall darauf zu achten, daß die Pflanzen auch im Winter genügend Feuchtigkeit erhalten. Deshalb muß unter Umständen während einer milden Witterungsperiode einmal oder auch mehrmals gründlich gewässert werden. Die Wassergaben sind vom Standort und den Bodenverhältnissen abhängig.

Sollte es sich um echte Frostschäden handeln, müssen die Pflanzen vielleicht während kalter Witterungsperioden etwas geschützt werden. Bewährt hat es sich, wenn um die Pflanzen einige Pfähle in den Boden geschlagen und diese mit Schnüren verbunden werden. In diese Schnüre wird Fichtenreisig gesteckt, um so zu verhindern, daß die Pflanzen sofort am Morgen von den Sonnenstrahlen getroffen werden. In extremen Lagen kann man aber auch über ein solches Gestell während kritischer Witterungsperioden Sackleinen, Rupfen usw. spannen, um so die Pflanzen zu schützen.

▶ *Rhododendron (Azalee) blüht nicht*

Die Rhododendren in meinem Garten blühen seit 2 Jahren nicht, obwohl sie früher immer einen reichen Blütenansatz hatten. Sie stehen im Schatten und werden normal gepflegt. Was kann die Ursache sein?

◁ Verschiedene Ursachen kommen dafür in Frage. Einmal muß man beachten, daß Rhododendren zu den sogenannten Moorbeetpflanzen zählen, sie brauchen also einen sauren Boden. Dieser muß einen Reaktionsgrad von pH 4,5–5,5 aufweisen. Sollte der Boden von Natur aus nicht sauer sein, muß bereits beim Pflanzen eine große Grube ausgehoben und der Rhododendron in sauren Hochmoorweißtorf oder ein ähnliches Spezialsubstrat gepflanzt werden. Später ist in regelmäßigen Abständen, am besten jährlich, die Bodenoberfläche wiederum mit saurem Torf abzudecken.

Es kann auch ein Düngefehler vorliegen. Rhododendren sollten direkt nach der Blüte gedüngt werden, damit sie kräftig durchtreiben und bis zum Herbst, also bis etwa Ende Oktober, bereits die Blütenknospen für das nächste Jahr angelegt haben. Wird die Düngung zu spät durchgeführt, treiben die Pflanzen ständig weiter, ohne im Spätsommer Knospen anzusetzen. Zum Düngen selbst sollte ein Spezialdünger für Rhododendron bzw. Moorbeetpflanzen verwendet werden, der im allgemeinen auch physiologisch sauer reagiert.

Als weitere Möglichkeit kommt in Frage, daß Rhododendren im Winter, wie viele andere Gehölze, geschnitten wurden. In diesem Falle wurde der Knospenansatz entfernt, so daß die Pflanzen im Frühjahr nicht blühen können. Übrigens sollen Rhododendren nur in Ausnahmenfällen geschnitten werden. Da der Rückschnitt im Winter erfolgt, muß man im folgenden Frühjahr auf Blüten verzichten.

Mein Zusatztip

Sofort nach dem Verblühen müssen die abgewelkten Blütenstände vorsichtig ausgebrochen werden. Dadurch wird der neue Durchtrieb aus den Seitenknospen gefördert.

▶ Rosa (Rosen) düngen

In meinem Garten wachsen Beet- und Kletterrosen. Wie müssen diese Pflanzen gedüngt werden?

◁ Zunächst einmal muß darauf hingewiesen werden, daß die Rosen auf einem mittelschweren, humosen, nicht zu Staunässe neigenden Boden am besten gedeihen. Auffallend ist, daß sie eine Humusdüngung gut vertragen. Aus diesem Grunde gedeihen sie in manchen Gärten prächtig, wenn sie alljährlich im Frühjahr mit verrottetem Mist abgedeckt werden. Am besten geeignet ist Pferde- oder Kuhmist. Allein schon diese Maßnahme reicht meistens aus, die Pflanzen zur normalem Wachstum und einem reichen Blütenansatz anzuregen.

Während Kompost immer etwas Nährstoffe enthält, sind die anderen Substrate meistens nährstoffarm. In diesem Falle müssen die Rosen zusätzlich ernährt werden. Je nach Standort empfiehlt es sich, im Frühjahr bei Vegetationsbeginn einen organisch-mineralischen Dünger oder einen Depotdünger flach in die Krume einzuarbeiten. Verwendet werden z.B. 40–60 g eines organisch-mineralischen oder 30 g eines handelsüblichen Depotdüngers. Am Wachstum der Rosenpflanzen kann man ersehen, ob diese Düngung insgesamt ausreicht. Läßt der Wuchs und die Blütenbildung etwas zu wünschen übrig, kann man zusätzlich etwa im Juni eine Kopfdüngung verabreichen. In diesem Falle verwendet man einen mineralischen Dünger, z.B. Blaukorn. Hiervon verwendet man etwa 20–30 g/m².

Mein Zusatztip

Keinesfalls soll im Sommer mehr ein organisch-mineralischer oder Depotdünger verabreicht werden. Da diese Dünger ihre Nährstoffe den Pflanzen nur relativ langsam zur Verfügung stellen, könnte das Ausreifen des Holzes im Herbst gefährdet sein. In diesem Falle könnte es in einem kalten Winter zu Frostschäden kommen. Deshalb muß man immer darauf bedacht sein, daß durch eine Düngung das Wachstum und die Blüte in den Frühsommer und den Sommerwochen unterstützt wird, jedoch die Nährstoffe, vor allen Dingen der Stickstoff, bis zum zeitigen Herbst verbraucht sind.

► *Rosa (Rosen) anhäufeln oder abdecken*

Ich habe einen Garten übernommen, in dem zahlreiche Rosenpflanzen stehen. Warum soll man diese Rosen im Herbst anhäufeln oder abdecken?

◁ Edel- und Buschrosen sind meistens auf eine bestimmte, sehr widerstandsfähige Unterlage am Wurzelhals veredelt. Diese Veredelung ist notwendig, damit die Edelsorten standfest sind, das heißt viele Jahre im Garten wachsen und blühen. Die Veredelungsstelle ist in extremen Lagen und bei tiefen Minusgraden frostgefährdet. Besonders groß ist die Gefahr im Spätwinter, wenn die Rosenpflanzen bereits wieder im Saft sind und nach kalten Nächten die Sonne auf die blattlosen Rosenpflanzen scheint. Dann findet ein größerer Wärmeumsatz an der Erdoberfläche statt, so daß unter Umständen das Edelreis von der Unterlage abplatzen kann. Um einem solchen Schaden vorzubeugen, werden die Rosen am besten im späten Herbst mit lockerer Humuserde, z.B. Kompost, angehäufelt. Dadurch wird die Veredelungsstelle geschützt, ein Frostschaden tritt nicht auf. Das Abdecken der Rosenpflanzen mit Reisig verfolgt den gleichen Zweck. Es sollen die Sonnenstrahlen von der Veredelungsstelle ferngehalten werden. Andererseits sieht ein mit Reisig abgedecktes Rosenbeet etwas schöner aus.

► Rosa (Rose) kümmert auf Mist

Auf Anraten eines Nachbarn habe ich beim Pflanzen Mist in die Pflanzgrube geworfen und darauf die Rosen gesetzt. Nun muß ich feststellen, daß die Rosen kümmern, keinen Neuaustrieb bilden und die vorhandenen Triebe teilweise absterben. Kann das mit dem Mist in der Pflanzgrube zusammenhängen?

◁ Grundsätzlich sollte kein frischer Mist zum Pflanzen von Gehölzen, auch nicht zum Pflanzen von Rosen, verwendet werden. Die empfindlichen Wurzeln können, vor allen Dingen bei einem sogenannten „hitzigen" Mist, Schaden leiden, bzw. er kann die Neubildung von Wurzeln verhindern. Möglich ist es, bereits verrotteten Mist unter die Pflanzerde zu mischen und in ein solches Gemisch die Rosen einzupflanzen. In diesem Falle ist die erste sehr aggressive Zersetzungsphase bereits abgeschlossen und gleichzeitig wird durch die Mischung mit anderer Erde ein Schaden an den Pflanzenwurzeln verhindert. Natürlich ist es immer günstig, schweren Boden beim Pflanzen mit lockerem, gut zersetzten Humus zu verbessern, um so den Gehölzen, also auch den Rosen, gute Startbedingungen zu geben. Empfehlenswert ist, nach dem Pflanzen die Bodenoberfläche mit Humus abzudecken. Hier kann ebenfalls „abgelagerter" Mist verwendet werden, der seine „hitzige Phase" bereits hinter sich hat. In diesem Fall werden durch Niederschläge und das Gießwasser im Mist enthaltene Nährstoffe in den Boden eingewaschen und stehen den Wurzeln zur Verfügung. Insgesamt gesehen, ist immer mit der Verwendung von frischem Mist Vorsicht geboten.

Mein Zusatztip

Gelbe Bläter bekommen manche Rosensorten, wenn die Pflanzen in zu kalkhaltigem Boden stehen. Kalk bindet Eisen im Boden, das zur Blattgrünbildung (Chlorophyll) unbedingt notwendig ist. Man kann Schaden oft durch düngen mit Eisenchelaten beheben. Erhältlich in kleinen Mengen im Fachgeschäft.

► Wie pflege ich Rosen, die aus Stecklingen gezogen wurden?

Immer wieder experimentiere ich mit Pflanzen im Garten. Nun habe ich Rosen aus Stecklingen vermehrt, die relativ gut neue Wurzeln gebildet haben. Im Sommer habe ich sie in den Garten gepflanzt. Auch dort fühlen sie sich sehr wohl. Muß ich diese Pflanzen nun im Winter (Dezember) ebenfalls anhäufeln oder in anderer Weise vor Frost schützen?

◁ Das Anhäufeln von Gartenrosen hat den Zweck, die am Wurzelhals befindliche Veredlungsstelle zu schützen. Das gilt für alle die Rosen, bei denen die Edelrose auf eine Wildrose veredelt wurde. Dieses Veredeln verfolgt den Zweck, die Standfestigkeit, vor allen Dingen die Winterfestigkeit der Rosensorten zu verbessern.
Es gibt eine Reihe von Rosensorten, die auch „wurzelecht" eine relativ lange Lebensdauer haben. Doch kommt es immer wieder vor, daß sie in harten Wintern ausfallen bzw. später trauern. Deshalb ist die Stecklingsvermehrung, die oftmals einfacher ist als die Veredlung, nur bei wenigen Rosengruppen üblich (z.B. Kußröschen).
In diesem speziellen Fall hat wohl das reine Anhäufeln nur eine untergeordnete Bedeutung, da die aus Stecklingen vermehrte Pflanzen keine Veredlungsstelle haben. Andererseits ist es wichtig, diese Pflanzen besonders bei Kahlfrösten zu schützen, damit sie nicht erfrieren. Am besten wird es wohl sein, die Pflanzen insgesamt relativ hoch mit lockerer, humushaltiger Erde, z.B. Rindenhumus oder einem ähnlichen Material zu bedecken. Auch ein „Laubumschlag" könnte vorteilhaft sein. Auf diese Weise muß versucht werden, die Pflanze vor Auswinterungsschäden zu bewahren.

▶ Durch Echten Mehltau befallene Rosen

Die Blätter meiner Rosen, neuerdings auch die Triebe und Knospen, sind dicht mit einem weißen, filzigen Belag überzogen. Handelt es sich hier um den sogenannten Mehltaupilz? Was muß ich unternehmen, um den sich immer weiter ausbreitenden Befall zu beseitigen?

◁ Handelt es sich um einen weißen, samtartigen Überzug, der sowohl blattober- als auch blattunterseits auftritt, Triebe und Knospen befällt, so handelt es sich tatsächlich um den pilzlichen Erreger des Echten Mehltaus (Sphaerotheca).

Die Krankheit tritt vor allen Dingen bei niederschlagsreicher Witterung auf. Häufig genügt es sogar, wenn es tagsüber warm ist und nachts stark abkühlt, so daß sich auf den Blättern Tau bildet. Feuchtigkeit begünstigt die Sporenkeimung und die Entwicklung der Hyphen, also des Pilzkörpers.

Vorbeugend sollte man immer dafür sorgen, daß die Pflanzen genügend Luft im Bestand haben. Das Gewebe sollte immer nach Regenfällen oder nach einer Bewässerung schnell abtrocknen. Mit einem Auftreten der Krankheit muß schon ab Mai gerechnet werden. Kann man erste Krankheitsherde erkennen, sollten die befallenen Blätter abgepflückt werden, dadurch kann man meistens schon etwas die weitere Ausbreitung eindämmen.

Andererseits gibt es Möglichkeiten, die Pflanzen mit natürlichen Mitteln zu stärken. Solche Präparate sind im Fachhandel erhältlich. Sie müssen jedoch vorbeugend und in regelmäßiger Folge ausgebracht werden. Bekannt sind z.B. Milsana, Neudo-Vital u.a.

Sollte die Krankheit in starkem Maße auftreten und vorbeugende Maßnahmen keine Wirkung gezeigt haben, können

Mein Zusatztip

Bekannt ist z.B., daß es Rosensorten gibt, die gegen den Befall durch Echte Mehltaupilze relativ widerstandsfähig sind. Bei einer Neupflanzung sollten solche tolerante Sorten bevorzugt werden. Es handelt sich meistens um solche Sorten, die kräftige, lederartige Blätter haben, die das Eindringen der Haustorien hemmen.

auch dort, wo der Einsatz von Pflanzenschutzmitteln nicht erlaubt ist, bestimmte Präparate zur Bekämpfung eingesetzt werden. Zugelassen sind z.B. Bitertanol, Fenarimol und Triforin. Mittel dieser Wirkstoffgruppen wirken gleichzeitig auch gegen Rostpilze und Sternrußtau. Weitere Mittel sind zugelassen, die teilweise nur gegen Echten Mehltau wirken.
Zu den natürlichen Präparaten zählt z.B. Lecithin. Dieses Mittel wirkt aber nur, wenn es in mehreren Behandlungen sofort bei Befallsbeginn eingesetzt wird.

► *Bei Rosen fallen im Sommer Blätter ab*

Mein Sohn hat einen Garten übernommen, der im Nordosten des Hauses mit Rosen bepflanzt ist. Im vergangenen Sommer haben wir festgestellt, daß fast alle Blätter abgefallen sind. Sollen wir die Pflanzen stehen lassen, oder was sollen wir unternehmen?

◁ Auf jeden Fall stehen die Rosen an einer nicht sehr günstigen Stelle. Rosen sind Kinder des Lichtes und der Wärme und sind schon von Natur aus durch das Anpflanzen im Nordosten des Wohnhauses benachteiligt. Dazu kommt sicher, daß die Blätter durch einen Pilz befallen werden, der als Sternrußtau bekannt ist. Ganz typisch für den Befall ist, daß die Blätter bereits im Sommer nicht nur braune, sternförmig gezackte Flecken zeigen, sondern weiter gelb werden und abfallen. Es kommt tatsächlich vor, daß manche Rosenpflanzen im Juli oder August völlig entlaubt sind.
Es kann nun in diesem Falle auch der Versuch unternommen werden, schon im Frühjahr, einige Zeit nach dem Austrieb, Blätter und Triebe mit einem zugelassenen Mittel zu spritzen. Solche Mittel dürfen eingesetzt werden, wenn der Schaden groß ist und auf andere Weise eine Abwendung des Schadens nicht erreicht werden kann. In Baden-Württemberg sind zur Bekämpfung dieser Krankheit z.B. Mittel folgender Wirkstoffgruppen zugelassen: Bitertanol, Fenarimol und Triforin. Alle diese Mittel wirken gleichzeitig auch noch gegen Rostpilze und Echte Mehltaupilze an Rosen.

► Rosen (Edelrosen) schneiden

Ich habe einen Garten übernommen, in dem sich große Rosenbüsche befinden. Es handelt sich um sogenannte Edelrosen. Wann und wie soll ich diese schneiden?

◁ Auf Beeten werden vorwiegend Beet- oder Buschrosen und Edelrosen angepflanzt. Der wesentliche Unterschied liegt in der Ausbildung der Blüten. Während die Edelrosen (auch sogenannte Teehybriden) besonders große, edel geformte Knospen ausbilden, die auf starken, langen Trieben sitzen, handelt es sich bei den Busch- oder Beetrosen um Sorten, die ihre Blüten oft büschelförmig entwickeln und mit sehr vielen, aber meist kürzeren Trieben überaus reich blühend sind. Am besten werden Rosen im Spätwinter geschnitten. Dies hat gegenüber einem Schnitt nach dem Laubfall im Spätherbst den Vorteil, daß mögliche Schäden im Winter an den Trieben problemlos korrigiert werden können. Vor allen Dingen im rauhen Klima stellt man immer wieder fest, daß nach starken Frösten obere Triebteile abgestorben sind. Meistens handelt es sich dabei nicht um einen ausgesprochenen Frostschaden, sondern um einen Trockenschaden. Werden die Rosen zu früh geschnitten, kann dieser Schaden auch an den eingekürzten Trieben auftreten. Aus diesem Grund kann man wohl im Spätherbst Hagebutten, Triebspitzen usw. abschneiden bzw. die Triebe etwas egalisieren, der eigentliche Rückschnitt findet aber dann je nach Klimalage Ende Februar oder Anfang bis Mitte März statt, also vor dem Austrieb der Rosen. Beim Schnitt selbst werden alle zurückgetrockneten oder abgestorbenen Triebe sowie zu dünnes, schwaches Holz herausgeschnitten. Kommt es bei Edelrosen auf starke Triebe mit schönen Rosenknospen an, werden die verbleibenden kräftigen Sten-

Mein Zusatztip

Sind die ersten Rosen im Sommer verblüht, sollten die verblühten Pflanzenteile möglichst umgehend abgeschnitten werden, bei Edelrosen mit 2–3 Blättern, bei Buschrosen unter der Blütendolde. Durch diesen „Sommerschnitt“ wird ein erneuter Durchtrieb aus schlafenden Augen mit einem weiteren Blütenflor im Spätsommer oder Herbst angeregt.

gel auf etwa 2–3 Augen zurückgeschnitten. „Schlafende Augen“, also Knospen, befinden sich an den Stengelknoten oder Blattansatzstellen des letzten Jahres. Bei den Busch- oder Beetrosen, die mehr Triebe und somit einen buschigeren Wuchs entwickeln sollen, werden die bleibenden Triebe auf 3–5 Augen zurückgeschnitten. Die allgemeine Regel beim Rosenschnitt lautet immer: Durch einen strengen Rückschnitt werden weniger Neutriebe, aber große, schöne Blüten ausgebildet, während sich nach einem nicht so scharfen Schnitt mehr Triebe bilden, die doch oft etwas kleinere Knospen und Blüten tragen.

▶ *Rosen/Kletterrosen vor Frost schützen*

Bisher habe ich meine Rosen im Herbst mit Erde oder Torf angehäufelt, um sie vor Winterfrösten zu schützen. Kann ich für diese Maßnahme auch Holzhäcksel verwenden? Müssen Kletterrosen auch angehäufelt werden?

◁ Nach den bisherigen Erfahrungen erfüllt Holzhäcksel den gleichen Zweck wie andere Materialien auch. Erreichen will man mit diesem Anhäufeln, daß die Veredlungsstelle am Wurzelhals einmal gegen Fröste, vor allen Dingen aber gegen die intensivere Sonnenbestrahlung im Spätwinter geschützt wird. Das kann mit Holzhäcksel oder aufgearbeiteten Holzfasersubstraten erreicht werden.

► Rosen mit Sternrußtau

Die Blätter meiner Rosen sind mit braunen Flecken übersät. Viele Blätter sind bereits im Sommer abgefallen, so daß manche Sträucher im August völlig kahl waren. Handelt sich dabei um eine Krankheit, und was kann ich dagegen tun?

◁ Rosen werden von verschiedenen pilzlichen Erregern befallen. Besonders bekannt sind Mehltau- und Rostpilze, aber auch der Sternrußtau. Die zuletzt genannte Krankheit hat sich in den vergangenen Jahren stark ausgebreitet und viele Rosensorten werden davon stark befallen. Typisch sind bei einer Infektion rundliche, graue oder schwarzbraune Flecken auf der Blattoberseite, wobei der Rand dieser Flecken sternförmig gezackt ist (Name). Im weiteren Bereich dieser Flecken werden die Blätter gelb und fallen schon im Sommer ab.

Wichtig ist auf jeden Fall, den Pflanzen günstige Standortbedingungen zu geben. Auch sollen die Sträucher gut ausgelichtet werden, damit die Blätter und Triebe nach Niederschlägen immer schnell abtrocknen. Außerdem kann durch ausgewogene Düngung die Infektion reduziert werden. Ansonsten kann man die Pflanzen nur durch eine Behandlung mit geeigneten Präparaten gesund halten. Zugelassen sind auch in Ländern, in denen chemische Pflanzenschutzmitteln nicht mehr erlaubt sind, eine Spritzung mit Mitteln auf der Basis von Bitertanol, und Triforin. Die Anwendung selbst sollte mindestens ab Juni erfolgen und alle 10 Tage wiederholt werden. Sind die Blätter schon stark befallen, hat eine Spritzung meistens keinen Wert mehr.

Mein Zusatztip

Auf jeden Fall sollen alle abgefallenen Rosenblätter aufgesammelt und vernichtet werden. Keinesfalls dürfen sie auf den Kompost kommen. Bei einer Neuanpflanzung von Rosen sollte man widerstandsfähige Sorten bevorzugen.

► Rosen wachsen nicht

Nach dem Neubau unseres Hauses habe ich Edelrosen auf eine Rabatte nahe der Hauswand gepflanzt. Diese Rosen können nicht richtig wachsen und entwickeln jedes Jahr höchstens einen neuen Trieb, obwohl ich sie immer gieße und sie an der Südseite in voller Sonne stehen.

◁ Das Anpflanzen von Rosen auf einer Rabatte entlang des Hauses in günstiger Lage ist kein Problem, wenn der Boden vorher gründlich gelockert bzw. bearbeitet wurde. Oft ist der Boden in Hausnähe durch Baumaschinen, Bauschutt usw. stark verdichtet, so daß sich die Pflanzen, vor allen Dingen tiefwurzelnde Gehölze, nie richtig entwickeln können. In einem solchen Falle ist es unbedingt notwendig, den Boden vor einer Anpflanzung tiefgründig zu lockern. Es muß der Boden vorab mindestens 2 Spatenstich tief oder sogar noch tiefer gelockert werden. Auch darf sich im Boden kein Bauschutt, vor allen Dingen Gips, Beton o.ä. befinden. Einen tiefgelockerten Boden wird man zusätzlich mit Humus, vor allen Dingen Kompost, verrottetem Stallmist, Rindenhumus usw. in Krumentiefe verbessern müssen. Anschließend wird gepflanzt. Werden solche Bodenvorbereitungen versäumt, kann es zu Wachstumsstockungen und Kümmerwuchs der gepflanzten Gehölze oder auch anderer Pflanzen kommen.

Mein Zusatztip

Grundsätzlich soll nach dem Neubau eines Hauses nicht nur die oberste Bodenschicht des Gartens gelockert oder durch das Aufschütten einer 5–10 cm hohen Schicht „Mutterboden" verbessert werden. Eine solche Maßnahme reicht meistens nicht aus, um optimales Wachstum der Gartengehölze zu erzielen. Am besten ist es, wenn der Boden vor der Neuanlage des Gartens durch einen Fachbetrieb (Landschaftsgärtner) tiefgründig mit geeigneten Maschinen gelockert wird. Dies ist umso wichtiger, je schwerer der Boden ist. Bauschutt und andere Materialien, die eventuell im Boden vergraben liegen, müssen entfernt werden.

► Wildtriebe von Rosen

An einzelnen Rosenstöcken im Garten entwickeln sich aus dem unteren Bereich stark bedornte Triebe, manchmal auch solche, die sieben, anstelle der fünf Blättchen ausbilden. Man hat mir gesagt, daß es sich um Wildtriebe handelt, die man entfernen müsste. Nun habe ich sie weggeschnitten und sie kommen in viel größerer Anzahl wieder. Was soll ich tun, damit diese Wildtriebe nicht mehr erscheinen?

◁ In der Tat kann es immer wieder vorkommen, daß aus der Rosenunterlage wilde Triebe auftreten. Eines ist auf jeden Fall ein Märchen, daß alle Rosen mit 7 Blättchen Wildtriebe sind. Es gibt zahlreiche Rosensorten, die von Natur aus 7 Blätter an einem Stiel besitzen. Wildtriebe kann man oft am sehr starken, nicht sortentypischen Wuchs und vielleicht an der Zahl der Dornen (besser Stacheln) erkennen. Auf jeden Fall sollte man einmal kontrollieren, ob diese Triebe an den Rosenpflanzen unterhalb der Veredlungsstelle entspringen. Ein leichtes Entfernen des Bodens am Wurzelhals ist empfehlenswert. Wichtig ist, daß diese Wildtriebe entfernt werden. Sie dürfen aber nicht nur abgeschnitten werden, da sonst aus schlafenden Augen ein neuer Austrieb erfolgen kann. Besser ist es, diese Wildtriebe direkt an der Ansatzstelle abzureißen oder mit einem scharfen Messer oder einer Schere abzuschneiden. Ein kleiner Rindenverlust ist nicht schlimm. Auf diese Weise wird aber der Neuaustrieb von Wildtrieben unterbunden. Anschließend wird die Erde wieder eben gezogen und die Pflanzen normal weitergepflegt.

Mein Zusatztip

Schon beim Pflanzen der Rosen sollte man den Bereich unterhalb der Veredlungsstelle genau kontrollieren, um mögliche Ansätze von Wildtrieben zu entfernen. Diese sollten mit einem scharfen Messer (Hippe) oder Schere mit etwas Rinde an der Ansatzstelle abgeschnitten werden. Dadurch wird von vorneherein vermieden, daß sich später Wildtriebe bilden können.

► Winterschutz für Trauerrose

Vor einiger Zeit habe ich in den Vorgarten eine sogenannte Trauerrose (Hochstammrose) gepflanzt. Nun habe ich Sorge, daß diese Pflanze in einem kalten Winter erfriert. Braucht diese Trauerrose Winterschutz, und wie wird dieser am besten ausgeführt?

◁ Eine Trauerrose ist im wesentlichen so zu behandeln wie jede andere Hochstammrose auch. Normalerweise sind die Rosen unter unseren Klimaverhältnissen winterhart. Problematisch sind extreme Standorte und vor allen Dingen der Spätwinter. Zu diesem Zeitpunkt können die Rosen bereits im Saft sein. Treten dann starke Nachtfröste auf, kann gelegentlich die Veredlungsstelle im Kronenbereich abplatzen. Da es sich offensichtlich um eine noch junge Trauerrose handelt, wäre es am einfachsten, wenn man die Pflanze im Spätherbst oder frühen Winter, vor Beginn der strengeren Fröste, vom Pfahl löst und niederbiegt. Sie wird am besten mit einem Drahthaken am Boden festgehalten. Anschließend wird die Krone mit lokkerer Erde mäßig abgedeckt. So ist sie geschützt und kommt gut durch den Winter. Vorher können die Triebe etwas eingekürzt werden. Der eigentliche Rückschnitt der Triebe erfolgt erst im Frühjahr. Wenn sich Hochstämmchen nicht mehr niederbiegen lassen, kann die Krone bei Beginn des Winters auch eingehüllt werden. Es reicht schon aus, wenn die Kronen zusammengebunden und mit Reisig als Frost- und Sonnenschutz abgedeckt werden. Früher wurde zum Einhüllen sehr viel Ölpapier verwendet. Heute kann man auch die Krone mit Holzwolle umhüllen und anschließend eine lichtundurchlässige Folie darüberstülpen.

Mein Zusatztip

Eingewinterte Rosen sollten im Frühjahr zeitig von ihren schützenden Hüllen befreit werden. Oft treiben die Rosen schon sehr bald an. Wird der Frostschutz zu spät abgenommen, können junge Austriebe leicht abbrechen. Deshalb ist eine Kontrolle der Pflanzen ab März unbedingt erforderlich. Gegen Spätfröste muß unter Umständen das Frostschutzmaterial immer noch parat gehalten werden.

► Standraum für einen Baum

Vor vielen Jahren haben wir einen Baum in den Vorgarten gepflanzt. Der Garten ist relativ klein und noch mit anderen Sträuchern bepflanzt. Seit einiger Zeit kränkelt der Baum und wächst nicht mehr weiter. Was kann die Ursache sein?

◁ Alle Pflanzen, so auch Bäume, brauchen nicht nur genügend Raum über dem Boden, sondern auch im Wurzelbereich. Ist der Vorgarten relativ klein, entsteht zwischen dem Baum und den anderen Sträuchern eine gewisse Wurzelkonkurrenz. Sie ist umso größer, je enger die Bodenverhältnisse sind, so daß und sich die Wurzeln nicht nach der Seite ausbreiten können. Nach Ansicht der Fachleute sollte ein Baum eine offene oder mit einem dauerhaft luft- und wasserdurchlässigen Belag versehene Fläche von mindestens 6 m^2 zur Verfügung haben. Die durchwurzelbare Fläche sollte mindestens 16 m^2 besser über 20 m^2 groß sein. Wichtig ist auf jeden Fall, daß dem Baum genügend Feuchtigkeit zugeführt wird und er ausreichend Nährstoffe im Wurzelraum zur Verfügung hat. Außerdem muß der Gasaustausch zwischen Boden und Atmosphäre gesichert sein. Je kleiner das Bodenvolumen ist, desto intensiver müssen die notwendigen Pflegemaßnahmen sein. Andernfalls kann sich ein Baum nicht optimal entwickeln.

► Salix (Korkenzieherweide) vermehren

In meinem Garten steht eine Korkenzieherweide, es soll relativ einfach sein, dieses Gehölz selbst weiter zu vermehren. Wie mache ich das, wenn ich selbst Nachkommen ziehen will?

◁ Diese auffallende Weide mit den spiralig verdrehten, aufstrebenden Ästen kann, wie andere Weiden auch, durch Steckhölzer vermehrt werden. Manche Gartenbesitzer schneiden einfach Ruten ab und stecken sie irgendwo in eine lockere, nicht zu nährstoffreiche Erde.
Es können aber auch richtige Steckhölzer geschnitten werden. Zu diesem Zweck wird ein Trieb abgeschnitten und in

etwa 20–25 cm lange Teilstücke geschnitten. Während der untere Teil des Steckholzes quer angeschnitten wird, damit nur eine kleine Wunde entsteht, kann der obere Teil des Steckholzes schräg angeschnitten werden. So weiß man immer, welcher Teil nach oben oder nach unten kommen muß. Wichtig ist nämlich, daß die Steckhölzer so in die Erde gesteckt werden, daß der untere Teil anschließend in die Erde kommt. Nun kann man die Steckhölzer zu mehreren an einer geschützten Stelle des Gartens in die Erde stecken oder auch in eine tiefe Kiste in ein Gemisch aus Torf und Sand. Günstig hat sich schon erwiesen, wenn Weidensteckhölzer kurz vor dem Austrieb geschnitten und gesteckt werden.

► *Syringa (Flieder) schneiden*

In meinem Garten steht ein Fliederbusch. Er blüht jedes Jahr prächtig, entwickelt aber im Laufe des Sommers sehr lange Triebe. Er ist jetzt schon mehrere Meter hoch und wird immer größer. Was kann ich tun, damit das Wachstum in Grenzen gehalten wird?

◁ Fliederbüsche werden im allgemeinen nur ausgelichtet. Die verblühten Rispen kann man ausbrechen oder ausschneiden, vor allen Dingen dann, wenn sie Samen angesetzt haben. Oft wird empfohlen, den Flieder nach der Blüte zurückzuschneiden. Da jedoch Flieder bereits während der Blütezeit die Langtriebe für die nächstjährige Blüte ausbildet, kann ein Rückschnitt zu diesem Zeitpunkt unter Umständen zu einem Verlust der Blütenknospen für das folgende Jahr führen. Ein gewisses Auslichten ist jedoch durchaus möglich.

Andererseits vertragen Fliederbüsche eine „Verjüngungskur" problemlos. In diesem Falle werden sie aber während der Winterruhe zurückgenommen. Beim Verjüngungsschnitt kann man die aus der Basis heraus entwickelten Jungtriebe stehen lassen. Sie können zum Aufbau einer neuen Krone verwendet werden.

Bei einem solchen Verjüngungsschnitt muß man jedoch auf die Blüte im Frühjahr verzichten, da die bereits im Herbst angesetzten Knospen abgeschnitten werden. Nach Verjüngung treibt der Flieder jedoch wieder kräftig durch.

▶ *Taxus (Eibe) schneiden*

In meinem Garten steht eine große Eibe. Mir wurde gesagt, daß Nadelgehölze nicht geschnitten werden können. Der Baum wird aber immer größer und nimmt sehr viel Platz ein. Ist es möglich, diese Eibe zu schneiden?

◁ Eiben gehören zu den wenigen Nadelgehölzen, die selbst strengen Schnitt vertragen. Es ist also durchaus möglich, dieses Nadelgehölz einem kräftigen Rückschnitt zu unterziehen. Selbst kräftig zurückgeschnittene Stämme oder Äste treiben wieder aus und überstehen diese sonst bei Nadelgehölze nicht übliche Prozedur.

Wußten Sie schon, daß Eiben giftig sind? Nadeln, Rinde und der Samen sind für Menschen und Tiere giftig. Übrigens ist die „Frucht" eine botanische Besonderheit. Es ist eine Scheinbeere, deren Samen von einem fleischigen, scharlachroten Mantel, dem Arillus, umhüllt ist. Dieser ist eßbar, während der Samen wiederum ungenießbar bzw. giftig ist. Das Gift selbst nennt man Taxin, ein narkotisch wirkendes Alkaloid, das die Herztätigkeit beeinträchtigen kann.

▶ *Thuja (Lebensbaum) wächst sehr schwach*

Vor einiger Zeit habe ich in meinen Garten eine Thujahecke gepflanzt. Die Pflanzen wollen nicht richtig gedeihen, muß ich diese Nadelgehölze auch düngen?

◁ Normalerweise sind Thuja sehr frohwüchsig und machen keine Probleme. Natürlich ist es notwendig, daß sie einen ausreichenden Wurzelraum und genügend Nährstoffe zur Verfügung haben. Andererseits sollte man eine Überdüngung vermeiden, da sonst die Pflanzen zu sehr ins „Kraut schießen".

Wurde der Bereich des Gartens, in dem die Thuja stehen, bisher nicht gedüngt, sollte man einmal mit Beginn der Vegetation 20–30 g eines organisch-mineralischen Volldüngers pro Quadratmeter ausstreuen und flach in die oberste Erdschicht einarbeiten. Nun kann man das weitere Wachstum abwarten. Ein solcher Dünger enthält normalerweise die Hauptnährstoffe Stickstoff und Phosphorsäure in lang-

anhaltender, organischer Form, außerdem aber auch noch geringe Mengen mineralischer Nährstoffe, einschließlich des Kalis. Diese mineralischen Komponenten wirken schnell, die organischen langsam und über einen längeren Zeitraum verteilt. Auf jeden Fall müßten die Pflanzen nach einer solchen Düngung ein normales Wachstum zeigen. Ist dies der Fall, kann eine solche Düngung im folgenden Jahr bei Vegetationsbeginn wiederholt werden.
Jedoch sollte vermieden werden, die Pflanzen zu überdüngen. Auch sind zu hohe Düngermengen deshalb ungünstig, weil Nadelgehölze, die im Waldhumusboden zu Hause sind, gegen zu hohe Salzkonzentration empfindlich sind.
Ausreichende Wassergaben während der Vegetationsperiode sind außerdem wichtig, andererseits ist natürlich Staunässe auf jeden Fall zu vermeiden. Waldböden sind meistens sehr locker und humos und enthalten nur geringe Mengen mineralischer Bestandteile.

Wußten Sie…

daß es neben den bei uns häufig anzutreffenden Arten T. occidentalis (Abendländischer Lebensbaum), T. orientalis (Morgenländischer Lebensbaum) auch noch den Riesen-Lebensbaum, T. plicata, gibt, der aus Nordamerika zu uns gekommen ist und dessen Holz von den Indianern für Totempfähle und Kanus verwendet wurde?

► *Thuja-Zweige als Frostschutz*

Über mein Grundstück zieht sich eine große Thujahecke (Lebensbaum). Sie wird in größeren Abständen geschnitten. Dabei fallen auch größere Zweige an. Können diese zum Abdecken von Rosen und anderen frostempfindlichen Pflanzen verwendet werden? Sind die restlichen Zweige kompostierbar?

◁ Eigentlich spricht nichts dagegen, diese Thujazweige zum vorbeugenden Frostschutz zu verwenden. Es geht beim Abdecken frostempfindlicher Pflanzen in erster Linie darum, Sonnenstrahlen im Spätwinter von den Pflanzen fern zu halten. Meistens hat man für diesen Zweck preiswertes Fichtengrün, so daß dieses bevorzugt wird. Sollten aber solche Zweige vom Lebensbaum zur Verfügung stehen, können diese problemlos verwendet werden.

Auch gegen das Kompostieren des Restmaterials ist nichts einzuwenden. Sicher werden diese Nadelholzzweige etwas langsamer verrotten als andere, weichlaubige Gartenabfälle. Aus diesem Grunde ist zu empfehlen, den Kompost in Lagen aufzusetzen und immer wieder schnell verrottbares Material zwischen die Thujazweige zu schichten. Dadurch wird insgesamt der Rottevorgang beschleunigt, da bei einem aktiven Mikroorganismenleben auch die langsamer sich zersetzenden Nadelholzzweige humifizieren.

Mein Zusatztip

Zur Beschleunigung des Rottevorgangs ist eine Zerkleinerung des Thuja-Schnittguts vor der Kompostierung empfehlenswert. Außerdem sollten durch die Zugabe eines Stickstoffdüngers, z.B. Kalkstickstoff (1–2 kg/m^3) einerseits schädliche Säuren abgebunden und andererseits das Bakterienleben angeregt werden. Dadurch kann eine optimale Zersetzung des Komposts erreicht werden.

► Viscum (Mistel)

Ich habe ein Obstgrundstück in einer ländlichen Gemeinde. Nun habe ich festgestellt, daß sich auf einem Apfelbaum Misteln angesiedelt haben. Können diese dem Baum großen Schaden anrichten? Soll ich sie entfernen?

◁ Die Mistel ist der einzige heimische Halbschmarotzer, der auf Ästen und Stämmen zahlreicher Wirtsbäume vorkommen kann. Einerseits entzieht er natürlich seinen Wirtspflanzen Wasser und Nährstoffe, andererseits ist der Schaden relativ geringfügig. Meistens reagiert die Wirtspflanze auf den Eindringling mit einer Gewebewucherung, außerdem kann das Holz brüchig werden. Auch kann es zu einem Nachlassen der Vitalität der Wirtspflanze kommen. Nun ist zu überlegen, ob ein solcher „Schaden" tatsächlich so schwerwiegend ist, daß man eine befallene Astpartie entfernen soll. In der Regel wird der Wirtsbaum, in diesem Falle der Apfelbaum, einen oder auch mehrere Misteln auf den Ästen ohne größeren Schaden ertragen.
Da nun Misteln eigentlich zu den erhaltenswerten und schützenswerten Pflanzen gehören, sollte man sich eher an einer solchen Pflanze freuen und ihr auf dem Apfelbaum Heimrecht gewähren. Vielleicht sollte man auch daran denken, daß sie heimischen Vogelarten zum Nutzen dienen, denn Wacholder- und Misteldrosseln oder auch der Seidenschwanz nutzen die im Spätherbst reifenden Beeren als Nahrung. Übrigens holen sich Insekten den Nektar der Mistelblüten und tragen so zur Bestäubung und Befruchtung der zweihäusigen Blüten bei.

Wußten Sie...

daß die Mistel heute auch eine begehrte Arzneipflanze ist? In Deutschland ist sie Bestandteil zahlreicher Fertigarzneimittel, die z.B. bei niedrigem und hohem Blutdruck, Herzkranzgefäßverengungen, Herzrhythmusstörungen, Arteriosklerose, Asthma, Alterserscheinungen, Depressionen, Ausbleiben der Menstruationsblutungen usw. eingesetzt werden. Auch in der Tumortherapie wurden Mistelpräparate bereits eingesetzt. Die therapeutische Wirksamkeit mancher Präparate gilt jedoch in einigen Anwendungsgebieten als umstritten.

► Carlina (Silberdistel) im Garten?

Mein Garten liegt am Hang und ist nach Süden geneigt. Gerne möchte ich dort auch Silberdisteln anpflanzen. Gedeihen sie in Südhanglage, und woher erhalte ich Pflanzen?

◁ Silberdisteln lieben sogenannte Steppenheiden oder trockenere Rasenflächen. Eine Südhanglage ist sicher günstig, wenn die Bodenverhältnisse den Ansprüchen genügen. So wachsen Silberdisteln besonders gerne auf lehmigen, jedoch durchlässigen und mit Schotter durchsetzten Böden mit neutraler oder leicht basischer Bodenreaktion. Sommertrockenheit wird gut vertragen. Will man sie mit anderen Pflanzen zusammen pflanzen, eignen sich dafür Kartäusernelken, Kugelblumen, verschiedene Arten des Alant, niedere Fingerkräuter, Küchenschelle und einige Gräser.

Grundsätzlich muß angeführt werden, daß die bei uns heimische Silberdistel (Wetterdistel, Eberwurz) zu den geschützten Pflanzen gehört. Keinesfalls darf sie also am natürlichen Standort ausgegraben und in den Garten gebracht werden. Andererseits bieten Staudengärtnereien zu weniger als 5.– DM Pflanzen in Töpfchen an, die auf natürliche Weise vermehrt gut im eigenen Garten weiterwachsen.

Wußten Sie...

daß die Silberdistel ihren volkstümlichen Namen „Wetterdistel" deshalb erhalten hat, weil sie bei feuchter, trüber Witterung ihre silbrig leuchtenden Hüllblätter geschlossen hält, während diese bei sonnig-klarem, trockenem Wetter weit ausgebreitet sind? Übrigens soll diese Pflanze ihren lateinischen Namen nach Kaiser Karl IV (1347–1378) erhalten haben. Der Name Carlina taucht in Pflanzenbeschreibungen bereits 1504 zum ersten Mal auf.

► *Chrysanthemum (Winteraster)*

In einem Staudenbetrieb habe ich Winterastern gekauft. Diese im Spätherbst blühenden Chrysanthemen gefallen mir besonders gut. Doch habe ich kein Glück mit diesen Pflanzen, denn sie sind mir im Winter alle ausgefallen. Warum heißen diese Pflanzen Winteraster, wenn sie doch den Winter nicht überstehen?

◁ Der volkstümliche Name für die Chrysantheme rührt sicher daher, daß sie zu den letzten, am Ende des Vegetationsjahres blühenden Pflanzen gehören. Sie blühen also nicht im Winter, sondern kurz vor Beginn der unwirtlichen Jahreszeit.

An sich handelt es sich um die gleichen Chrysanthemen, wie sie auch ganzjährig als Topfpflanzen, vor allen Dingen aber auch in den Herbstmonaten, z.B. zu Allerheiligen oder Totensonntag, vom Gärtner angeboten werden. Ausgelesen hat man hier besonders robuste Formen, die nicht immer unter der Bezeichung Chrysanthemum-Indicum-Hybriden, sondern unter der botanischen Bezeichung C.-Koreanum-Hybriden angeboten werden.

Diese Hybriden sind normalerweise winterfest, können jedoch unter Kahlfrost oder langanhaltender Winterkälte leiden.

Vorschlagen würde ich einen weiteren Versuch mit diesen Winterastern vorzunehmen. Die Pflanzen werden nach der Blüte im Oktober oder November zurückgeschnitten. Meistens haben sie dann schon wieder einige Basistriebe gebildet. Diese würde ich auf jeden Fall mit etwas Reißig oder einem anderen Material schützen. Liegt im Winter eine dicke Schneedecke, passiert den Winterastern im Normalfall nichts. Sollte aber, wie es in den letzten Jahren häufig der Fall war, wenig oder gar kein Schnee liegen und trotzdem sehr kalt werden, können Winterastern leiden. Etwas Winterschutz ist günstig und ermöglicht den Pflanzen in einem Garten, der nicht gerade sehr ungünstig liegt, meistens eine problemlose Überwinterung.

▶ *Cortaderia (Pampasgras) einwintern*

In meinen Garten habe ich ein Pampasgras gepflanzt. Wie man mir sagte, ist es nicht völlig winterhart. Wie muß ich es schützen, damit es gut durch den Winter kommt?

◁ Das Pampasgras ist in den Steppen Argentiniens beheimatet. Das bedeutet, daß die Pflanzen an Trockenheit gewöhnt sind. Nicht der Frost schädigt das Pampasgras im Winter sondern zu hohe Feuchtigkeit im Boden.
Am besten ist es, wenn im Spätherbst die Blütenstengel abgeschnitten und die immergrünen Blätter schopfartig zusammengebunden werden. Schon allein dadurch werden die Niederschläge vom Herz der Pflanze ferngehalten. Günstig ist es außerdem, wenn zusätzlich um den Blätterschopf Reisig gebunden wird. Auch ein Anschütten von trockenem Laub schützt die Pflanze. In Gebieten mit hohen Niederschlägen kann man über die Pflanze zusätzlich eine Kiste oder eine Folienhaube stülpen. Die Folie sollte ebenfalls mit Reisig abgedeckt werden, um die Wintersonne abzuhalten. Unter der Folie kann es auch im Winter bei Sonnenschein zu einer „Treibhausatmosphäre" kommen. Im Frühjahr werden die abgestorbenen Blätter entfernt.

▶ *Helleborus (Christrose) hat Blätter mit schwarzen Flecken*

Die Christrosen in meinem Garten bekommen alle auf den Blättern schwarze Flecken. Während vor einem oder zwei Jahren diese Erscheinung noch relativ selten auftrat, sind jetzt alle Pflanzen befallen und sterben teilweise ab. Was ist die Ursache, und was kann ich dagegen tun?

◁ Die Schilderung ist typisch für die sogenannte Schwarzfleckenkrankheit. Es handelt sich dabei um einen pilzlichen Erreger (Coniothyrium hellebori).
Zunächst einmal wird die Krankheit durch einen ungünstigen Standort gefördert. Christrosen lieben eine neutrale bis leicht alkalische Bodenreaktion. Auf saueren Böden

breitet sich der Pilz stärker aus. Außerdem kann seine Entwicklung durch zu hohe Stickstoffgabe gefördert werden. Je nach Stärke des Befalls sollte man sich überlegen, was gegen diesen Pilz unternommen werden soll. Bei einem starken Befall muß man sich unter Umständen von der Pflanze trennen. Ist der Befall noch nicht so stark, kann evtl. eine Behandlung mit zugelassenen Mitteln eine Besserung versprechen. So kann eine Behandlung mit Triforin-Präparaten (z.B. Pilzfrei Saprol Neu) oder Grünkupfermitteln erfolgreich sein. Wichtig ist, daß gründlich gespritzt wird, und vor allen Dingen das Herz der Pflanzen. Die Behandlung ist den Sommer über mehrmals zu wiederholen.

Mein Zusatztip

Auf jeden Fall sollte erkranktes Laub entfernt und unbedingt vernichtet werden. Keinesfalls darf es auf den Kompost kommen, da eine Weiterverbreitung der Krankheiten durch Sporen möglich ist.

▶ Kompost auf Staudenbeete ausbringen

Seit Jahren sammle ich Gartenabfälle und erziele daraus einen brauchbaren Kompost. Das verrottete Material bringe ich immer auf meine Gemüsebeete aus. Nun habe ich aber Komposterde übrig. Kann ich diese auch auf den Staudenbeeten verteilen?

◁ Das Ausbringen von Kompost auf Staudenbeete wirkt sich genauso günstig aus wie auf die Beete im Gemüsegarten. Gartenstauden zählen zu den Pflanzen mit einem mittleren bis geringen Nährstoffbedarf. Oft reicht es aus, wenn eine kräftige Kompostdüngung ausgebracht wird, daß zusätzliche Nährstoffgaben nicht mehr erforderlich sind. Weitere Düngungsmaßnahmen sind vom Wachstum der Stauden abhängig. Unter Umständen ist es auch empfehlenswert, einmal eine Bodenuntersuchung durchzuführen, um den Humus- und Nährstoffzustand festzustellen.
Vielleicht sollte man nur eines berücksichtigen: Die Beete im Gemüsegarten werden häufiger „umgeschlagen“, so daß möglicherweise Unkräuter, die über den Kompost ausgebracht werden, schon zeitig im Jugendstadium bekämpft

werden müssen. Manchmal wird die Unkrautbekämpfung in Staudenbeeten zur Last, wenn sich hartnäckige Gattungen und Arten ausbreiten. Besitzt man jedoch eine Komposterde, die praktisch unkrautfrei ist, so kann sie als wertvolles Humusmaterial und gleichzeitiger Nährstofflieferant auf den Staudenbeeten verteilt werden.

▶ Meconopsis (Scheinmohn) pflegen

In einem botanischen Garten habe ich den blaublühenden Scheinmohn, Meconopsis entdeckt. Kann ich diese wunderschöne Pflanze auch in meinem Garten kultivieren? Welche Ansprüche stellt der Scheinmohn, wo erhalte ich Pflanzen, und welche Pflegebedingungen sind zu beachten?

◁ Der Scheinmohn zählt zu den selteneren Gartenstauden. Es handelt sich eigentlich um eine ausdauernde Pflanze, die jedoch einige Ansprüche an den Standort stellt. Wichtig ist, daß der Boden kalkfrei, also sauer ist. Er darf auch nicht unter Staunässe leiden. Außerdem sind reine Südlagen zu meiden. Günstiger ist eine West- oder Ostlage, vielleicht sogar ein Standort unter oder im Bereich einer lichten Baumkrone.

Mein Zusatztip

Damit die Pflanzen im Winter nicht unter Staunässe leiden, sollten vor dem Pflanzen schwerer Boden gut drainiert werden. Eine Schottereinlage in einer tiefen Pflanzgrube ist unter Umständen günstig.

Der Boden ist gründlich vorzubereiten und nach Möglichkeit mit lockerem Humusmaterial, Torf oder Rindenhumus reichlich zu vermischen.
Pflanzen gibt es in der Staudengärtnerei. Obwohl es viele Arten und Sorten gibt, werden meistens nur 2 Arten angeboten und zwar Meconopsis betonicifolia, der asiatische Scheinmohn, mit nickenden, himmelblauen Blüten. Oft kann man auch die europäische Art, M. cambrica, erhalten, die relativ leicht wächst, jedoch gelb blüht.
Bei der Pflege sollte beachtet werden, daß die Pflanzen im Sommer relativ viel Feuchtigkeit benötigen, andererseits soll im Winter Staunässe vermieden werden.

► *Päonien und Strauchpäonien (Pfingstrosen) kultivieren*

Ich bin ein Freund von Pfingstrosen und habe viele Sorten in meinem Garten gepflanzt. Nun möchte ich auch Strauchpäonien anpflanzen. Diese sollen jedoch besondere Ansprüche stellen. Können sie mir sagen, auf was ich bei der Anpflanzung besonders achten muß?

◁ Kenner sind der Ansicht, daß Strauch- oder Baumpäonien noch geringere Pflegeansprüche stellen als die staudigen Arten und Sorten. Gewünscht wird ein tiefgründiger, gut gelockerter, humoser und vor allen Dingen durchlässiger Boden. An sich sind die Strauchpäonien winterhart. Doch kann es vorkommen, daß in wärmeren Lagen bei einem frühen Austrieb Spätfrostschaden auftritt. Vorteilhaft ist natürlich ein sonniger, geschützter Standort. Doch vertragen diese Pfingstrosen in günstigen Klimagebieten einen etwas schattigeren Platz im Garten.
Gepflanzt wird vorzugsweise im Herbst, wenn die Ruhezeit begonnen hat. Dabei ist nur zu beachten, daß die Veredlungsstelle etwa 5–8 cm unter der Erdoberfläche liegt. Nach dem Pflanzen ist der Boden mit Humusmaterial, z.B. Rindenhumus, Strohhäcksel oder Laub abzudecken, damit die Pflanzen, so lange der Boden noch warm ist, einwurzeln können. Ansonsten gelten die üblichen Pflegebedingungen für Pfingstrosen.

▶ Päonien (Pfingstrosen) verpflanzen

In meinem Garten steht eine sehr alte, große Pfingstrose. Kann ich diese verpflanzen? Ist ein Auspflanzen im Zierrasen möglich?

◁ Normalerweise wollen Pfingstrosen lange Zeit ohne Störung im Garten stehen. Alte Exemplare können verpflanzt werden. Jedoch muß man damit rechnen, daß sie nach dem Verpflanzen ein oder zwei Jahre etwas spärlicher blühen.

Beste Zeit zum Verpflanzen ist der frühe Herbst, etwa Mitte September bis Mitte Oktober. Zu diesem Zeitpunkt muß die Pflanze neue Triebe an der Stielbasis entwickelt haben. Außerdem fängt sie an, neue Wurzeln zu bilden.

Mit dem Spaten wird der Wurzelstock vorsichtig ausgegraben und anschließend alle oberirdischen Pflanzenteile etwa 2–3 cm über der obersten Triebknospe am Wurzelstock abgeschnitten. Daraufhin kann der Wurzelstock mit einem scharfen Messer geteilt werden. Dabei ist darauf zu achten, daß möglichst kleine Wundflächen entstehen. Jedes Teilstück soll etwa 3 (bis 5) starke Triebknospen haben. Die verbliebenen Wurzeln werden auf etwa 15 cm eingekürzt. Dadurch wird eine Wurzelneubildung angeregt.

Beim anschließenden Pflanzen sollte vorher der Boden tiefgründig bearbeitet und bei schwerem Boden für eine gute Dränage gesorgt werden. Gepflanzt wird in ein humoses, lockeres Substrat. Dabei ist auf die richtige Pflanztiefe zu achten. Die Triebknospen an den Wurzelstöcken sollen etwa 3–5 cm unter der Erdoberfläche liegen.

Pfingstrosen oder Päonien wünschen einen vollsonnigen Standort. Ein Einpflanzen in den Rasen ist möglich, wenn um die Pfingstrose herum der Boden etwas offen gehalten wird (Baumscheibe).

Wußten Sie...

daß bereits im frühen Mittelalter die Pfingstrose als Heilpflanze benutzt wurde? Schon Hieronymus Bock (1489–1554) bezeichnete in seinem Kräuterbuch die Pfingstrose nach alter Überlieferung als „Benedikten-Rose“. Dieser Name bezieht sich auf das lateinische Wort „benedictus“, das soviel wie heilkräftig oder gesegnet bedeutet.

▶ *Echter Mehltau an Phlox (Flammenblume)*

Mein Staudenphlox (Phlox paniculata) im Garten hat eine eigentümliche Krankheit. Die Blätter, manchmal auch die Triebspitzen, sind mit einem weißen, mehligen Belag überzogen. Die Krankheit hat sich in den letzten Jahren stark ausgebreitet. Um was handelt es sich, und was kann ich dagegen tun?

◁ Nach der Schilderung des Schadbilds handelt es sich um den Befall durch den sogenannten Echten Mehltau. Es handelt sich dabei um eine weit verbreitete Pilzkrankheit, die Gartenstauden, Gehölze, Gemüsepflanzen usw. befällt. Echter Mehltau ist ein sogenannter Außenparasit (Ektoparasit), dessen Mycelium Blätter, manchmal auch Stengelteile und Blüten überzieht und gleichzeitig mit Saugschläuchen (Haustorien) den Pflanzen Saft aus den Zellen entzieht. Die Pflanzen werden durch Saftverlust und Lichtentzug geschädigt.
Der Pilz tritt besonders bei wechselhaftem Wetter auf. Wärme am Tag und Kühle in der Nacht fördern die Taubildung und damit die Lebenstätigkeit des Pilzes. Außerdem werden alle Pilzkrankheiten durch feuchtes Wetter gefördert.
Vorbeugend kann man das Auftreten von Echtem Mehltau durch günstige Wachstumsbedingungen für die Pflanzen zumindest verzögern. Ein zu dichter Stand sollte vermieden werden, damit die Pflanzen nach Regenfällen oder nach dem Gießen wieder rasch abtrocknen. Ansonsten gibt es heute verschiedene „Stärkungsmittel", die vorbeugend auf die Pflanzen gespritzt werden und ebenfalls zu einer Befallsverminderung beitragen. Bekannt sind zum Beispiel Mittel wie Milsana, das aus der Wucherpflanze (Reynoutria) gewonnen wird, oder Neudo-Vital, ebenfalls ein Pflanzenstärkungsmittel natürlichen Ursprungs. Wichtig ist nur, daß diese und ähnliche Mittel schon bei Vegetationsbeginn im Frühjahr angewandt werden. Eine Wiederholung in bestimmten Abständen ist wichtig. Die allgemeinen Gebrauchsanweisungen sind dabei zu beachten.
Sollte einmal die Krankheit trotz aller prophylaktischer Maßnahmen trotzdem auftreten und schlimmere Ausmaße annehmen, können auch im Haus- und Kleingarten zugelassene Pflanzenbehandlungsmittel eingesetzt werden. Sie sollen aber nur dann angewandt werden, wenn alle an-

deren Maßnahmen nicht mehr ausreichen und tatsächlich die Pflanzen echt gefährdet sind. Es gibt eine ganze Reihe von Wirkstoffgruppen, die geeignet sind. Zu den biologischen Präparaten gezählt werden können z.B. Mittel auf der Basis von Lecithin. Sie sind aber nur bei wöchentlicher Anwendung ab Befallsbeginn wirksam. Andere zugelassene Wirkstoffgruppen sind z.B. Bitertanol, Dichlofluanid, Fenarimol und Triforin. Die einzelnen Mittel können im Fachgeschäft erfragt werden.

► *Tulipa (Tulpen) ohne Blütenansatz*

Ich habe im vergangenen Herbst ein größeres Paket Tulpen gekauft. Nun stelle ich fest, daß die Mehrzahl dieser Pflanzen wohl durchtreibt, aber keine Blütenknospen angesetzt hat. Ich habe die Zwiebeln Anfang Oktober an verschiedenen Stellen in meinen Garten gepflanzt, eigentlich so, wie ich es in den früheren Jahren auch gemacht habe. Was kann die Ursache sein, daß diese Tulpen „taub" geblieben sind?

◁ Mit größter Sicherheit können Sie für dieses Mißgeschick nichts. Sobald die Zwiebel ausgeliefert werden, ist die Blüte in der Zwiebel bereits fixiert, so daß der Kunde keinen Einfluß auf einen möglichen Knospenansatz hat. Im Garten wurzeln die Tulpen ein und treiben im Frühjahr mit Blättern und Knospe durch.
Haben nun die Tulpen keinen Knospenansatz, ist mit größter Wahrscheinlichkeit davon auszugehen, daß zu kleine Ware bezogen wurde. Diese Tulpen haben das Stadium der Knospenbildung im vergangenen Jahr nicht erreicht.
Auf eines sollte bei einem späteren Einkauf geachtet werden. Je größer die Blumenzwiebel, umso eher kann davon ausgegangen werden, daß im Frühjahr eine schöne Blüte erwartet werden darf.

Wußten Sie...

daß die Bezeichnung Tulpe oder auch der botanische Name Tulipa auf einen persischen Namen zurückgeht? Die Bezeichnung wird von dem persischen Wort dolbend = Turban abgeleitet. Sicher eine treffende Bezeichnung für die prächtige, turbanähnliche Gestalt und Farbenpracht der Tulpe.

▶ *Callistephus (Sommerastern) sterben ab*

Zu meinen Lieblingsblumen im Garten gehören Astern und Zinnien. Immer wieder habe ich aber Probleme mit diesen Pflanzen. Zunächst entwickeln sich die Jungpflanzen nach dem Setzen Anfang Mai recht gut. Plötzlich welken sie und sterben meistens ehe sie zum Blühen kommen ab. Was kann ich tun, damit diese Pflanzen in meinem Garten gut gedeihen?

◁ Bei den Sommerastern (Callistephus) ist eine Krankheit die Ursache, die unter dem volkstümlichen Namen „Asternsterben" bekannt ist. Verursacht wird sie durch einen Pilz (Fusarium), der weit verbreitet ist. Das unangenehme an dieser Pilzkrankheit ist, daß sich der Erreger im Boden lebensfähig erhalten kann und immer wieder aufs neue Infektionen verursacht.

Als einzige Möglichkeit kommt in Frage, die Pflanzfläche zu wechseln oder mindestens 4–5 Jahre lang keine Astern mehr anzubauen. Eine zweite Möglichkeit ist, sogenannte resistente Asternsorten zu kaufen und diese in den Garten zu pflanzen. Ein vollständiger Erfolg ist nicht sicher, da manchmal auch diese Sorten von der Asternwelke befallen werden können.

Ähnlich ist es auch bei den Zinnien. Welken die Pflanzen relativ schnell und sind am Stengelgrund dunkle, eingesunkene Verfärbungen oder Faulstellen zu erkennen, handelt es sich ebenfalls um eine pilzliche Erkrankung, die sogenannte Rhizoctonia-Fußkrankheit oder -welke. Auch hier handelt es sich um einen Bodenpilz, der in ähnlicher Weise wie bei den Sommerastern die Zinnien dahinraffen kann. Bisher sind bei dieser Sommerblume keine resistenten Sorten bekannt.

Im übrigen wurde früher immer wieder darauf hingewiesen, junge Pflanzen mit einem geeigneten Pflanzenschutzmittel anzugießen. Es muß darauf hingewiesen werden, daß die Anwendung von Pflanzenschutzmitteln zur Bodenentseuchung heute im allgemeinen nicht mehr erlaubt ist. Auf jeden Fall sollten aber Pflanzen, die welken und absterben, sofort aus dem Bestand entfernt und vernichtet werden. Keinesfalls dürfen sie auf den Kompost geworfen werden, da die Gefahr der Verbreitung besteht.

► Dianthus (Nelken) aussäen

Sehr gerne möchte ich in meinem Garten Nelken anpflanzen. Wann und wie muß ich diese aussäen, um im Sommer einen reichen Blütenflor zu erzielen?

◁ Es gibt verschiedene Nelkenrassen, die jedoch in der Anzucht und Kultur etwa ähnlich behandelt werden. Angeboten werden z.B. Kaiser- oder Heddewigs-Nelken, Chabaud-Nelken, Bartnelken usw. Meistens werden für den Garten die Kaiser- und Heddewigs-Nelken verwendet, die unter dem botanischen Namen Dianthus chinensis angeboten werden.

Sommernelken werden schon ab Januar ausgesät, besser ist jedoch erst eine Aussaat im März. In den Wintermonaten haben die Sämlinge zu wenig Licht, werden lang und „vergeilen". Ab März steht die Sonne schon deutlich höher und man erhält kurze, gedrungene Pflanzen. Nur muß man dann einen etwas späteren Blühtermin in Kauf nehmen. Ausgesät wird in Handkisten, ein Frühbeet oder im Kleingewächshaus. Die beste Keimtemperatur liegt bei 18–24°C. Nach der Keimung müssen die Pflanzen sehr hell stehen, damit sie kurz und gedrungen bleiben.

Die Weiterkultur erfolgt bei 12–14°C. Später werden die Pflanzen pikiert und in kleine Töpfe gepflanzt.

Ausgepflanzt wird nach den Eisheiligen Mitte Mai auf sonnigen, geschützten Beeten zusammen mit anderen Sommerblumen oder im Balkonkasten bzw. Pflanzkübel.

Zur Anzucht wird eine mittelschwere, nährstoffreiche und humose Erde mit einem neutralen Reaktionsgrad (pH 6,5–7) benötigt.

Wußten Sie...

Haben Sie einen schönen Nelkenbestand, der oft bis zum Herbst blüht, versuchen Sie, die Pflanzen einmal zu überwintern. Man kann die Pflanzen mit einem Lattengestell umgeben und bei strengen Kahlfrösten mit Matten, Reisig usw. schützen. Auf diese Weise ist es möglich, die Pflanzen ohne großen Schaden durch den Winter zu bringen. Dann blühen sie relativ früh im zweiten Jahr.

▶ *Dianthus (Nelken) überwintern*

In meinem Garten blühen Anfang November noch Nelken. Sind diese winterhart? Wie kann ich die Pflanzen am besten überwintern?

◁ An sich werden die Gartennelken bei uns meistens einjährig kultiviert. Es gibt jedoch Arten und Sorten, die auch im zweiten Jahr einen reichen Blütenflor bringen. Manche sind sogar ausdauernd, also mehrjährig.
Sollte der Winter mild sein, ist eine Überwinterung durchaus denkbar. Auch unter einer lockeren Schneedecke überstehen Nelken in günstigen Klimabedingungen die Winterwochen. Auf jeden Fall kann man einmal versuchen, die Pflanzen mit etwas Reisig oder auf andere Weise zu schützen, um sie gut durch den Winter zu bringen.
Im Frühjahr können die Stengel etwas zurückgeschnitten werden, auch vertrocknete oder erfrorene Teile werden weggenommen. Aus schlafenden Augen in den Blattachseln erfolgt bald ein neuer Austrieb, so daß die Pflanzen schon wieder relativ früh zum Blühen kommen.

▶ *Gladiolus (Gladiolen)*

Sehr gerne möchte ich in meinem Garten Gladiolen anpflanzen. Muß ich die Zwiebeln im Herbst oder Frühjahr auslegen?

◁ Gladiolen gehören zu den sommerblühenden Zwiebelgewächsen, die jedoch in unserem Klima nicht winterhart sind. Die Zwiebelknollen werden im Frühjahr bezogen und etwa Ende April auf Beete, Rabatte usw. in den Garten gepflanzt. Eine lockere, humose Gartenerde ist für die Entwicklung günstig. Meistens legt man sie in Reihen oder kleinen Gruppen aus.
Nach der Blüte im Herbst werden die Pflanzen vorsichtig aus der Erde gegraben und meistens einen Tag zum Austrocknen auf die Beete gelegt. Dann werden die oberirdischen Pflanzenteile abgeschnitten und die Knollen in einer Tomatenkiste oder auf Hurden in einem Raum bei ca. 15°C überwintert. Vorher können die Brutknöllchen abgenommen und in gleicher Weise gelagert werden.

► Gladiolus (Gladiolen), Thripsbefall

Auf den Blättern meiner Gladiolen sind weißliche Flecken sichtbar, die manchmal silbrig schimmern. Auch auf den Blüten sind solche Flecken sichtbar. Manche Blütenstände sind sogar verkrümmt oder verkrüppelt. Um was für eine Krankheit handelt es sich, und ist eine Bekämpfung möglich?

◁ Es handelt sich bei diesem Schaden nicht um eine Krankheit, sondern um den Befall durch den Gladiolenblasenfuß oder Thrips. Der Schädling selbst ist nur 1,2–1,5 mm groß, dunkelbraun bis schwärzlich gefärbt und besitzt 4 gefranste, kleine Flügel. Deshalb wird der Schädling oft auch als Fransenflügler bezeichnet.
Ausgewachsene Tiere und die weiblichen Larven halten sich gerne zwischen den Blättern und Stengeln sowie in der noch geschlossenen Knospe auf. Sie saugen den Pflanzensaft aus dem Gewebe, so daß diese weißen bis silbrigen Flecken entstehen. Im Herbst wandern die Blasenfüße auf die Knolle und überwintern dort.
Die Bekämpfung dieses Schädlings ist etwas schwierig. Der Pflanzenschutzdienst empfiehlt, auf jeden Fall im Herbst die Gladiolen sorgfältig zu putzen und vom Laub vollständig zu befreien. Mehrere Spritzungen im Sommer mit Kaliseife und Mitteln auf der Basis der Pyrethrine lindern den Schaden. Bei einem starken Befall sollte man sich eventuell von den Pflanzen trennen und im nächsten Jahr neue Zwiebelknollen kaufen.

► *Impatiens (Fleißiges Lieschen) aussäen*

Ich habe Samen vom Fleißigen Lieschen gesammelt. Ist es möglich, diese selbst auszusäen und daraus im nächsten Jahr eigene Pflanzen heranzuziehen?

◁ Ist der Samen gut ausgereift, kann eine eigene Anzucht vorgenommen werden. Ausgesät wird zwischen Januar und April in Töpfe oder kleine Schalen in eine humose, durchlässige Blumenerde. Die Samen nicht oder nur leicht abdecken und für ausreichende Temperatur und eine gleichmäßige Feuchtigkeit sorgen. Die Keimung erfolgt bei 20–24 °C in 10–18 Tagen.

Sämlinge bei viel Licht und 12–16 °C weiterkultivieren. Später pikieren, also verschulen, so daß sie genügend Platz zur Entwicklung haben. Da die Pflanzen frostempfindlich sind, erst nach den Eisheiligen auspflanzen.

Stammt das selbst gesammelte Saatgut von Hybriden, muß man mit einer Aufspaltung rechnen. Diese Pflanzen können also im Wuchs und der Blütenfarbe unterschiedlich sein.

► *Lantana (Wandelröschen)*

Im Herbst habe ich meine Wandelröschen (Lantana) im Garten ausgegraben und eingetopft. Zunächst standen die Pflanzen alle sehr gut, jetzt welken die Triebe. Was ist wohl die Ursache?

◁ Durch das Ausgraben der Pflanzen im Herbst haben sie sicher viele Wurzeln verloren. Sie müssen jetzt im Pflanzgefäß zuerst neue Wurzeln bilden. Nun kann es vorkommen, daß durch hohe Wassergaben (Staunässe) die Wurzelneubildung unterbunden wird, vorhandene Wurzeln faulen ab. Deshalb sind frisch eingetopfte Pflanzen sehr vorsichtig zu gießen. Erst nach einer gewissen Einwurzelzeit können Wassergaben in normaler Höhe verabreicht werden.

Zunächst sollte auf jeden Fall geprüft werden, ob diese Diagnose richtig ist. Die Pflanzen werden ausgetopft, der

Wurzelballen kontrolliert. Sind tatsächlich schwarze Wurzeln festzustellen, muß der Wurzelballen vorsichtig ausgeschüttelt und die Pflanzen in frische Erde eingetopft werden. Alle schwarzen Wurzeln sind vorher vollständig zu entfernen. Lockere, humose, luftdurchlässige Erde ist zu wählen. Anschließend sind die Pflanzen nur mäßig feucht zu halten. Durch eine solche Behandlung können Pflanzen meistens gerettet werden. Sollten sich die Pflanzen nicht mehr erholen, ist eine Weiterkultur und Überwinterung nicht mehr möglich.

▶ *Rhodochiton (Purpurglocke)*

Auf dem Markt habe ich eine Rhodochiton erstanden. Es muß sich um ein Schlinggewächs handeln, das man auch als Ampelpflanze kultivieren kann. Um was für eine Pflanze handelt es sich, wie wird sie kultiviert, und welche Pflegebedingungen muß ich beachten?

◁ Rhodochiton, die Purpurglocke, ist schon seit über 150 Jahren bekannt, jedoch erst wieder in neuerer Zeit in Kultur genommen worden. Es handelt sich eigentlich um eine Kletterpflanze, die bei uns meistens als Blumenampel angeboten wird. Auffallend sind die langen, dünnen Triebe und die farbenprächtigen Blüten. Die eigentliche Blüte hat eine dunkelviolette Farbe. Sie fällt schon nach kurzer Zeit ab. Umgeben wird die Blüte von hellvioletten Hochblättern, sogenannten Brakteen, die jedoch sehr haltbar sind. Der eigentliche Schmuck der Pflanze sind diese Brakteen, die oft die Triebe in der ganzen Länge bedecken. Rhodochiton wird meistens im Frühjahr angeboten und kann an einem hellen, jedoch nicht der Mittagssonne ausgesetztem Fenster kultiviert werden. Fast noch besser ist jedoch ein Standort auf dem Balkon, der Terrasse oder dem Garten, wobei die Pflanze ein geschütztes Plätzchen liebt. So kann z.B. eine Blumenampel am Ast eines Baumes aufgehängt werden, wo nun in den folgenden Wochen die Triebe teilweise nach unten hängen, teilweise sich sogar an den Zweigen hochranken können.

Während des ganzen Sommers muß die Pflanze nur normal gegossen und ab und zu auch gedüngt werden. So wird sie zu starkem Wachstum und Blühen angeregt. Weitere Pflegemaßnahmen sind nicht erforderlich, da wesentliche Krankheiten und Schädlinge nicht bekannt sind. Im Herbst wird man sich von der Pflanze trennen, da eine Überwinterung relativ schwierig ist. Probieren kann man sie auf jeden Fall. Dazu ist ein relativ kühler, heller Standort notwendig. Temperaturen von 5–10 °C reichen während der unwirtlichen Jahreszeit völlig aus.

▶ Samenernte von Lathyrus (Wicken)

In meinem Garten blühten in diesem Jahr die Wicken überreich. Sie haben Schoten angesetzt, die ich nun geerntet habe. Wie soll ich diese aufbewahren und wann die Samen aussäen?

◁ Am besten ist es, die Früchte an einer luftigen Stelle zu trocknen und anschließend die Samen „auszupulen". Diese werden in einer Tüte, einem Kunststoffgefäß oder einem ähnlichen Behältnis in einem kühlen, trockenen Raum gelagert. Eine eigene Aussaat kann ab April auf Freilandbeete vorgenommen werden. Der Aussaattermin richtet sich nach der Witterung. Das Saatgut keimt meistens ab 15 °C problemlos. Saatgut und Jungpflanzen sind stets mäßig feucht zu halten. Staunässe ist zu vermeiden. Wicken entwickeln sich am besten an einem vollsonnigen, etwas geschützten Standort in guter Gartenerde.

Mein Zusatztip

Soll eine frühe Blüte erreicht werden, können bereits im März die Samen in Töpfchen ausgelegt und in einem geschützten Raum bei etwa 18°C zum Keimen gebracht werden. Die Weiterkultur erfolgt bei Temperaturen zwischen 8 und 15 °C an einem hellen Fenster. In diesem Falle haben sich die Wicken bis Mitte Mai zu kräftigen Pflanzen entwickelt, die in den Garten gesetzt werden. Dort blühen sie etwa 4 Wochen früher als Freilandsaaten.

► Tropaeolum (Kapuzinerkresse)

Unter meinem Kirschenbaum habe ich Kapuzinerkresse ausgesät. Die Pflanzen wachsen wohl recht gut und machen lange Triebe, sie blühen jedoch nicht. Was ist wohl die Ursache?

◁ Kapuzinerkresse zählt wohl zu den ältesten und bekanntesten Gartenpflanzen. Ihre Heimat ist Südamerika, wo die meisten der 50 Arten im Gebirge von Mexiko bis Chile vorkommen.

Eigentlich handelt es sich bei der Kapuzinerkresse um anspruchslose Pflanzen, die jedoch einen sonnigen Standort bevorzugen. Auch in lichtem Schatten bilden sie noch Blüten. Es kann jedoch sein, daß das Blätterdach ihrer Kirsche so dicht ist, daß die Pflanzen nicht oder kaum von Sonnenstrahlen getroffen werden. In diesem Falle fehlt der Lichtreiz zur Induktion, also zur Knospenbildung. Die Pflanzen bilden nur Blätter und keine Blüten. Auch ist der lange, vielleicht sogar etwas spindelige Wuchs der Triebe ein Zeichen dafür, daß die Pflanzen nach Licht suchen. Sie streben dem Licht zu, um dann, haben sie einen günstigen Platz gefunden, ihre Floreszenzen auszubilden. Durch besondere Pflegemaßnahmen, also reichlicheres Wässern und zusätzliches Düngen kann man nicht unbedingt die Blütenbildung fördern.

Mein Zusatztip

Auf jeden Fall sollte man für Kapuzinerkresse einen Standort auswählen, an dem die Pflanzen an einigen Stunden am Tag direkt von der Sonne getroffen werden. Das muß nicht unbedingt die Mittagssonne sein, es reicht auch ein Standort mit Morgen- oder Nachmittagssonne.

Wußten Sie...

daß junge Blätter, Knospen und Blüten von Tropaeolum majus oft zum Würzen von grünen Salaten und Rohkost verwendet wird? Die stark aromatisch riechenden Pflanzenteile sind, sparsam verwendet, dafür geeignet. Übrigens kann man auch unreife Früchte als Kapernersatz in der Küche verwenden.

▶ Viola (Stiefmütterchen) keimen nicht

Ich habe im Juni Stiefmütterchen im Garten ausgesät. Die Samen keimten nicht, was ist die Ursache?

◁ Stiefmütterchen werden normalerweise in den Hochsommermonaten von Mitte Juni bis Mitte Juli im Garten ausgesät. Dieser Termin ist insofern problematisch, da bei hohen Sommertemperaturen Keimschwierigkeiten auftreten können.

Vorbeugend sollte deshalb das Saatgut in einen gut vorbereiteten, humosen Boden ausgesät und leicht abgedeckt werden. Anschließend muß das Saatgut bis zur Keimung gleichmäßig feucht, möglichst kühl und schattig gehalten werden. In sonnigen Lagen ist deshalb eine Abdeckung mit einer „Schattiermatte" zu empfehlen. Auch das Aussäen im Frühbeetkasten ist günstig, der mit Schattiergewebe oder einer Schattenmatte abgedeckt wird. Die beste Keimtemperatur für Stiefmütterchen liegt bei 15–18 °C. Unter günstigen Bedingungen keimen die Samen in 2–3 Wochen.

Als eine andere Ursache könnte auch altes Saatgut in Frage kommen. Günstig ist es immer, wenn frisches Saatgut verwendet wird.

Mein Zusatztip

Im Samenfachhandel gibt es Saatgut von vielen Rassen. Für den Haus- und Kleingarten vor allem winterharte Sorten auswählen, z.B. 'Riesen Vorbote' oder 'Weseler Eis'. Die Rassen gibt es in verschiedenen Farbensorten. Viele prächtige Sorten sind für den Erwerbsgärtner gezüchtet, der die Pflanzen im Gewächshaus überwintert.

► Blumenwiese blüht nicht mehr

Im vergangenen Frühjahr habe ich eine Blumenwiese angelegt. Sie war im Sommer wunderschön, und die Blumen blühten reichlich. Jetzt im zweiten Jahr haben sich wohl wieder viele Pflanzen entwickelt, obwohl es aber Hochsommer ist (Juli), blüht fast keine Blume mehr. Habe ich etwas falsch gemacht? In der Umgebung stehen die Wiesen der Landwirte jetzt in voller Blüte.

◁ Es ist gar nicht ganz einfach, ein Grundstück auf eine Blumenwiese umzustellen. Bei den Wiesen der Landwirte handelt es sich meistens um sogenannte Magerwiesen, also Flächen, die kaum gedüngt sind und auf denen sich von Natur aus ein bestimmter Pflanzenbestand (Biotop) gebildet hat. Wenn nun plötzlich ein Gartengrundstück, das vorher bearbeitet und mit Humus und Düngern versehen wurde, auf eine Blumenwiese umgestellt wurde, so bleibt der Erfolg oft aus. Die Pflanzen „schießen" im ersten Jahr ins Kraut, bilden eine vorzügliche Gemeinschaft mit reicher Blüte, doch können sie auf Dauer auf dem vorhandenen Boden nicht gedeihen. Deshalb kommt es immer wieder zu starken Ausfällen, so daß Blumenwiesen schon im Folgejahr oder zumindest in den nächsten Jahren nicht mehr besonders reich blühen.

Erfolg wird man mit einer Blumenwiese dann haben, wenn ein Gartenboden zunächst abgemagert wurde, also mehrere Jahre nicht mehr mit Düngemitteln versorgt wurde. Außerdem sollte man solche Pflanzen auswählen, die auch in der näheren Umgebung auf den Wiesen naturhaft wachsen und blühen. Kenner sammeln sogar den Samen der in der Umgebung wachsenden heimischen Kräuter und säen diesen im eigenen Garten auf der Blumenwiese aus. Noch ein weiterer Punkt ist wichtig. Manchmal wird im Sommer die Blumenwiese zu früh abgemäht. Man muß den Kräutern Gelegenheit geben, nach der Blüte ihre Früchte und Samen ausreifen zu lassen, damit sie wieder an Ort und Stelle ausfallen.

▶ Blumenwiese

Im vergangenen Jahr habe ich eine Blumenwiese angelegt. Die Fläche sieht jetzt im Frühjahr (Mai) sehr attraktiv aus, und es blühen bereits viele Kräuter. Wie soll ich diese Blumenwiese weiter behandeln, damit sie auch in den nächsten Jahren immer in gleicher Weise zum Blühen kommt?

◁ Normalerweise braucht eine Blumenwiese keine besondere Pflege. Wurde sie standortgerecht angelegt und kommen die Pflanzen mit dem vorhandenen Boden zurecht, ist nur ein termingerechtes Mähen wichtig. Eigentlich zeigt es sich erst im folgenden Jahr, ob alles richtig gemacht wurde. Blumenwiesen entwickeln sich nämlich am besten auf einem mageren, durchlässigen Boden, eben an einem Standort, wie er draußen in der Natur auch vorkommt. Augenblicklich sollte man sich an den vielen Blumen der Wiese erfreuen und diese auch normal abblühen lassen. Sofern einjährige Kräuter in der Mischung sind, müssen diese zunächst Samen bilden und diese auch wieder freilassen. Dann wird zum ersten Mal gemäht. Auf dieses Mähen darf keinesfalls verzichtet werden, sonst ersticken die Kräuter unter dem dichten Pflanzengewirr. Dieses erste Mähen ist mit dem Heuen in der Landwirtschaft zu vergleichen. Es bildet sich dann noch ein weiterer Durchtrieb, und im Herbst wird dann die Wiese zum zweiten Mal gemäht (Öhmd). Man muß also eine Blumenwiese im Laufe des Jahres zwei-manchmal auch dreimal mähen. Das Mähgut selbst wird abgeräumt und am besten kompostiert. Daraus wird wertvoller Kompost, den man im Garten verwenden kann.

Mein Zusatztip

Der erste Schnitt sollte im allgemeinen nicht vor Anfang August ausgeführt werden, um das Aussamen der Kräuter nicht zu behindern. Die Schnitthöhe soll in der Regel zwischen 8 und 15 cm betragen. Dadurch werden auch die zwischen den Gräsern stehenden Kräuter weniger beeinflußt. Sollten sich trotz aller Mühe Lücken einstellen, können auch bestimmte Blumen oder Kräuter einfach nachgesät werden.

Keinesfalls darf eine Blumenwiese als Spielwiese benutzt werden. Sollen Kinder auf dem Rasen tollen, muß eine Spielwiese angelegt werden, die auch regelmäßig gemäht und gepflegt wird.

► Hexenringe

Seit einigen Jahren bildet sich in meinem Rasen ein Kranz, der von Jahr zu Jahr etwas größer wird. Der Rasen vertrocknet, und die ganze Stelle sieht nicht schön aus. Ein Austausch der Erde hat keinen befriedigenden Erfolg gebracht. Nun erscheinen am Rande dieses Grases auch noch Pilze. Handelt es sich bei dieser Erscheinung um den sogenannten „Hexenkranz"?

◁ Es handelt sich tatsächlich um Einflüsse von Pilzen im Boden, wobei die Erscheinung als „Hexenring" bekannt ist. Verursacher der Hexenringe ist der Nelkenschwindling, ein Pilz mit 2–5 cm breitem Hut. Der Pilz ist übrigens eßbar. Da sich der Pilz kreisförmig nach allen Seiten ausbreitet, entstehen die eigenartigen Ringe. Im aktiven Bereich des Pilzes sind die Ringe dunkelgrün, im inneren des Kreises sind die Rasengräser oft abgestorben.

Oft wird der Rat gegeben, die befallenen Stellen abzutragen. Nur ist es zweifelhaft, ob dadurch immer alle Hyphen bzw. Mycele, also der eigentliche Pilzkörper, erfaßt werden. Bleiben Reste erhalten, können sich die Pilze weiter ausbreiten. Auch ist immer wieder mit Sporenzuflug zu rechnen.

Früher konnten Hexenringe durch die Anwendung pilztötender Mittel (Fungizide) ausgemerzt werden. Nachdem aber die Anwendung solcher Mittel im Haus- oder Kleingarten in vielen Ländern der Bundesrepublik nicht mehr erlaubt ist, sollte man auf den Einsatz chemischer Präparate im Rasen verzichten.

Mein Zusatztip

Durch eine gute Rasenpflege kann man das Auftreten von Hexenringen eindämmen. Deshalb Zierrasen häufig mähen und vor allem ausreichend mit Spezialrasendünger düngen.

▶ *Moos im Rasen*

Mein Zierrasen im Garten ist stark „verfilzt". Außerdem breitet sich auf der ganzen Fläche Moos aus, das sogar die Graspflanzen „erstickt". Ich habe mir sagen lassen, daß durch das Ausstreuen von Kalk das Moos vernichtet werden kann. Welchen Kalk soll ich für diese Behandlung auswählen?

◁ Keinesfalls soll zur Moosbekämpfung im Rasen Kalk verwendet werden. Rasenpflanzen lieben einen sauren Boden. Durch das Kalken wird der Reaktionsgrad des Bodens nach oben verschoben und dadurch auch den Rasengräsern die günstigen Lebensbedingungen entzogen. Zwar „verbrennt" der Kalk bei entsprechender Aufwandmenge zunächst die Moospflanzen. Doch werden sie bald wieder erscheinen, weil die eigentliche Ursache im zu feuchten Boden zu suchen ist.

Ideal wäre es, wenn Rasenflächen immer nur auf sonnigen Flächen angelegt werden. Außerdem sollte eine gründliche Bodenvorbereitung stattfinden und schwere Böden durch Zugabe von „scharfem Sand" (Flußsand, gewaschener Sand) durchlässig gemacht werden.

Als einzig wirksame Methode kommt auf vorhandenen Rasenflächen nur das sogenannte Vertikutieren in Frage. Darunter versteht man eine Behandlung der Rasenfläche mit einem Vertikutierrechen oder einer entsprechenden Maschine. Mit scharfen, senkrecht gestellten Eisenzinken werden die Moospolster aus der Rasenfläche gerissen, gleichzeitig der verfilzte Rasen gesäubert. Diese Methode kann im Frühjahr oder Herbst angewandt werden. Meistens ist die Handarbeit sehr mühevoll. Leichter geht es mit dem Einsatz einer Maschine. Sollte sich die eigene Anschaffung nicht lohnen, können oft geeignete Geräte von Landmaschinenhändlern ausgeliehen werden. Landschaftsgärtner führen diese Arbeit auch im Lohnverfahren aus. Für größere Rasenflächen lohnt sich oft auch eine nachträgliche Durchlüftungsmaßnahme des Bodens, sie wird als Aerifizieren bezeichnet. In diesem Falle werden mit einem Spezialgerät zahlreiche Löcher in den Boden gestoßen und diese mit Sand verfüllt. Dadurch findet eine besser Entwässerung und Entlüftung des Wurzelraumes statt.

▶ *Pilze im Rasen*

In meinem Rasen wachsen verschiedene Pilze. Mir wurde gesagt, es seien Champignons. Kann das stimmen, und sind diese eßbar?

◁ Es kommen immer wieder verschiedene Pilze im Rasen vor. Möglich ist es, daß in ihrem Rasen bzw. der Wiese Egerlinge oder Champignons vorkommen, deren Mycel im Boden wächst. Später kommen dann die Hüte aus der Erde heraus. Es handelt sich dabei um die Fruchtstände, die in ihren Lamellen schwarz-violette Sporen ausbilden. Die Hüte treten oft in den Monaten Juni bis Oktober auf.

Der Feldegerling ist eßbar. Es gibt aber auch noch andere Pilze, z.B. den oft im Rasen auftretenden Nelkenschwindling, der für die bekannten Hexenringe verantwortlich ist. Auch der Nelkenschwindling, Marasius oreades, gehört zu den Speisepilzen. Andere, die auch noch auftreten können sind teilweise eßbar oder zumindest genießbar. Auf jeden Fall sollte man einen Pilzkenner befragen, um welche Pilze es sich handelt, damit keine ungenießbaren Pilze verzehrt werden.

An sich sind einige wenige Pilze im Rasen nicht schädlich. Oft leben die Mycele in verrottender Substanz ohne daß sie größeren Schaden anrichten. Der Nelkenschwindling, der meistens für die Hexenringe verantwortlich ist, kann jedoch die Rasenfläche schädigen. Ist das Gras normal, kann man einen Besatz durch Hutpilze vernachlässigen. Sollten Rasengräser geschädigt werden, muß durch eine gute Rasenpflege, also häufiges Mähen und eine gezielte Düngung das Wachstum der Rasenpflanzen unterstützt werden. In diesem Falle verschwinden die Pilze oft von selbst wieder.

▶ *Rasen*

Meine Rasenfläche ist etwa 550 m² groß. Das Gelände ist nicht ganz eben. Während der größte Teil des Rasens aus normal grünen Gräsern besteht, sind diese in einer Senke gelb verfärbt. Was ist die Ursache, und was kann ich dagegen tun?

◁ Die Gelbverfärbung kann verschiedene Ursachen haben. Einmal ist es möglich, daß durch die sich dort ansammelnde Feuchtigkeit der Stickstoff aus dem Boden vermehrt ausgewaschen ist und dadurch als Mangelsymptom kein Blattgrün mehr gebildet werden kann. In diesem Falle hilft eine schwache Stickstoffgabe, damit sich die Pflanzen wieder normal grün färben. Eine zweite Möglichkeit besteht darin, daß sich in der Senke Wasser staut und dies zu Sauerstoffmangel im Wurzelbereich führt. Dadurch kann es zu Wurzelschäden kommen, was sich wiederum in einer Gelbverfärbung der Rasenpflanzen äußert. Auf jeden Fall müssen einmal die Fläche genau kontrolliert und auch die Bodenverhältnisse untersucht werden. Ist der Boden relativ leicht, also sandig, wird wahrscheinlich das sich in der Senke ansammelnde Wasser rasch abfließen und es dadurch dort eher zum erwähnten Stickstoff- bzw. Nährstoffmangel kommt. Handelt es sich um einen sehr schweren Boden, der zu Staunässe neigt, kann eher ein Wurzelschaden die Ursache sein. Je nachdem, welches Ergebnis eine Kontrolle bringt, müßten entsprechende Maßnahmen getroffen werden. Bei Staunässe muß auf jeden Fall dafür gesorgt werden, daß das Wasser abgeführt wird.

Mein Zusatztip

Kommt Staunässe nicht in Frage, ist unter Umständen eine Bodenuntersuchung ratsam. In diesem Falle sollte nicht nur die Standarduntersuchung auf Bodenreaktion, Phosphorsäure- und Kaligehalt durchgeführt werden, sondern auch eine gesonderte Stickstoffuntersuchung. Aufgrund eines solchen Ergebnisses können notwendige Düngungsmaßnahmen gezielt ausgeführt werden. Soll eine Stickstoffuntersuchung durchgeführt werden, muß die entnommene Bodenprobe möglichst umgehend zum Labor gebracht oder geschickt werden, da sich die Stickstoffkomponenten im Boden innerhalb kurzer Zeit verändern und so das Ergebnis verfälschen können.

▶ *Rasen nachsäen*

In meinem Zierrasen im Garten sind größere Lücken entstanden. Muß ich die ganze Fläche umgraben und neu einsäen oder ist eine Nachsaat möglich?

◁ Da die Rasengräser zu den Flachwurzlern gehören, ist im allgemeinen eine Nachsaat durchaus möglich. Jedoch sollte vorher geprüft werden, ob die Bodenverhältnisse insgesamt gesehen für das Wachstum der Gräser in Ordnung sind. Rasen möchte einen lockeren, etwas humosen Boden von leicht saurer Bodenreaktion. Ungünstig sind sehr schwere Böden, die zu Staunässe neigen, da sich in diesem Falle immer wieder Moose ansiedeln.
Sind die Bodenverhältnisse in Ordnung, werden die lückigen Flächen mit einem Krail (Dunghaken) oberflächlich leicht aufgekratzt und der Samen ausgesät. Abgedeckt wird er mit unkrautfreier Komposterde oder einem käuflichen Humussubstrat. Zur Nachsaat selbst eignen sich generell alle Samenmischungen. Empfehlenswert wäre jedoch eine sogenannte Regenerationsrasenmischung. Wird der Rasen häufiger betreten oder als Spielwiese benutzt, sollten strapazierfähige Gräser, z.B. in einer Sportplatz- oder Gebrauchsrasenmischung, verwendet werden.

Mein Zusatztip

Im Fachsamenhandel werden die unterschiedlichsten Rasenmischungen angeboten. Wichtig ist, daß für die jeweiligen Standortverhältnisse, z.B. Sonne, Schatten und Nutzungsart, z.B. Zierrasen, Gebrauchsrasen, Sportrasen, unterschiedliche Mischungen angeboten werden. Oft werden für feine Zierrasenflächen Gräser unter attraktiv klingenden Namen angeboten. Sie sind aber manchmal nicht strapazierfähig, weshalb eher eine andere Mischung vorzuziehen ist.

Wußten Sie...

daß Rasengräser am liebsten eine leicht saure Bodenreaktion wünschen? Die für Rasengräser optimale Reaktion liegt zwischen pH 5,5 und 6,5. Spezialrasendünger sind auf die physiologischen Wünsche der Rasengräser abgestimmt.

► Rasen düngen

Mein Zierrasen will nicht richtig gedeihen, im Frühjahr ist die ganze Fläche gelblich verfärbt. Was soll ich düngen, damit die Gräser eine schöne grüne Farbe erhalten?

◁ Auch ein Zier- oder Gebrauchsrasen benötigt, wie alle anderen Pflanzen auch, die Kernnährstoffe Stickstoff, Phosphorsäure, Kali und Magnesium. Bei vielen Bodenuntersuchungen hat man festgestellt, daß auch in Rasenflächen der Anteil an Phosphorsäure relativ hoch ist. Das hängt damit zusammen, daß dieses Element im Boden schwer beweglich ist und kaum ausgewaschen wird. Ideal wäre es natürlich, wenn vorab eine Bodenuntersuchung gemacht und, darauf abgestimmt, eine entsprechende Düngung ausgeführt wird. Mit einem guten Wuchsergebnis ist zu rechnen, wenn nach einer Analyse der Boden zwischen 10 und 15 mg Phosphorsäure, 10 – 20 mg Kali und 5 – 12 mg Magnesium/100 g Boden enthält. Da der Stickstoff sehr beweglich ist und gerade Rasenflächen relativ viel Stickstoff benötigen, geht man davon aus, daß in einem Hausgarten zwischen etwa 10 und 20 g Stickstoff/m^2 und Jahr benötigt werden. Im allgemeinen wird nun der Düngerbedarf immer auf den Stickstoff abgestimmt.

Mein Zusatztip

Rasenflächen möglichst immer bei feuchter Witterung düngen. Das gilt vor allen Dingen dann, wenn mineralische Dünger verwendet werden. Ansonsten ist es möglich, daß durch die Einwirkung der Sonne die Rasennarbe „verbrennt" (Salzkonzentrationsschäden). Vorteilhaft sind sogenannte Depotdünger, die ihre Nährstoffe langsam fließend abgeben. Einerseits werden die Pflanzen dann über einen längeren Zeitraum gleichmäßig ernährt, andererseits kommen Salzkonzentrationsschäden so gut wie nicht vor.

Wußten Sie...

daß Rasenpflanzen eine schwach saure Bodenreaktion lieben? Deshalb Boden oder gar Rasenflächen nicht übermäßig kalken. Außerdem ist empfehlenswert, Spezial-Rasendünger zu verwenden, die meistens eine physiologisch saure Reaktion aufweisen.

Man kann aus den Reinnährstoffzahlen des Düngers die Aufwandmenge errechnen. Sollen z.B. 10 g N (Stickstoff)/m² im Jahr verabreicht werden, so entspricht das bei Verwendung eines Düngers mit 20%-N-Anteil einer Düngermenge von 50 g/m² und Jahr.

$$\text{Berechnung: } \frac{\text{(Bedarf) 10 g N/m}^2 \text{ x 100}}{\text{20 (N-Anteile im Dünger)}} = \text{50 g}$$

Diese Düngermenge soll nun auf zwei oder mehrere Gaben verteilt ab Frühjahr ausgebracht werden, damit der Rasen ausreichend mit Nährstoffen versorgt ist.
Normalerweise wird ein Volldünger verwendet. Sollte jedoch durch eine Bodenanalyse festgestellt worden sein, daß es nur an Stickstoff mangelt, kann auch ein Einzeldünger, z.B. schwefelsaures Ammoniak, verwendet werden, um die wichtige Stickstoffversorgung sicherzustellen. Möglichst sollten die Empfehlungen des Bodenlabors berücksichtigt werden.

▶ *Rasen behandeln vor dem Winter*

Meinen Rasen habe ich recht gut durch den Sommer gebracht. Jetzt läßt er im Wachstum nach (September). Soll ich ihn jetzt noch düngen, und soll ich ihn hochgewachsen oder kurzgeschnitten in den Winter gehen lassen?

Grundsätzlich sollte der Zierrasen kurzgeschnitten in den Winter gehen. Es wird also je nach Wuchskraft, bis in den Oktober hinein gemäht. Manchmal muß sogar noch ein Schnitt im November erfolgen. Bleiben Grashalme zu lang, können sie unter einer Schneedecke „zusammenkleben" und unter Luftmangel leiden. Möglicherweise sind dann Rasenkrankheiten wie Schneeschimmel die Folge. Auch sollte das Gras, Laub und andere Pflanzenreste vor Eintritt des Winters sauber von der Rasenfläche abgekehrt werden.
Die Frage einer letzten Düngung vor dem Winter ist umstritten. Je nach Wuchskraft des Rasens ist es unter Umständen empfehlenswert, im Oktober noch eine sehr

schwache Düngung auszubringen. Zu diesem Zeitpunkt sind die Wurzeln der Rasenpflanzen noch aktiv und können leicht lösliche Nährstoffe sofort aufnehmen. Das hat zur Folge, daß die Pflanzen gut ernährt in den Winter gehen und auch im Frühjahr rechtzeitig und kräftig austreiben. Für eine solche Düngung kommen aber Langzeit- oder organische Dünger nicht in Frage. Verwendet wird ein schnell löslicher Dünger, z.B. Blaukorn-Volldünger. Die Aufwandmenge soll keinesfalls 10 g/m² überschreiten. Es muß nämlich auf jeden Fall verhindert werden, daß die überschüssigen Nährstoffe, vor allen Dingen Nitrate, ungenutzt im Boden verbleiben, da diese im Winter durch die Niederschläge ausgewaschen werden und zu einer Eutrophierung des Grundwassers beitragen.

► *Unkraut im Zierrasen*

Mein Zierrasen im Vorgarten ist voller Unkräuter. Ich komme mit Unkrautjäten nicht mehr nach. Was kann ich tun, damit die Rasenfläche wieder unkrautfrei wird?

◁ Der Einsatz chemischer Mittel zur Bekämpfung von Unkräutern im Rasen ist heute in den meisten Bundesländern nicht mehr erlaubt. „Hausmittel" gibt es ebenfalls nicht, so daß letztendlich nur das Jäten übrig bleibt. Meistens können einjährige Kräuter durch regelmäßiges mähen in Schach gehalten werden. Auch soll der Rasen nicht üppig, sondern ausreichend mit Nährstoffen versorgt werden. Manchmal hilft schon, wenn die Rasenfläche im Herbst oder im Frühjahr vertikutiert wird. Darunter versteht man die Behandlung der Rasenfläche mit einem Vertikutierrechen oder einem motorbetriebenen Gerät. Dabei wird die Rasennarbe mit Messern senkrecht angeritzt, und Moos sowie Unkräuter werden herausgeschlagen. Eine solche mechanische Behandlung sorgt wieder für einen kräftigen Wuchs der Rasengräser, die nach einer solchen Behandlung genügend Platz und Luft bekommen.
Haben sich hartnäckige Wurzelunkräuter angesiedelt, ist unter Umständen eine Neuanlage der Rasenfläche vorzusehen. In diesem Falle können bei der notwendigen Bodenbearbeitung die Wurzelunkräuter ausgelesen werden.

Gemüse, Kräuter und Obst

Der Nutzgarten dient in erster Linie der Ernährung der eigenen Familie. Hier werden Gemüse, Kräuter, Beeren- und Baumobst kultiviert. Im kleinen Garten in der Stadt ist eine intensive Nutzung üblich. Feingemüse, Kräuter

1

NUTZGARTEN

sowie Beerenobst stehen im Vordergrund. In ländlichen Gebieten werden im „Gütle“ die robusteren Gemüsearten und vor allem Baumobst angepflanzt. Neuerdings kommen auch wieder Wildobstarten in Mode.

2

► Neuanlage eines Hochbeets

In einer Zeitschrift habe ich gelesen, daß man Gemüse auf einem Hochbeet kultivieren kann. Ich habe Probleme mit dem Rücken, so daß mir das Bücken schwer fällt. Wie legt man ein solches Hochbeet an, und welche Gemüsearten kann man darin kultivieren?

◁ Ein Hochbeet ist eigentlich eine neuere Variante des Hügelbeets. Beim Hügelbeet wird anstelle eines normalen Erdbeets ein Hügel aufgebaut, auf den durch die gewölbte Form sehr viel mehr Pflanzen untergebracht werden können. Auf diese Weise kann selbst auf kleinster Fläche intensiv gewirtschaftet werden.

Beim Hochbeet ist es etwas anderes. Hier wird im allgemeinen die Beetfläche höher gelegt und zwar so, daß man ohne oder nur mit geringem Bücken arbeiten kann. Selbst Behinderte, auch Rollstuhlfahrer, können so Gartenarbeit ausführen.

Die Anlage ist relativ einfach. Zunächst muß die Umrandung hergestellt werden. Dazu können hölzerne Bohlen, aber auch Rundhölzer, Welleternitplatten oder ein ähnliches Material verwendet werden. Die Wandungen werden durch starke Pfosten gehalten. Die Breite eines Hochbeets liegt zwischen 140 und 180 cm, wobei man sich am besten nach den örtlichen Gegebenheiten und der eigenen Körpergröße richten sollte. Die ideale Höhe sollte 60–80 cm nicht überschreiten, die Länge ist beliebig.

Vor Errichtung der Außenwand sollte man den Mutterboden, also die oberste Erdschicht etwa 20–25 cm tief abtragen und seitlich lagern. Sie kann später als Deckerde verwendet werden. Nun wird das Hochbeet mit verschiedenen Materialien gefüllt, wobei sich die Auswahl nach den jeweiligen Gegebenheiten richten kann. Oft wird auf die Sohle eine 20 cm hohe Schicht aus grobem Material gebracht, z.B. Reißig. Darauf etwa 10 cm Rasenboden, wobei man die Wurzeln nach oben legen soll. An ihrer Stelle können auch Strohhäcksel oder Grünschnitt vom Rasen gebracht werden. Legt man das Hochbeet im Herbst an, hat man oft noch genügend Laub zur Verfügung, so daß man nun noch eine Schicht von 10–20 cm Laub aufbringen kann. Damit sich dieses optimal zersetzt, kann man etwas Kalkstickstoff dazwischen streuen. Die Aufwandmenge liegt bei etwa 20–40 g/m² Fläche. Trockenes Laub sollte nach dem Aufstreuen des Kalkstickstoffs auf jeden Fall gewässert werden.

Vor dem Aufbringen der eigentlichen Deckerde kann noch etwas verrotterter Stallmist oder Frischkompost aufgebracht werden. Die Menge hängt von der Gesamthöhe des Hochbeetes ab. Die Schicht beträgt in der Regel etwa 10 cm.

Zum Abschluß kommt die abgeschöpfte Gartenerde, die man natürlich mit anderen Humusstoffen, auch eigenem Gartenkompost, wieder mischen kann. Je nach Nährstoffzustand kann auch etwas organisch-mineralischer Dünger untergemischt werden.

Die einzelnen Lagen sollten ausreichend befeuchtet werden, damit die Pflanzen später gut Fuß fassen können. Die Deckerde selbst wird nicht zu naß gemacht, damit das anschließende Pflanzen problemlos vor sich gehen kann. Ob man die oberste Schicht einebnet oder in einem leichten Hügel aufwölbt, kann wiederum jeder Gartenbesitzer nach eigenem Gutdünken ausführen.

Wurde das Hochbeet im Frühjahr angelegt, kann man schon wenige Tage danach bepflanzen. Am besten ist es, wenn man das Gemüse in Mischkultur anpflanzt. In die Mitte kommen die höheren Gemüsearten, z.B. Blumenkohl, Tomaten usw., während man an den Rändern mehr die niederen Arten, z.B. Kopfsalat, Endivien, Rettiche, Radieschen, Spinat usw. sät oder pflanzt.

Natürlich muß man während der Vegetation dem Hochbeet einige Aufmerksamkeit schenken. Während trockener Witterungsperioden ist ausreichend zu wässern, bei Bedarf auch zu düngen. Später wird sich das Material etwas setzen. Dann muß mit frischer, lockerer, humushaltiger Erde aufgefüllt werden.

▶ Apfelbäume wachsen nicht

In den Garten habe ich Apfelbäume der Sorte 'Alkmene' gepflanzt. Die Bäume wachsen nicht, obwohl ich meines Erachtens alles getan habe, damit sich die Bäume gut entwickeln. In das Pflanzloch habe ich sogar frischen Mist eingefüllt.

◁ Mit größter Wahrscheinlichkeit liegt der Fehler am frischen Stallmist. Keinesfalls sollte man zum Pflanzen von Zier- und Obstgehölzen frischen Stallmist verwenden. Dieser wirkt ätzend auf die Pflanzenwurzeln, so daß besonders die feinen Haarwürzelchen absterben.

Natürlich soll man die Pflanzerde mit reichlich Humus vermischen. Frisches Material ist aber auf jeden Fall zu vermeiden. Gut ist bereits abgelagerter, verrotterter Stallmist oder Kompost aus dem eigenen Garten. Auch sollten die Bäume nicht direkt in dieses Humusmaterial gepflanzt werden, sondern eine Mischung mit der vorhandenen Gartenerde vorgenommen werden.

Ob die Bäume noch zu retten sind, hängt vom Grad der Schädigung ab. Auf jeden Fall sollten sie noch einmal ausgegraben, die Wurzeln kontrolliert, eventuell beschnitten und in der geschilderten Weise frisch gepflanzt werden. Ist das ganze Wurzelwerk bereits abgestorben, sind die Bäume wohl nicht mehr zu retten.

► Apfelbaum mit Blattläusen

In meinem Garten stehen einige Apfelbäume. Sie sind völlig verlaust. Welches biologische Mittel können Sie mir empfehlen, damit die Läuse abgetötet werden?

◁ Oft werden Blattläuse von natürlichen Feinden in ausreichender Weise dezimiert. Dazu zählen Marienkäfer und ihre Larven, Florfliegen, Larven von Schwebfliegen und Schlupfwespen. Selbst Ohrwürmer werden zu diesen Nützlingen gezählt.

Heute gibt es vielerlei Möglichkeiten, um diesen Nützlingen Nisthilfen und Verstecke anzubieten, damit sie den Gartenbesitzer bei der Blattlausbekämpfung unterstützen. Ist allerdings der Befall besonders stark, wird zur Abwendung größeren Schadens der Einsatz eines bestimmten Mittels sinnvoll sein. Der amtliche Pflanzenschutzdienst empfiehlt in diesem Fall vor allen Dingen Kaliseife oder Mittel auf Pyrethrum-Basis, die auch für den Einsatz im Haus- und Kleingarten in Frage kommen. Beachtet werden muß nur, daß die Wirkstoffe nur dann zur Wirkung kommen, wenn die Blattläuse direkt getroffen werden. Bei einem sehr starken Befall kommt auch das Mittel Pirimor in Frage. Es ist ein spezielles Mittel zur Bekämpfung von Blattläusen, das jedoch Nützlinge im Garten weitgehend schont.

Grundsätzlich sollte der Einsatz aller dieser Mittel genau nach Gebrauchsanweisung und möglichst außerhalb der Flugzeit der Bienen erfolgen.

Wußten Sie...

daß sich Blattläuse während der ganzen Vegetationszeit durch Parthenogenese, also ohne Befruchtung, weitervermehren? Das ganze Jahr über kommen nur weibliche Tiere zur Welt, die bei ausreichender Wärme nach kurzer Zeit ausgewachsen sind und wieder die nächste Generation Blattläuse ohne Befruchtung zur Welt bringen können. Insgesamt können sich vom Frühjahr bis zum Herbst auf diese Weise 13–16 Generationen Blattläuse entwickeln. Erst im Herbst gibt es Männchen und Weibchen. Nach der Befruchtung legen die Weibchen Eier, die in den Bäumen, in Rindenritzen oder anderen Verstecken überwintern.

► Birnbäume mit Birngitterrost

Die Blätter meiner Birnbäume waren heuer sehr stark mit gelben Pusteln überzogen. Später färbten sich die Blätter braun und fielen ab. Schon im vergangenen Jahr war diese Erscheinung festzustellen, jedoch nicht in dem starken Maße, wie in diesem Jahr. Um was für einen Schaden handelt es sich, und wie kann ich in Zukunft diese Seuche eindämmen?

◁ Die Krankheit wird durch einen Pilz, den sogenannten Birngitterrost (Gymnosporangium sabinae) verursacht. Es handelt sich dabei um einen wirtswechselnden Rostpilz, der den Sommer über auf Birnbäumen, über Winter an Wacholderbüschen parasitiert.
Bei den Birnbäumen werden die Blätter befallen, die nach einiger Zeit auf der Oberseite gelbrote Flecke mit klebrigen Tröpfchen zeigen, später bilden sich auf der Blattunterseite orangerote Pusteln, die eine gitterartige Beschaffenheit haben (Name).
Diese Krankheit hat sich in den letzten Jahren stark ausgebreitet, vor allen Dingen auch deshalb, weil allgemeine Pflanzenschutzmaßnahmen in Haus- und Kleingärten eingeschränkt wurden. Während bisher vielfach gegen den Schorf chemische Mittel eingesetzt wurden, konnte gleichzeitig damit der Birngitterrost bekämpft werden.
Nun wird im allgemeinen angegeben, daß man auf die Anpflanzung der Zwischenwirte, also der Wacholderbüsche, vor allen Dingen von Junipurus sabina, verzichten sollte. Eine solche Maßnahme hat jedoch nur dann einen Sinn, wenn sie großräumig befolgt wird. Da dies meistens nicht der Fall ist, hat die Beseitigung der Wacholderbüsche im eigenen Garten meistens keinen durchschlagenden Erfolg. Der Pflanzenschutzdienst weist daraufhin, daß bei einem relativ schwachen Befall mit 1 bis 5 Flecken je Blatt eine Bekämpfung nicht erforderlich ist. Meistens ist auch der Schaden geringer, als man zunächst vermutet. Sollte jedoch der Befall sehr viel stärker sein und eine echte Gefahr für den Baum darstellen, sollte eine entsprechende Behandlung wie gegen Schorfpilze vorgenommen werden. Brauchbar sind die gleichen Mittel wie sie zur Bekämpfung der Schorfpilze in Haus- und Kleingärten zugelassen sind.

▶ Birnenfrüchte faulen und fallen ab

In meinem Garten steht ein Birnbaum der Sorte 'Gute Luise'. In diesem Jahr haben sich die Früchte auffallend schwarz verfärbt, später wurden sie rissig, dann faulig und fielen ab. Obwohl der Baum einen reichen Fruchtansatz hatte, konnte ich nur ganz wenige gesunde Früchte ernten. Was ist die Ursache für diesen Schaden, und wie kann ich ihn in Zukunft vermeiden?

◁ So wie dieses Krankheitsbild geschildert wird, handelt es sich eindeutig um einen Pilzbefall, den Birnenschorf. Verursacht wird diese Krankheit durch einen Pilz (Venturia pirina), der Blätter, Triebe und Früchte befällt. Meistens sieht man zunächst auf der Blattunterseite schwarze, verwaschene Flecken, die oft längs der Mittelrippe angeordnet sind. Später entstehen auch auf den Früchten kleine, runde, dunkle Flecke, die sich später zu größeren Schadstellen vereinigen. Im Spätsommer reißen dann die Früchte auf. Sobald die feuchte Witterung einsetzt, können die Früchte in Fäulnis übergehen.
Die Ausbreitung des Schorfpilzes hängt überhaupt sehr stark von der Feuchtigkeit ab. Außerdem ist allgemein eine Zunahme festzustellen, da in vielen Bundesländern der Einsatz chemischer Mittel zur Behandlung von Krankheiten und Schädlingen in Haus- und Kleingärten nicht mehr erlaubt ist. Im allgemeinen Gesetzestext, z.B. in Baden-Württemberg, heißt es aber, daß doch bestimmte Mittel zur Bekämpfung zugelassen sind, wenn biologische und biotechnische Maßnahmen nicht mehr ausreichen. So ist es auch in diesem Falle möglich, bestimmte Präparate gegen den Schorf einzusetzen, um einen größeren Schaden zu verhüten. So sind z.B. Mittel auf der Basis von Bitertanol, Dichlofluanid, Fenarimol und Triforin zugelassen. Dazu zählen z.B. Euparen und Pilzfrei Saprol. Wichtig ist, daß Spritzungen im Frühjahr (April) vor der Blüte und nach der Blüte bis Anfang Juli vor allen Dingen nach feuchten Witterungsperioden vorgenommen werden, um das Auskeimen der Pilzsporen und die Infektion der Blätter und Früchte zu verhindern. Die Anwendung der Mittel erfolgt genau nach Gebrauchsanweisung.

► Haselnuß mit Haselnußbohrer

Heuer war die Haselnußernte sehr gut. Doch habe ich mit Schrecken festgestellt, daß die Nüsse schon vorzeitig abfielen und diese alle ausgefressen waren. Äußerlich sah man an den Nüssen nur ein Loch von ca. 1 mm Durchmesser. Sicher handelt es sich hier um einen speziellen Schädling. Was kann ich tun, daß in Zukunft meine Haselnüsse nicht mehr befallen werden?

◁ Verantwortlich für den Schaden ist der sogenannte Haselnußbohrer, ein Rüsselkäfer, der etwa 7 mm groß ist. Der Käfer erscheint Mitte Mai bis Ende Juni und bohrt die noch unreifen Nüsse an. In jedes Bohrloch legt er ein Ei, aus dem die Käferlarve ausschlüpft, die während ihrer Entwicklung die Nuß leerfrißt. Später fallen die Nüsse vorzeitig ab. Die Larven selbst sind jedoch schon vorher entschlüpft und zum Boden abgewandert.
Im allgemeinen ist eine Bekämpfung nicht erforderlich, da sich der Schaden in Grenzen hält. Es gibt aber schon Fälle, daß bis zu 90% der Nüsse befallen sind. Nun sieht man den Nüssen den Befall nicht an, da das ursprüngliche Loch nach der Eiablage mit einem Sekretpfropfen verschlossen wird. Erst nachdem die Larve die Nuß verlassen hat, ist das Bohrloch zu entdecken.
Eine chemische Bekämpfung hat nur dann einen Sinn, wenn sie von Ende Mai bis Ende Juni vor der Eiablage erfolgt und dabei Käferweibchen erfaßt werden. Auf jeden Fall sollte man einmal in diesem Zeitraum vorab die Sträucher abklopfen um auf einem untergelegten Tuch oder einer Folie festzustellen, ob überhaupt Käfer vorhanden sind. Der Haselnußbohrer hat eine schwarzbraune Grundfarbe und ist leicht gelb gefleckt. Außerdem fällt er durch einen relativ langen, etwas gebogenen Rüssel auf.
Über die besten Bekämpfungsmöglichkeiten erkundige man sich beim amtlichen Pflanzenschutzdienst.

▶ *Kalken der Stämme*

Immer wieder hört man, daß man im Herbst die Stämme der Obstbäume kalken soll. Über die Aufgabe dieses Kalkanstriches gibt es unterschiedliche Angaben. Dient diese Kalkung zur Vernichtung von Krankheiten und Schädlingen?

◁ Ursächlich hat die Behandlung der Stämme mit Kalk eine andere Aufgabe. Damit sollen Frostschäden im Nachwinter verhindert werden. Zu solchen Frostschäden, die Frostplatten, Frostrisse usw. verursachen, kommt es, wenn die Bäume im Spätwinter bereits im Saft sind und stärkere Fröste auftreten. Scheint nach einer frostklirrenden Nacht die Sonne am Morgen auf die Stämme, kommt es häufig zu Stammschäden. Durch den Kalkanstrich werden die Sonnenstrahlen jedoch reflektiert, so daß direkt am Stamm kein Wärmeumsatz stattfindet.

Andererseits kann ein solcher Weißanstrich mit Kalk eine gewisse desinfizierende Wirkung besitzen. Sie sollte jedoch nicht überbewertet werden.

Die „Kalkmilch" wird in der Regel aus kohlensaurem Kalk und Wasser hergestellt und mit einem Tapezierpinsel auf die Stämme aufgetragen. Im Prinzip braucht nicht der ganze Stamm mit Kalkmilch bestrichen zu werden. Es reicht im Normalfall aus, wenn die nach Osten und Süden reichende Stammseite behandelt wird. Dort treffen die Sonnenstrahlen am Morgen auf. Bis zum Nachmittag hat sich der Stamm an das Tagesklima angepaßt, so daß die Westseite nicht bestrichen werden muß. Die Nordseite selbst wird von den Strahlen der Sonne nicht getroffen.

Mein Zusatztip

Sollte, aus welchen Gründen auch immer, trotz einer entsprechenden Vorbehandlung oder auch dann, wenn keine Behandlung vorgenommen wurde, ein Frostschaden an Stämmen oder größeren Ästen auftreten, ist eine sachgemäße Behandlung der Wunden notwendig. Frische Frostrisse kann man mit einem sogenannten Preßverband behandeln. Dazu wird starker Bindfaden um den Stamm geschlungen, wobei die einzelnen Schlingen etwa 3–4 cm auseinander liegen sollen. Ein zusätzliches Verstreichen der Wunde mit einem geeigneten Wundverschlußmittel ist erforderlich.

► *Kirschen mit Läusebefall*

In meiner Obstwiese stehen einige Kirschenbäume. Sie sind schwarz von Läusen. Ich habe Angst, daß durch den Befall die Bäume nachhaltig geschädigt werden. Was soll ich unternehmen, damit die Läuse beseitigt werden?

◁ Einige wenige Läuse schaden den Kirschenbäumen nicht. Sind natürlich Triebe und Blätter dicht überzogen, kann der Schaden begrenzt und die Läuse abgetötet werden, wenn ein zugelassenes Präparat eingesetzt wird. Vorab sollte man aber überlegen, ob man nicht durch einen Nützling ebenfalls Erfolge erzielen kann. Heute bieten einige Labors Florfliegen oder Goldaugen an, deren Larven von Blattläusen leben. Sie können z.B. andere Nützlinge z.B. Marienkäfer und ihre Larven bei der Vertilgung von Läusen unterstützen.

Soll jedoch ein größerer Schaden verhindert werden, muß wohl zu einem zugelassenen und vom Pflanzenschutz empfohlenen Mittel gegriffen werden. Zu den mehr natürlichen Mitteln gehören Präparate auf der Basis von Kaliseife und die sogenannten Pyrethrine (Piperonylbutoxid + Pyrethrine). Mittel mit diesen Wirkstoffen erfassen die Blattläuse aber nur, wenn sie direkt getroffen werden.

Ansonsten ist noch eine weitere Wirkstoffgruppe zugelassen. Es handelt sich dabei um Mittel auf der Basis von Pirimicarp (z.B. Pirimor), ein chemisches Mittel, das aber nützlingsschonend ist. Wird dieses Mittel angewandt, werden vorhandene Nützlinge, z.B. Marienkäfer, nicht geschädigt, während die Läuse abgetötet werden.

Mein Zusatztip

Bei der Anwendung von Pflanzenschutzmitteln sollte Abdrift, also das Abwehen von Spritzbrühe möglichst vermieden werden. Es ist deshalb am besten, die Behandlung bei Windstille am Abend auszuführen. Auch sollen sich Behandlungen nach Möglichkeit auf befallene Pflanzenteile beschränken. Angegebene Wartezeiten bis zu einer möglichen Ernte sind auf jeden Fall einzuhalten.

▶ *Kräuselkrankheit an Nektarine und Pfirsich*

Seit einigen Wochen beobachte ich, daß die Blätter meiner Nektarine eigenartig gelb oder gelblich grün, manchmal auch rot gefärbt sind. Außerdem sind sie in der Form völlig verändert, teilweise blasig aufgetrieben und verkrüppelt. Handelt es sich bei dieser Erscheinung um eine Krankheit, und was kann ich jetzt unternehmen, dieser Krankheit Einhalt zu gebieten?

◁ Nach der Schilderung des Schadbilds handelt es sich um eine ganz typische Erkrankung der Pfirsichbüsche und verwandter Arten. Verursacht wird sie durch den Pilz Taphrina deformans, der schon im zeitigen Frühjahr während des Austriebs die Pfirsichblätter infiziert. Er lebt im Innern des Blattes und verursacht die geschilderten Symptome. Unter Umständen können sogar bei einem sehr starken Befall die Früchte abfallen. Solche Schäden sind in den letzten Jahren immer wieder beobachtet worden.
Nun hängt die mögliche Bekämpfung von der Stärke des Befalls ab. Sind nur einige Blätter befallen, sollte man den Einsatz chemischer Pflanzenschutzmittel nicht erwägen. Ansonsten kann man mit zugelassenen Mitteln eine Infektion verhindern. Eine Behandlung der Bäume oder Büsche hat nur einen Sinn, wenn sie bereits zu Beginn des Knospenschwellens und zwar vor dem Knospenaufbruch durchgeführt wird. Das kann in klimatisch günstigen Gebieten schon Ende Februar oder Anfang März der Fall sein. In niederschlagsreichen Gebieten empfiehlt der Pflanzenschutzdienst eine weitere Behandlung nach etwa 10–14 Tagen. Verwendet werden sollen ausschließlich Mittel, die vom Pflanzenschutzdienst empfohlen werden. Der Pflanzenschutzdienst von Baden-Württemberg empfiehlt z.B. Mittel auf der Basis von Dichlofluanid, z.B. Euparen. Die Anwendung erfolgt genau nach Gebrauchsanweisung.

► Nußbaum schneiden

In meinem Garten habe ich viele Nußbäume. Ich habe gehört, daß sie nicht zur gleichen Zeit geschnitten werden sollen wie andere Obstbäume. Wann ist der günstigste Zeitpunkt zum Schneiden und wie soll geschnitten werden?

◁ Über den Schnitt von Walnußbäumen gibt es unterschiedliche Ansichten. Oft wird empfohlen, Jungbäume zwischen August bis Oktober zu schneiden, Bäume im Ertrag nach der Ernte. Dadurch will man allzu starkes „Bluten" verhindern. Das ist möglich, wenn im Winter zu spät geschnitten wird und der Baum bereits im Saft ist.
Da jedoch vielfach der Sommerschnitt nicht ausgeführt wird, kommt in den meisten Fällen doch ein Schnitt im Winter in Frage. Der günstigste Zeitpunkt liegt etwa Mitte bis Ende Februar. Ein späterer Schnitt kann tatsächlich ein stärkeres Bluten zur Folge haben.
Wie bei den anderen Obstarten unterscheidet man auch beim Walnußbaum zwischen einem Erziehungs- und Instandhaltungsschnitt. Beim Erziehungsschnitt wird die Krone des jungen Baumes aufgebaut. Normalerweise baut man eine Krone auf 3 Leitästen auf. Diese sollten möglichst gleichmäßig um die Stammverlängerung angelegt sein. In den ersten Jahren werden die seitlichen Verzweigungen je nach Bedarf geschnitten, um eine lockere, gut belichtete Krone zu erhalten.
Später folgt dann der Instandhaltungsschnitt, um ständig für eine Fruchtholzerneuerung zu sorgen. Wird der Walnußbaum überhaupt nicht geschnitten, bilden sich zuviele Triebe, so daß in den dichten Kronen die Ertragsfläche verloren geht. Walnußbäume fruchten nur am einjährigen Holz und hier vorwiegend an den Endknospen. Deshalb sollte immer auf eine lockere Krone mit genügen einjährigen Trieben geachtet werden. Der Instandhaltungsschnitt dient also in erster Linie zur Fruchtholzerneuerung.
Manchmal ist bei alten Bäumen ein stärkerer Auslichtungsschnitt erforderlich. In diesem Falle sollte man auf eine gute Wundpflege bedacht sein. Dasselbe gilt übrigens auch, wenn der Walnußbaum durch Spätfröste stärker geschädigt wird.

► *Quitten mit Fleischverbräunungen*

Unser Quittenbaum bringt heuer einen guten Ertrag. Nachdem ich die Früchte nunmehr zu Gelee verarbeiten möchte, stelle ich fest, daß das Fleisch vieler Früchte braun verfärbt ist. Was ist die Ursache, und kann ich die Früchte noch verwenden?

◁ Fleischverbräunungen bei Quitten können auftreten, wenn die Früchte nach der Ernte längere Zeit gelagert werden. Länger als 4 Wochen sollten sie nicht aufbewahrt, sondern vorher verwendet werden.

Bei leichten Fleischverbräunungen können die Früchte noch verarbeitet werden. Sie verlieren jedoch an Gelierfähigkeit und Aroma.

► *Walnußbaum pflegen*

Vor etwa einem Jahr habe ich einen Walnußbaum gepflanzt. Welche Ansprüche stellt dieses Gehölz, und wie muß ich es pflegen?

◁ Walnußbäume sind an sich anspruchslose Gehölze. Sie wachsen in jedem Boden, der eine allgemeine Gehölzpflanzung erlaubt. Günstig ist ein Humusgehalt des Bodens zwischen 2 und 4%. Nach dem Anwachsen kann die Entwicklung in nährstoffarmen Böden durch eine jährliche Volldüngergabe unterstützt werden. Bei einem jungen Baum ist das Schwergewicht auf einen stickstoffreichen Volldünger zu legen. Die Düngung erfolgt im Frühjahr (März). Eine zu späte Düngung kann die Holzreife im Herbst beeinträchtigen. Während des Jugendwachstums sollte ein junger Baum auch ausreichend mit Wasser versorgt werden.

In windreichen Lagen kann sich der Stamm zur Seite neigen. Deshalb ist das Anbinden an einen kräftigen Baumpfahl empfehlenswert.

Besondere Schnittmaßnahmen sind beim Walnußbaum in der Regel nicht erforderlich. Meistens läßt man dem Wuchs der Krone freien Lauf. Neben dem Mitteltrieb sollen zum Kronenaufbau 3–4 gut verteilte Leitäste stehen blei-

ben. Sollten Schnittmaßnahmen erforderlich sein, können diese bei einem jungen Baum zwischen August und Oktober ausgeführt werden. Ein im Ertrag stehender Baum wird oft sofort nach der Ernte geschnitten. Dadurch wird verhindert, daß die Triebe zu stark „bluten".
Normalerweise kommt ein Walnußbaum erst nach einigen Jahren zum Blühen. Üblicherweise ist die Walnuß selbstfruchtbar, doch kann es oft vorkommen, daß die männlichen und weiblichen Blüten eines Baumes nicht zur gleichen Zeit aufblühen. Dann ist die Befruchtung problematisch. Aus diesem Grunde sollten möglichst in der Nähe ein bis zwei andere Walnußbäume stehen, um eine gegenseitige Befruchtung zu gewährleisten.

► *Kaninchenfraß an Walnußbaum*

In meinem Obstgrundstück habe ich einen Walnußbaum gepflanzt. Nun habe ich gehört, daß der Stamm gerne von Kaninchen angefressen wird. Muß ich mit einem solchen Wildschaden rechnen?

◁ Mit Hasen- und Kaninchenfraß an Obstgehölzen in Obstgärten in der freien Landschaft ist immer zu rechnen. Außerdem ist bekannt, daß auch Rehböcke an jungen Bäumen „Bast" vom Gehörn „fegen". Solche Fegeschäden entstehen oft im März, etwa 4 Monate nachdem der Rehbock das alte Gehörn abgeworfen hat.
Aus diesem Grunde ist auf jeden Fall zu empfehlen, den jungen Walnußbaum entsprechend zu schützen. Kann ein wildsicherer Zaun um das Grundstück herum nicht gezogen werden, hilft schon ein Stammschutz am jeweiligen Baum. Bekannt sind sogenannte Drahthosen, aber auch Schaumstoffmanschetten, die um den Stamm gewickelt werden. Sie können schnell und einfach angebracht und später wieder entfernt werden.
In Fachgeschäften gibt es auch sogenannte Wildverbißund Wildverwitterungsmittel. Sie können nach Gebrauchsanweisung ausgebracht werden und vertreiben durch ihren Geruch das Wild aus der unmittelbaren Umgebung des jungen Baumes.

► Walnußbaum ohne Fruchtansatz?

Ich besitze seit 8 Jahren einen Walnußbaum. Bisher hat er noch keine Früchte getragen. Wann kann ich damit rechnen, daß ich die ersten Früchte ernten kann?

◁ Der Fruchtansatz ist von verschiedenen Faktoren abhängig. Heute werden meistens veredelte Nußbäume angepflanzt, die in der Regel auch früher tragen im Vergleich zu einem Sämlingsbaum. Der Zeitpunkt der ersten Ernte hängt aber auch von der Stammhöhe ab. Je höher der Stamm gezogen wird, um so später setzt der Fruchtansatz ein. Das kann bei einem „Sämling“ unter Umständen 10 bis 15 Jahre dauern.
Außerdem ist bekannt, daß, obwohl Walnüsse sogenannte Selbstbefruchter sind, sie oft keine Früchte ansetzen, wenn nur ein einzeln stehender Baum angepflanzt wird. Der Zeitpunkt der Blüte der männlichen und weiblichen Blüten liegt oft zu einem unterschiedlichen Termin. Deshalb kann es offensichtlich gelegentlich zu Störungen in der Befruchtung kommen. Gut ist es deshalb, wenn in der Nähe ein weiterer Walnußbaum steht. Dann ist in der Regel mit einer sicheren Befruchtung zu rechnen. Die Nachbarschaft muß nicht sehr eng begrenzt sehen, da der Pollen oft sogar über mehrere Kilometer weit vom Wind mitgetragen wird.

Mein Zusatztip

Wird ein Walnußbaum gepflanzt, sollte man je nach Standort eine veredelte Sorte auswählen. Eine vorhergehende Beratung durch den Baumschulfachmann ist empfehlenswert. Es gibt Unterschiede in den Sorten hinsichtlich Frostwiderstandsfähigkeit, Blühtermin und Fruchtreife.

Wußten Sie...

daß man in früheren Jahrhunderten die Walnußschalen zur Farbgewinnung nutzte? Übrigens wurde unter Karl dem Großen bereits gefordert, daß in jeden Garten ein Walnußbaum gepflanzt werden soll.

► Walnüsse lagern

Die Walnußernte war in diesem Jahr besonders groß. Wie lange kann ich die Nüsse lagern, und wie muß ich sie behandeln, daß sie ohne Qualitätsverlust möglichst lange genußfähig bleiben?

◁ Normalerweise erntet man Walnußfrüchte, wenn sich im Herbst die fleischige, grüne Hülle von selbst öffnet und die Nüsse problemlos herausgelöst werden können. Die meistens durch Schütteln geernteten Früchte werden von der grünen Schale befreit und anschließend in einem Wasserbad gesäubert. Es muß rasch gewaschen werden, damit kein Wasser in die Nüsse eindringt. Anschließend werden die Nüsse an der Sonne getrocknet. Mehrmaliges Wenden ist angebracht. Sollte die Witterung bei der Ernte eine Trocknung im Freien nicht zulassen, erfolgt diese in einem temperierten Raum bei etwa 18–25°C. Über 25°C sollte die Temperatur nicht ansteigen, da sonst die Kerne später ranzig schmecken und ungenießbar werden. Die Trocknungsdauer selbst hängt von der Schalenbeschaffenheit und von der Witterung ab. Gut getrocknete Nüsse werden am besten locker geschüttet oder in Netzen an einem kühlen Ort aufbewahrt. Die Lagerdauer kann unter günstigen Verhältnissen bei gut getrockneten Früchten bis zu einem Jahr betragen.

Wußten Sie...

daß die Bezeichnung Polterabend (Abend vor der Hochzeit) von den Walnüssen abgeleitet wird? Nach einem alten Brauch hat man früher am Vorabend einer Hochzeit der Braut einen Korb Walnüsse in die Schlafkammer „poltern“ lassen. Die Nüsse galten früher als Zeichen der Fruchtbarkeit. Ein altes Sprichwort sagt: „Nußjahre sind Bubenjahre“.

▶ *Narren- oder Taschenkrankheit an Zwetschen*

Meine Zwetschenbäume bilden dieses Jahr ganz wundersame Früchte aus. Sie sind vielfach flach, gekrümmt und verfärben sich später gelblich oder bräunlich. Einige sind auch schon runzelig und mit einem mehlig-weißen Belag überzogen. Es muß sich offensichtlich um eine Krankheit handeln. Was ist die Ursache, und was kann ich dagegen tun?

◁ Bei dem geschilderten Befall der Früchte handelt es sich um die sogenannte Taschen- oder Narrenkrankheit. Die Früchte sind von einem Pilz (Taphrina pruni) befallen. Er infiziert die Pflanzen kurz vor oder während der Blüte. Herrscht während der Blütezeit der Bäume niederschlagsreiches Wetter, können bis zu 80% der Früchte befallen werden.

Durch den Befall kommt es zu dem geschilderten Schaden. Die Früchte reifen nicht mehr aus und sind für den Verzehr untauglich. Außerdem sollte noch beachtet werden, daß die Pilzsporen auf den eingetrockneten Früchten überwintern und im folgenden Jahr wieder für eine Neuinfektion verantwortlich sind.

Vorbeugend sollten auf jeden Fall die befallenen Früchte eingesammelt und vernichtet werden. Keinesfalls dürfen sie auf den Bäumen hängen bleiben. Auch abgefallene Früchte sollen wegen möglicher Krankheitsübertragung aufgelesen und beseitigt werden. Keinesfalls dürfen sie auf den Kompost geworfen werden, da auch von dort aus Erreger übertragen werden. Durch diese „biotechnische" Maßnahme kann man am ehesten einen Befall im nächsten Jahr ausschließen oder zumindest die Stärke des Befalls mindern.

Wußten Sie...

daß die volkstümlichen Bezeichungen für die deformierten Früchte auf die Beobachtungen unserer Vorfahren zurückgehen. Früher haben diese die Früchte mit Narren verglichen. Das Wort Tasche wird von dem althochdeutschen Wort Täsche abgeleitet. Darunter verstand man eine geschwätzige Frau oder eine „narrische Weibsperson".

► Zwetschenbaum verpflanzen

Vor 5 Jahren haben wir einen Zwetschenbaum in den Garten gepflanzt. Jetzt stellen wir fest, daß er nicht genügend Raum hat, um sich optimal zu entwickeln. Wir wollen ihn an einen günstigeren Platz verpflanzen. Ist das jetzt noch möglich?

◁ Das Verpflanzen muß gelingen, wenn der Baum mit einem genügend großen Ballen an den neuen Standort gebracht werden kann. Wichtig ist nur, daß viele Wurzeln an dem Baum verbleiben, damit das Einwurzeln relativ schnell gelingen kann. Außerdem wird man die Triebe etwas zurückschneiden müssen, um ein gewisses Gleichgewicht zwischen Wurzeln und Astpartien herzustellen.

Verpflanzt wird am besten während der Ruheperiode, also im Spätherbst oder Frühjahr. Der Spätherbst wird günstiger sein, da sich dann noch neue Wurzeln bilden können, so lange der Boden ausreichend temperiert ist.

Bei einer Frühjahrspflanzung treiben die Bäume sehr rasch aus und es kann zu Störungen im Wachstum kommen, wenn die Wasserversorgung nicht voll gewährleistet ist.

Wenn es schon relativ spät im Jahr ist (November) kann auch noch eine andere Methode probiert werden. Sobald der Boden durchgefroren ist, kann der Baum mit einem sogenannten Frostballen ausgegraben und verpflanzt werden. Nach dieser Methode hat man früher gerne große Gehölze umgepflanzt, die selbst noch in höherem Alter diese Prozedur gut überstanden haben. Natürlich ist es wichtig, daß vor dem Graben das Baumloch am neuen Standort ausgehoben und gut vorbereitet wurde.

Wußten Sie...

daß Zwetschen, Pflaumen, Renekloden und Mirabellen alle von der sogenannten Europäischen Pflaume (Prunus domestica) abstammen? Pflaumen haben ein weiches, sehr saftiges Fruchtfleisch und sind vor allen Dingen für den frischen Verzehr geeignet. Zwetschgen haben meistens eine längliche Frucht und festes, süßes, fein gewürztes und saftiges Fruchtfleisch. Geeignet sind sie vor allen Dingen zum Backen. Zwetschgen und Zwetschken sind volkstümliche Namen für die Zwetsche.

► *Beerenobst düngen*

In meinem kleinen Garten stehen einige Beerensträucher. Es sind vor allen Dingen Rote Johannisbeeren, Stachelbeeren und Himbeeren. Wie soll ich diese Sträucher düngen, damit sie gut wachsen und gesunde Beeren liefern?

◁ Das Beerenobst im Hausgarten gehört zu den Kulturen mit einem relativ niedrigen Nährstoffbedarf. In Zahlen ausgedrückt benötigen die Sträucher im Jahr ca. 5–10 g Stickstoff, 2–5 g Phosphorsäure, 7–15 g Kali und 1–3 g Magnesium je Quadratmeter.

Das Problem bei einer allgemeinen Düngerempfehlung ist, daß der Vorrat im Boden nicht bekannt ist. Wurde nämlich in den letzten Jahren schon regelmäßig gedüngt und vor allen Dingen auch mit Stallmist oder Kompost gearbeitet, sind immer gewisse Nährstoffreserven vorrätig, so daß die angeführten Mengen nicht zusätzlich verabreicht werden müssen. Empfehlenswert ist deshalb auch, im Haus- und Kleingarten gelegentlich eine Bodenanalyse durchzuführen, um Kenntnis über den Stand der Nährstoffversorgung des Bodens zu erhalten. Das besondere Problem ist, daß viele Gartenböden einseitig überdüngt sind. Das gilt vor allen Dingen für die Phosphorsäure. Wird nun immer wieder mit einem Volldünger gearbeitet, steigen diese Werte noch weiter an, während vielleicht andere Nährstoffe in zu geringer Menge vorhanden sind.

Wird davon ausgegangen, daß eben die wichtigsten Kernnährstoffe als Erhaltungsdüngung zusätzlich verabreicht werden müssen, empfiehlt es sich, Johannisbeeren bei Beginn des Wachstums im März oder April mit etwa 20–30g/m² eines handelsüblichen chloridfreien Düngers (Blaukorn-Volldünger) zu düngen. Die gleiche Gabe gibt man noch einmal im Juni. Bei der Frühjahrsdüngung kann auch sehr gut ein organisch-mineralischer Volldünger in etwas größerer Menge gegeben werden.

Ähnlich ist es bei den Himbeeren. Auch sie werden nach dem Frühjahrsaustrieb zum erstenmal gedüngt. Eine zweite Nährstoffgabe gibt man während der Blütezeit im Mai oder Juni. Die Dosis bei dieser Beerenfrucht kann bei Bedarf etwas höher gewählt werden als bei den Johannisbeeren.

Bei Stachelbeeren wird man in ähnlicher Weise wie bei den Johannisbeeren verfahren. Die erste Düngergabe gibt man im März oder April, die zweite während der Fruchtreife im Juli und August. Zur Sommerdüngung verwende man ausschließlich mineralische Dünger (Blaukorn-Volldünger), da zu diesem Zeitpunkt organisch-mineralische Dünger nicht mehr voll zur Wirkung kommen, bzw. die Nährstoffe erst nach der Mineralisierung zu einem späteren Zeitpunkt freigesetzt sind.

▶ *Brombeeren schneiden*

Ich habe im Garten eine Brombeerhecke angelegt. Wie soll ich die Pflanzen schneiden, daß ich einen reichen Ertrag erziele?

◁ Man unterscheidet allgemein zwischen dem Instandhaltungsschnitt und einem Sommerschnitt. Beim Instandhaltungsschnitt werden die abgetragenen zweijährigen Ranken entfernt. Diese Maßnahme kann im Spätwinter bzw. zeitigen Frühjahr (März) ausgeführt werden. Es ist aber auch möglich, diese Ranken bereits eine gewisse Zeit nach der Ernte mit einer Astschere dicht über dem Boden abzuschneiden. Sie bleiben jedoch im Bestand hängen und bieten so einen gewissen Winterschutz für die verbleibenden, jungen Ruten. Das ist sinnvoll, weil in sehr kalten Wintern Brombeeren unter starken Frösten leiden. In diesem Falle werden die Ranken ebenfalls im März entfernt. Beim Sommerschnitt werden die am Hauptsproß gebildeten Seitentriebe (Geiztriebe) auf 4–5 Augen oder Blätter zurückgeschnitten. Dadurch wird ein zu starker Trieb gebremst und gleichzeitig später eine gute Fruchtqualität erzielt. Möglich ist es, beim Winterschnitt diese Geiztriebe noch einmal auf 2 oder 3 Knospen zurückzuschneiden.

Mein Zusatztip

Brombeeren müssen immer streng geschnitten werden, da sie an den Vorjahrestrieben fruchten. Aus Adventivknospen am Wurzelstock entwickeln sie neue Triebe, die dann im Folgejahr blühen und fruchten. Üblich ist es, etwa 6 Triebe stehen zu lassen. Werden mehr Jungtriebe gebildet, sollten diese entfernt werden.

▶ Brombeeren mit Brombeermilbe

Unsere Brombeerhecke ist 4 Jahre alt, es handelt sich um eine Sorte ohne Dornen, Standort vor einer Mauer, sonnig. Ernte bisher gut bis sehr gut. Der Strauch wächst gut, wurde auch in diesem regenarmen Sommer (1992) oft gegossen. Schon im letzten Jahr und vermehrt in diesem Jahr treten an den Früchten helle Stellen auf, die Beeren sind verhärtet, reifen nicht aus. Die Früchte sind ungenießbar. Was ist die Ursache und was kann man dagegen unternehmen?

◁ Als Ursache kommt ein Befall durch die Brombeermilbe in Frage. Dieser Schädling ist winzig klein und mit bloßem Auge kaum festzustellen.
Durch den termingerechten Einsatz bestimmter Pflanzenschutzmittel kann der Befall durch die Milbe in den nächsten Jahren reduziert werden. Die Anwendung sollte aber nur dann erfolgen, wenn tatsächlich mit einem wirtschaftlichen Schaden, also einem großen Ausfall an Beerenfrüchten zu rechnen ist. Auch in den Bundesländern, in denen normalerweise der Einsatz chemischer Mittel nicht mehr erlaubt ist, kann im Frühjahr ein Netzschwefelmittel eingesetzt werden. Die Anwendung erfolgt genau nach Gebrauchsanweisung und zwar dann, wenn die jungen Triebe etwa 10 cm lang sind. Eine weitere Behandlung kann 10 bis 14 Tage später und bei Beginn der Blüte erfolgen. Auch die Anwendung der sogenannten N-A-B-Mischung ist empfehlenswert. Sie besteht aus je 1/3 Netzschwefel, Algomin und Bentonit. Der Einsatz erfolgt 0,5%ig.

Mein Zusatztip

Die Anwendung der genannten Mittel sollte nach den Empfehlungen des Pflanzenschutzdienstes von Baden-Württemberg über 2 Jahre hinweg erfolgen. Erst dann ist der Schädling in der Regel weitgehend beseitigt. Weitere Behandlungen sind in den folgenden Jahren nur bei einem Neubefall erforderlich.

▶ Brombeeren und Himbeeren pflanzen

Ich will in meinem Garten Beerensträucher anpflanzen, insbesondere Himbeeren und Brombeeren. Wann ist die beste Pflanzzeit für diese Beerenobstarten?

◁ Die Ansichten über den günstigsten Pflanztermin gehen etwas auseinander. Beide Beerenobstarten können sowohl im Herbst als auch im Frühjahr gepflanzt werden. Hat man die Wahl, ist der Frühjahrspflanztermin vorzuziehen. Das gilt vor allen Dingen für die Brombeeren, da manche Sorten gegen starke Fröste besonders empfindlich sind.

Bei Brombeeren werden in der Regel zweijährige Pflanzen verwendet, die mindestens eine bis zwei gut ausgebildete Triebknospen im Wurzelbereich haben sollen.

Himbeeren können auch im frühen Herbst gepflanzt werden, so daß sie noch vor Winterbeginn gut einwurzeln. Oft wird sogar der Unterschied gemacht, daß man einmaltragende Sorten im frühen Herbst, zweimal bzw. herbsttragende Sorten im Frühjahr pflanzt. Bei Himbeeren werden meist einjährige Ruten angeboten, die auch mindestens 2 starke Wurzelknospen haben sollen.

▶ Erdbeeren mit Fäulnis und Schneckenbefall

In meinem Garten faulen immer wieder die Erdbeerfrüchte ab. Außerdem sind sie stark von Schnecken befallen. Was kann ich tun, damit ich gesunde Früchte ernte?

◁ Häufig sind, vor allen Dingen bei regnerischem Wetter, reife und halbreife Erdbeerfrüchte mit einem dichten, grauen Schimmel bedeckt. Sie gehen dann in Fäulnis über und können nicht mehr geerntet werden. Ursache für diese Krankheit ist der Grauschimmel, ein Pilz, der auch den Namen Botrytis trägt.

Wichtig ist, daß vorbeugend im Pflanzenbestand Verhältnisse geschaffen werden, die eine Infektion und Ausbreitung des Pilzes bremsen. Zu diesem Zweck sollten Erd-

beerpflanzen nicht zu eng gesetzt und außerdem nur sparsam mit Stickstoff gedüngt werden. Sehr wichtig ist außerdem, nach dem Abblühen der Pflanzen unter die heranwachsenden Früchte Holzwolle oder ein ähnliches Material auszulegen. Dadurch entstehen günstige kleinklimatische Verhältnisse und die Früchte kommen auch mit dem nackten, feuchten Boden nicht in Berührung. Außerdem sollte man ab und zu das Beet kontrollieren und befallene Früchte sofort pflücken und vernichten, damit gesunde Früchte nicht angesteckt werden.
Gegen Schnecken empfiehlt der Pflanzenschutzdienst das Absammeln der Tiere in den frühen Morgenstunden. Auch können sie mit sogenannten Bierfallen gefangen werden. Zu diesem Zweck werden kleine Gefäße, z.B. Joghurtbecher, in den Boden eingegraben und zwar so tief, daß die Schnecken den etwas überstehenden Rand ohne Mühe überwinden können. Die Fallen müssen mit frischem Bier gefüllt werden, das die Schnecken magisch anlockt. Ansonsten kommt die Anwendung von Metaldehyd-Präparaten in Frage (z. B. Schneckenkorn).
Kleinere Beete können auch mit sogenannten Schneckenzäunen umgeben und so die Zuwanderung der Tiere verhindert werden.

► Erdbeeren nach der Ernte pflegen

Im Augenblick ist die Erdbeerernte in vollem Gange (Mai). Ich will die Pflanzen zwei, vielleicht auch drei oder vier Jahre stehen lassen. Wie muß ich die Pflanzen richtig weiterpflegen?

◁ Eigentlich beginnt das richtige Wachstum der Erdbeerpflanzen erst nach der Ernte. Nun werden neue Blätter gebildet und ihre Zahl und Stärke ist später auch für den Knospen- und Fruchtansatz maßgeben.
Zunächst einmal werden alle Ranken beseitigt, sofern sie nicht für eine eigene Jungpflanzengewinnung benötigt werden. Dann hat es sich eingeführt, daß alles alte Laub entfernt wird. Nur die neuen Blätter sind von großer Bedeutung. So werden die alten Blätter einfach abgeschnitten. Auf größeren Flächen kann man sie sogar mit einem hoch-

gestellten Rasenmäher abmähen. Das Herz der Pflanzen darf nicht beschädigt werden, da sich anschließend die Blätter sehr schnell neu entfalten müssen.
Als nächste Maßnahme ist eine Düngung unerläßlich. Sie soll unmittelbar nach Beendigung der Ernte erfolgen. Zunächst einmal kann man den Boden mit Kompost mulchen. Er enthält lösliche Nährstoffe, die den Pflanzen zugute kommen. Im anderen Fall oder auch zusätzlich sollte man einen Dünger verabreichen. Ist man mit dem Düngen zeitig dran, kann noch ein organisch-mineralischer Dünger ausgestreut und oberflächlich in den Boden eingearbeitet werden, ansonsten verwendet man einen Blaukornvolldünger. Die Düngermenge kann unter Umständen auf 2 Gaben aufgeteilt werden.
Wenn z.B. angenommen wird, daß Erdbeeren je nach Sorte zwischen 5 und 7 g Stickstoff/m² und Jahr benötigen, so entspricht dies einem Gesamt-Düngeraufwand von 40 – 60 g Blaukornvolldünger/m². Natürlich müssen noch die restlichen Vorräte im Boden, der Nährstoffinhalt von Kompost oder eines anderen Humusdüngers, aber auch die mögliche Auswaschung berücksichtigt werden. Unter Einbeziehung aller Faktoren kann man also mit einem Aufwand zwischen 40 und 50 g eines solchen Düngers je Quadratmeter rechnen. Damit keine Salzkonzentrationsschäden auftreten, kann man diese Menge auf 2 Gaben verteilen, die im Abstand von etwa 2–3 Wochen ausgebracht werden. Anschließend ist gründliches Wässern zu empfehlen.
Überhaupt sind während herbstlicher Trockenperioden zusätzliche Wassergaben dringend notwendig, damit sich die Pflanzen sehr gut entwickeln können und außerdem reichlich Knospen ansetzen.

Mein Zusatztip

Das erwähnte Abschneiden bzw. Abmähen der alten Blätter ist natürlich nur sinnvoll, wenn es sich um einmaltragende Erdbeersorten handelt. Werden sogenannte mehrmalstragende Sorten im Garten angebaut, z.B. 'Macheraus Dauerernte', 'Osstara', dürfen von diesen Sorten die Blätter nicht entfernt werden, da sonst die zweite Ernte im Herbst wegfallen würde.

► Erdbeeren Mitte September noch pflanzen?

Dieser Tage habe ich mein Erdbeerbeet zum Pflanzen gerichtet. Ein Nachbar gab mir den Rat, die Erdbeeren jetzt nicht mehr zu pflanzen, da sie nächstes Jahr keinen Ertrag mehr bringen würden. Der bessere Pflanztermin wäre Ende Juli bis Anfang August. Stimmt dieser Rat, und soll ich das Pflanzen der Erdbeeren jetzt unterlassen?

◁ Die beste Pflanzzeit für Erdbeeren liegt zwischen Ende Juli und Ende August. Der relativ frühe Pflanztermin hat den Vorteil, daß die Pflanzen bei guter Pflege rasch einwurzeln und sich noch im Spätsommer kräftig entwickeln. Je mehr neue Laubblätter entwickelt werden, um so besser ist auch noch der im Spätsommer und Herbst einsetzende Knospenansatz. Die Blütenanlagen bilden sich aus, sobald die Sonne weniger als 12 Stunden am Tag scheint und die Temperaturen allmählich unter 15 °C absinken. Alle Blüten, die nächstes Jahr Früchte tragen sollen, müssen noch in diesem Jahr als Knospen gebildet werden.
Bei einer späten Pflanzung unterbleibt das zusätzliche vegetative und generative Wachstum, so daß in der Tat nächstes Jahr der Ertrag geringer ausfallen kann.
Natürlich ist es durchaus möglich, daß auch jetzt noch Erdbeeren gepflanzt werden. In diesem Falle sollte jedoch alles daran gesetzt werden, daß die geschilderte Entwicklung optimal verlaufen kann. Dies ist am besten, wenn gut vorentwickelte Jungpflanzen verwendet werden. Am besten wird getopfte Ware eingekauft, die sich am neuen Standort sofort weiterentwickelt. Generell muß aber bei einer späteren Pflanzung auch mit einem geringeren Ertrag im nächsten Jahr gerechnet werden.

► Erdbeeren setzen keine Blüten und Früchte an

Ich habe im vergangenen Jahr im September oder Anfang Oktober Erdbeeren gepflanzt. Sie sind in diesem Jahr kräftig herangewachsen, haben aber fast nicht geblüht und keine Früchte gebracht. Was ist die Ursache, und was muß ich tun, damit die Pflanzen im nächsten Jahr blühen und fruchten?

◁ Mit größter Wahrscheinlichkeit wurden relativ schwache Erdbeerpflanzen zu spät in den Garten gesetzt. Die ideale Erdbeerpflanzzeit sind die Wochen zwischen Ende Juli und Mitte oder Ende August. Sobald die Tage kürzer werden und die Temperaturen allmählich unter 15 °C absinken, beginnt bereits der Knospenansatz fürs nächste Jahr. Aus Versuchen ist bekannt, daß bei einer Pflanzung Ende Juli Anfang August etwa 1,4 kg Erdbeeren/m^2 geerntet werden können. Bei Pflanzungen Ende August nur noch 900 g, während bei einer Pflanzung Anfang September der Ertrag unter 500 g/m^2 absinkt. Wenn nun noch schwache Jungpflanzen gesetzt wurden, sinkt der Ertrag rapide.
Sind die Pflanzen in diesem Jahr kräftig gewachsen, kann im nächsten Jahr mit einem guten Ertrag gerechnet werden, da die Pflanzen nun während der richtigen Zeit, also im frühen Herbst, bereits mit der Knospenbildung beginnen können.

► Erdbeeren mit Wurzelfäule

Mein Erdbeerbeet macht mir Kummer. Die Pflanzen sterben nesterweise ab, die Blätter der noch verbliebenen Pflanzen sind klein und rötlich verfärbt. Ziehe ich Pflanzen aus dem Boden, sind die Wurzeln verfault und abgestorben. Um was für eine Krankheit handelt es sich, und was kann ich dagegen tun?

◁ Erdbeerpflanzen werden von verschiedenen Krankheitserregern befallen. So gibt es u.a. eine Wurzel- und Rhizomfäule. Die Schilderung des Krankheitsbides deutet auf die Rote Wurzelfäule, eine Erkrankung durch den Pilz Phytophthora fragariae, hin.

Wurzel- und Rhizomfäule sind heute häufig verbreitet und kommen vor allen Dingen vor, wenn schon häufig Erdbeeren auf dem gleichen Platz angebaut wurden.
Eine brauchbare Bekämpfungsmaßnahme kann nicht empfohlen werden, da auch der Einsatz chemischer Mittel im Haus- und Kleingarten in vielen Bundesländern nicht mehr erlaubt ist. So kommen Bodendesinfektionsmaßnahmen mit chemischen Mitteln nicht mehr in Frage.
Wichtig ist auf jeden Fall, daß man bei einer Neuanlage auf gesundes Pflanzenmaterial Wert legt und außerdem das Erdbeerbeet auf einer völlig neuen, möglichst noch nie mit Erdbeeren bestandenen Fläche anlegt. Im übrigen ist dringend zu empfehlen, Sorten auszuwählen, die gegen diese Wurzelfäulen resistent oder zumindest tolerant sind. Dazu gehören u.a. 'Early Glow', 'Elvira', 'Dania', 'Tenira' und 'Scott'.

▶ *Heidelbeeren pflanzen*

Sehr gerne möchte ich in meinem Garten Heidelbeeren anpflanzen. Welche Bedingungen stellen diese Beerenpflanzen, und wann werden sie am besten gepflanzt?

◁ Die Kulturheidelbeere ist mit unserer heimischen Waldheidelbeere verwandt, stammt jedoch aus den Oststaaten der USA. Angepflanzt werden können die Sträucher, wenn der Boden ausreichend sauer ist. Optimal ist ein pH-Wert von 4–5. Normalerweise kommen in erster Linie saure, feuchte Sand- und Moorböden in Frage. Außerdem sollte der Standort sonnig und windgeschützt sein.
Liegt der Reaktionsgrad höher, kann er durch Untermischen von saurem Hochmoorweißtorf, Sand und Sägemehl etwas abgesenkt werden. Auch ein Versuch mit Holzfasersubstraten, z.B. Culti Fibre kann gemacht werden.
Beste Pflanzzeit ist der Herbst nach dem Laubfall. Bei zeitiger Pflanzung wurzeln die Sträucher noch bis zum Eintritt strengerer Fröste gut ein. Im allgemeinen werden 3–4jährige Jungpflanzen angeboten. Günstig ist es, wenn beim Pflanzen ein großes Pflanzloch gemacht und ca. 10 l feuchter Torf unter den vorhandenen Boden gemischt wird. Nach dem Pflanzen ist das Abdecken des Bodens mit Rindenmulch oder Sägemehl empfehlenswert.

Der beste Pflanzabstand liegt zwischen 1,0 und 1,5 m. Sollen mehrere Reihen angepflanzt werden, ist ein Abstand von Reihe zu Reihe von 2,0 bis 2,50 m empfehlenswert.
Bei der Weiterkultur ist auf jeden Fall darauf zu achten, daß die Pflanzen salzempfindlich sind. Deshalb sollten bei einer möglichen Düngung die Gaben nicht zu hoch konzentriert werden. 30–40 g/m² eines chloridfreien Volldüngers reichen im allgemeinen völlig aus. Nach etwa 6–7 Jahren haben die Pflanzen ihre endgültige Größe erreicht. Nun sollte durch entsprechende Schnittmaßnahmen die Sträucher immer wieder zu einer Neutriebbildung angeregt werden.

► Immertragende Sorten der Himbeeren

Ich möchte gerne Himbeeren in meinen Garten pflanzen. Gehört habe ich, daß es neben den „normalen" Sorten auch „immertragende" Himbeeren geben soll? Können Sie mir einige Sorten empfehlen?

◁ Neben den Sorten, die im allgemeinen im Juli erntereif sind, gibt es auch solche, die auch zu einem späteren Zeitpunkt Früchte tragen. Meistens ist es so, daß bereits die neu herangewachsenen Ruten ab Anfang August einen Ertrag bringen. Dieser kann sich dann bis Oktober hinziehen. Zu den bekannten Sorten gehört 'Korbfüller' und 'Zeva Herbsternte'. Eine neuere Sorte ist 'Autumn Bliss'. Diese Sorte wächst besonders gut und ist sehr ertragreich, wenn sie in geschützter Lager auf einen warmen, humosen, durchlässigen Boden gepflanzt wird. Diese Sorte ist auch gegen Krankheiten sehr widerstandsfähig.

Mein Zusatztip

Da bei den zweimaltragenden Himbeersorten die Ernte im Herbst im Vordergrund steht, werden alle Ruten im Laufe des Winters am Boden abgeschnitten. Das hat auch den Vorteil, daß diese Pflanzen dann in der Regel nicht unter Frostschaden leiden und auch die Rutenkrankheit kaum von Bedeutung ist. Die Pflanzen tragen an den im Frühjahr neu gebildeten Ruten.

▶ Himbeeren pflanzen

Ich beabsichtige, im Garten Himbeeren anzupflanzen. Wann ist die beste Pflanzzeit und welche Sorten soll ich erwerben?

◁ Die beste Pflanzzeit für Himbeeren ist der Herbst. Eine gründliche Bodenvorbereitung ist wichtig, da die Pflanzen ja mehrere Jahre am gleichen Standort wachsen sollen. Bezogen werden Pflanzen in einer Baumschule. Beim Pflanzen ist darauf zu achten, daß die Basisknospen etwa 10 cm tief mit Erde bedeckt sind. Himbeeren werden meistens in Reihen gepflanzt, Pflanzenabstand 40–50 cm. Nach dem Pflanzen werden die Ruten auf 30–40 cm zurückgeschnitten.

Wußten Sie...

daß der Name Himbeere wahrscheinlich von „Hindu" = Hirschkuh abgeleitet wird. Als Grund dafür wird angegeben, daß Rehe und Hirsche das Laub der Himbeeren als Delikatesse schätzen.

▶ Himbeeren stehen lassen?

In meinem Garten steht schon eine ältere Himbeeranlage. Die Pflanzen wachsen immer noch zufriedenstellend und bringen auch ordentliche Erträge. Wie lange kann man eine Himbeeranlage überhaupt betreiben, nach wieviel Jahren muß sie erneuert werden?

◁ Das erreichbare Alter einer Himbeeranlage hängt natürlich ganz vom Pflegezustand und der Entwicklung der Pflanzen ab. Im allgemeinen rechnet man mit einem durchschnittlichen Alter der Anlage von etwa 12 Jahren. Man muß die Himbeeren früher abräumen, wenn sie stärker von Krankheit befallen sind, andererseits kann man ein ertragreiches Himbeerbeet auch länger stehen lassen. Das jeweilig erreichbare Alter einer solchen Anlage hängt natürlich sehr vom allgemeinen Pflegezustand ab.

► Himbeeren wachsen nicht

Mein Himbeerbeet ist 6 x 3 m groß. Obwohl ich immer wieder hacke und im Herbst auch umgrabe, wollen die Pflanzen einfach nicht richtig gedeihen. Was mache ich falsch, und wie kann ich die Pflanzen zu kräftigem Wachstum anregen?

◁ Es ist natürlich schwierig, ohne genaue Kenntnis der Situation im Garten einen vernünftigen Ratschlag zu geben. Doch könnte gerade das Hacken und Graben für den schwachen Wuchs ausschlaggebend sein. Himbeeren sind nämlich Flachwurzler. Ihre Wurzeln verlaufen nur etwa 10–15 cm unter der Erdoberfläche. Wird nun häufig gehackt und im Herbst noch zusätzlich umgegraben, kann es zu einer ständigen Störung des Wurzelwerks kommen. In diesem Fall wirkt sich diese Beschädigung auch auf das oberirdische Wachstum aus.
Günstiger wird es sein, wenn das Himbeerbeet höchstens dann einmal oberflächlich gehackt wird, wenn der Boden verkrustet oder ein zu starker Unkrautwuchs auftritt. Das alles kann man verhindern, wenn man den Boden mit organischem Material abdeckt, also mulcht. Aus diesem Grunde hat es sich gerade bei Himbeeren bewährt, die Beete mit Laub, Stroh, Frischkompost, Rindenhumus oder einem ähnlichen Material abzudecken. Durch diese Mulchschicht bleibt der Boden in seiner Struktur erhalten, gleichzeitig können sich die Pflanzenwurzeln entwickeln.
Auf eine zusätzlich günstige Wirkung der Mulchdecke muß hingewiesen werden. Durch das dadurch geschaffene ausgeglichene Kleinklima im Bereich der Bodenoberfläche kommt es viel seltener zu einer Infektion durch den pilzlichen Erreger der Himbeerrutenkrankheit (Didymella).
Ansonsten kann das Wachstum durch eine ausgeglichene Nährstoffversorgung ebenfalls angeregt werden. Zwei Düngergaben, einmal im Frühjahr, während der Blüte, eine zweite nach der Ernte, fördern Wachstum und Ertrag. Die jeweilige Aufwandsmenge richtet sich nach dem Nährstoffvorrat im Boden. Ohne nähere Kenntnis sollten aber jeweils etwa 20 g eines Blaukornvolldüngers/m² verabreicht werden. Blaukornvolldünger ist chloridfrei und deshalb für Beerensträucher besonders geeignet.

► *Triebe der Himbeeren einkürzen*

Ich habe ein neues Beet mit Himbeeren angelegt. Die Pflanzen sind prächtig gewachsen, die Ruten sind aber sehr lang geworden und überragen das Drahtspalier bei weitem. Soll ich die langen Ruten stehen lassen oder diese Einkürzen?

◁ Normalerweise werden die Himbeeren an einem Drahtspalier gezogen und die Ruten an den beiden Spanndrähten festgebunden. Diese werden in 0,8 und 1,5 bzw. 1,6 m Höhe gezogen. Sofern die Ruten nun über 2 m lang geworden sind, werden sie im Frühjahr auf eine Länge von etwa 1,9–2,0 m eingekürzt und dann in gleichmäßigem Abstand an den Spanndrähten befestigt.

► *Beste Pflanzzeit der Johannisbeeren*

Gerne möchte ich in meinen Garten Johannisbeeren pflanzen. Ich habe gehört, daß man die Sträucher zu einer bestimmten Jahreszeit pflanzen soll. Wann ist die beste Pflanzzeit?

◁ Die beste Pflanzzeit für Johannisbeeren ist der Spätherbst. Sie gedeihen am besten in einem humushaltigen, mittelschweren, sandigen Lehmboden mit ausreichendem Feuchtigkeitsgehalt. An sich ist die Johannisbeere nicht anspruchsvoll. Eine gute Vorbereitung mit reichlich Kompost ist jedoch zu empfehlen.

Beim Pflanzen sollte man die Sträucher etwa 10 cm tiefer setzen, als sie in der Baumschule gestanden haben. Nach dem Pflanzen werden die dünnen Triebe und Verzweigungen herausgeschnitten und die starken Triebe, die zum Gerüstaufbau notwendig sind, auf etwa 30–40 cm Länge eingekürzt. Das Abdecken des Bodens um die Pflanze herum mit verrottetem Mist, Frischkompost oder Laub ist empfehlenswert.

Mein Zusatztip

Obwohl die Johannisbeeren zu den Flachwurzlern gehören, sollte der Boden vor der Pflanzung verhältnismäßig tief bearbeitet werden, um günstige Voraussetzungen für eine gute Entwicklung des Wurzelwerks zu schaffen.

▶ Schnitt der Johannisbeeren

In meinem Garten stehen rote und schwarze Johannisbeersträucher. Obwohl ich mit dem Ertrag zufrieden bin, möchte ich wissen, ob man diese Sträucher ebenfalls schneiden soll?

◁ Johannisbeersträucher sollten immer einem gewissen Schnitt unterworfen werden. Normalerweise geht man davon aus, daß man ab dem 4. oder 5. Standjahr jährlich den einen oder anderen ältesten Leitast ganz entfernt und dafür einen Jungtrieb nachwachsen läßt.
Wurden ältere Sträucher schon mehrere Jahre nicht mehr geschnitten, sind die Leitäste sehr hoch, und es empfiehlt sich eine Verjüngung. In diesem Falle wird der Leittrieb so zurückgeschnitten, daß ein tiefer stehender, junger Seitentrieb die Aufgabe eines Leittriebs übernehmen kann. Außerdem muß der Strauch kräftig ausgelichtet werden. Im allgemeinen verbleiben der Roten Johannisbeere dann noch etwa 5 Äste. Meistens bilden sich dann nach der Verjüngung neue Bodentriebe, von denen man einige durchwachsen läßt. Diese können im nächsten Winter um ein Viertel bis ein Drittel zurückgenommen werden, damit sie sich verzweigen. Später werden dann die alten Leitäste ganz herausgenommen und durch diese neuen Triebe ersetzt. Die Schnittmaßnahmen sind bei Roten und Schwarzen Johannisbeeren ähnlich.

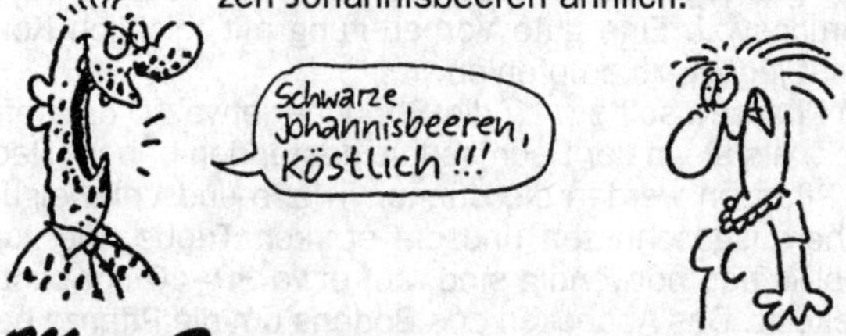

Mein Zusatztip

Schwarze Johannisbeeren werden gerne von Gallmilben befallen. Sie überwintern in den Knospen, die meistens ballonförmig angeschwollen sind. Stellt man bei den Schnittmaßnahmen im Winter solche Rundknospen fest, sollten diese ausgebrochen, eingesammelt und später vernichtet werden. Keinesfalls darf man sie auf den Boden fallen lassen, da die Tiere sonst später die Büsche erneut befallen.

► Kiwi – Pflanzenauswahl und Pflege

Immer wieder höre ich, daß man Kiwi im eigenen Garten anbauen kann. Wo erhalten ich Pflanzen, muß ich bei der Auswahl besondere Dinge beachten und wie werden sie später gepflegt?

◁ Angeboten werden Kiwipflanzen oft unter dem botanischen Namen Actinidia chinensis. Es gibt verschiedene Sorten, die sich für eine Pflanzung in geschützter Lage eignen. Die beste Pflanzzeit sind die Monate April und Mai. Beim Einkauf der Pflanzen muß man darauf achten, daß die Mehrzahl der Sorten zweihäusig ist. Es gibt also männliche und weibliche Pflanzen. Zur späteren guten Befruchtung müssen also immer mindestens 2 Pflanzen, eine männliche und eine weibliche gepflanzt werden. Will man mehrere Kiwis pflanzen, genügt eine männliche auf 3–4 weibliche Pflanzen.

Kiwis sind Schlingsträucher, sie müssen also an einem Spalier oder Hauswand, einem Pfeiler oder Pergola hochgezogen werden.

Wichtig ist auch die gründliche Bodenvorbereitung und der richtige Reaktionsgrad. Kiwis gedeihen nur gut im sauren Boden, der einen Reaktionsgrad zwischen pH 4,5 und 5,5 aufweisen sollte. Über pH 6 sollte er nicht ansteigen.

Unter günstigen Voraussetzungen entwickeln die Kiwipflanzen starke Triebe. Der Fruchtansatz entsteht hauptsächlich im unteren Bereich der diesjährigen Triebe. Im Sommer werden diese auf 4–6 Blätter über der obersten, gut entwickelten Frucht entspitzt. Triebe ohne Früchte werden zurückgeschnitten, die schwächeren stärker, die stärkeren schwächer. Ein allgemeiner Rückschnitt der Triebe erfolgt im Nachwinter, meistens im Februar.

Wußten Sie...

daß auch das Wappentier Neuseelands ein Kiwi ist? Es handelt sich um eine vom Aussterben bedrohte Vogelart, die unter besonderen Schutz gestellt wurde. Übrigens ist es im Frankfurter Zoo zum erstenmal in Europa gelungen, Kiwi-Nachwuchs zu züchten.

▶ Wann werden Kiwi geerntet?

Meine Kiwipflanzen tragen in diesem Jahr die ersten Früchte. Jetzt, Mitte September, fühlen sie sich immer noch hart und unreif an. Wann erreichen diese Früchte die Pflück- bzw. Genußreife?

◁ Kiwifrüchte sollten so spät wie möglich geerntet werden. Sie sind jedoch frostempfindlich. Das bedeutet, daß sie vor dem ersten Nachtfrost gepflückt werden müssen. Zu diesem Zeitpunkt sind sie allerdings noch nicht genießbar. Sie reifen jedoch innerhalb weniger Wochen bei Zimmertemperaturen nach. Sollen sie nicht auf einmal genußreif werden, kann man den Reifeprozeß verzögern, wenn man die Früchte im Kühlschrank aufbewahrt und immer wieder die zum Verzehr vorgesehenen Früchte herausnimmt und nachreifen läßt. Die günstigste Temperatur zum kühl Lagern liegt bei +1°C.
Sobald das Fruchtfleisch auf Daumendruck nachgibt, ist die Genußreife der Früchte erreicht.

Mein Zusatztip

Eine schnelle Genußreife erzielt man, wenn man einige Kiwifrüchte zusammen mit einem oder zwei reifen Äpfeln in einen Folienbeutel packt und in einem normal temperierten Raum aufbewahrt. Der reife Apfel verströmt Ethylen, sogenanntes Apfelgas, das den Reifeprozeß der Kiwifrüchte unterstützt. Der Folienbeutel soll jedoch nicht ganz geschlossen werden bzw. mit einer Nadel einige Löcher in den Beutel gestochen werden. Dadurch wird ungünstige Schwitzwasserbildung verhindert.

► *Stachelbeeren mit Mehltaubefall*

Bei meinen Stachelbeerbüschen waren die Blätter und später auch die Früchte mit einem zunächst weißen, später schwarzen, samtartigen Belag überzogen. Die Früchte haben wir nicht verzehrt. Um was für eine Krankheit handelt es sich? Muß ich die Büsche aus dem Garten entfernen, obwohl sie bisher immer sehr gut getragen haben, oder kann ich diese Krankheit bekämpfen?

◁ Die Krankheit wird durch einen Pilz verursacht. Es handelt sich um den sogenannten Amerikanischen Stachelbeermehltau, einen Echten Mehltaupilz. Es handelt sich dabei um einen Außenparasit. Er lebt also auf den Blättern oder Früchten und entzieht dem Pflanzengewebe mit seinen Saugschläuchen (Haustorien) die Nahrung. Er tritt besonders stark bei feuchtem Wetter auf. Außerdem fördern eingeschlossene Lagen das Auftreten der Krankheit.

Durch den Befall werden die Pflanzen stärker geschädigt, die Früchte am Reifen gehindert. Für die menschliche Gesundheit schädlich ist der Pilz jedoch nicht.

Da der Pilz in den Triebspitzen überwintert, sollten diese während des Winters in einer Länge von etwa 5 cm abgeschnitten und verbrannt werden. So kann bei einem leichten Befall eine Neuinfektion im nächsten Jahr weitgehend verhindert werden.

Sollte eine solche Maßnahme nicht ausreichen, wird vom Pflanzenschutzdienst eine spezielle Behandlung mit Triforin-Präparaten, z.B. Pilzfrei Saprol ab Anfang Mai empfohlen. Das Mittel muß im Abstand von 10–14 Tagen dreimal angewandt werden. Wirkungsvoll ist auch die Anwendung der N-A-B-Mischung, die aus je einem Drittel Netzschwefel, Algomin und Bentonit hergestellt und in einer Konzentration von 0,5% (5 g/l Wasser) angesetzt wird.

Die empfohlenen Mittel sind auch in Bundesländern, in den im allgemeinen der Einsatz chemischer Pflanzenschutzmittel im Haus- und Kleingarten nicht mehr erlaubt ist, zugelassen.

Keinesfalls sollten Stachelbeersträucher nach einem ersten Befall gerodet werden, wenn sie ansonsten kräftig gewachsen sind und bisher einen guten Ertrag brachten.

▶ *Schnitt der Stachelbeeren*

In meinem relativ kleinen Garten stehen einige Beerensträucher. Darunter befinden sich auch Stachelbeeren. Nun möchte ich wissen, wie man diese Sträucher schneidet, damit sie einen reichen Fruchtertrag bringen?

◁ Grundsätzlich muß man bei Beerensträucher auch zwischen einem Pflanz-, Erziehungs- und Instandhaltungsschnitt unterscheiden. Da die Beerensträucher bereits längere Zeit im Garten stehen, wird es sich nur um einen Instandhaltungsschnitt handeln. Dieser wird im Winter ausgeführt. Dabei wird der Strauch im wesentlichen ausgelichtet, d.h. zu dicht stehende Äste mit einer Rosen- oder Astschere herausgeschnitten. Ein Strauch sollte zwischen 6 und 8 Leitäste besitzen.

Da Stachelbeeren immer wieder junge Triebe an der Basis bilden, sollte im jährlichen Wechsel der eine oder andere dieser neuen Triebe hochgezogen und ein abgetriebener alter Leitast herausgeschnitten werden. Der Ersatztrieb wird nicht zurückgeschnitten, damit er sich später oben in der richtigen Höhe verzweigen kann. Überflüssige Bodentriebe werden entfernt.

Einjährige Triebe werden zusätzlich einige Zentimeter zurückgeschnitten, wenn die Büsche vom Amerikanischen Stachelbeermehltau befallen waren. Dieser Pilz überwintert in den Knospen, so daß man durch diese Schnittmaßnahme die Infektion im nächsten Frühjahr verringern kann.

Ein Verjüngungsschnitt ist notwendig, wenn Stachelbeersträucher schon viele Jahre nicht mehr geschnitten worden sind. Dann ist oft der Strauch im Innern völlig verkahlt und die neuen Austriebe sind recht schwach. In diesem Falle sollte man zunächst wieder kräftig auslichten und versuchen, aus neuen Bodentrieben den Strauch aufzubauen. Sind nur wenige Bodentriebe vorhanden, können diese ebenfalls gestutzt werden, um auf diese Weise mehrere Triebe zum Aufbau neuer Leitäste zu erhalten.

▶ *Blaukraut (Rotkohl) schließt die Köpfe nicht*

In diesem Jahr habe ich für die Herbsternte Blaukraut ausgesät und angepflanzt. Jetzt im Herbst stehen die Pflanzen gesund auf dem Beet, haben aber ihre Köpfe nicht geschlossen. Was kann die Ursache sein, und was muß ich im nächsten Jahr beachten, daß ich schön geschlossene Köpfe ernten kann.

◁ Als Ursache kommt wahrscheinlich nur ein zu später Aussaattermin in Frage. Für eine Herbsternte sollten ausgesprochene Herbst- und Wintersorten bereits Ende April oder im Mai ausgesät und Mitte bis Ende Juni ausgepflanzt werden. Allgemein gilt der Pflanztermin bis 15. 6. als ideal. Für eine späte Ernte kann unter Umständen auch eine frühe Rotkohl-(Blaukraut-)sorte in Frage kommen, die Ende Mai oder Anfang Juni ausgesät und spätestens Anfang bis Mitte Juli gepflanzt wird. Bei einer zu späten Aussaat der Spätkohlsorten reicht die Entwicklungszeit für einen guten Kopfschluß nicht mehr aus.
Beim Einkauf der Sorten muß man auf ihre Verwendung achten. Es gibt schnell wachsende frühe und langsamer wachsende mittelfrühe und späte Sorten. Jedoch entwickeln sich die Spätsorten bei richtiger Kultur kräftiger und geben große, schwere Köpfe. Das gilt auch für die in diesem Falle verwendete ausgesprochene „Wintersorte" (Sorte, die zur Lagerung geeignet ist).

Wußten Sie...

daß die volkstümlichen Namen Blaukraut oder Rotkohl nicht mit der Art oder Sorte zusammenhängen, sondern mit der Zubereitung? Verantwortlich ist der „rote" Farbstoff Anthocyan, dessen Farbton sich in Abhängigkeit vom Säuregrad des Zellsaftes ändert. Wird Blaukraut gekocht, tritt der Farbstoff in das Wasser aus und es entsteht eine violette, wässrige Flüssigkeit. Wird nun Essig zugegeben, reagiert die Lösung sauer, die Flüssigkeit färbt sich rot. Neigt die Lösung mehr zum alkalischen Bereich, entsteht der mehr blaue oder violette Farbton.

► Blumenkohl hat nur kleine Blumen

Viele Gemüsearten gedeihen in meinem Garten zur vollen Zufriedenheit. Kein Glück habe ich mit dem Blumenkohl, der immer nur sehr kleine Blumen ansetzt. Woran kann das Liegen?

◁ Entweder ist es eine generelle Standortfrage oder Nährstoffmangel. Blumenkohl liebt einen freien Standort und einen fruchtbaren, humosen, in gutem Kulturzustand befindlichen Boden. Er ist das anspruchsvollste Kohlgewächs.
Blumenkohl benötigt von den Kernnährstoffen relativ viel Stickstoff und Kali. In Versuchen wurde festgestellt, daß durch Stickstoffmangel die Ausbildung schöner Blumen verhindert wird. Vielleicht sollte einmal versucht werden, mit der nächsten Kultur 2 Wochen nach dem Pflanzen eine spezielle Stickstoffdüngung zu verabreichen. Rasch wirkt Kalksalpeter. Der Dünger wird in Wasser aufgelöst und dann die Pflanzen gegossen. Die Konzentration beträgt 0,2% (2g/l Wasser). Die Düngung sollte nach etwa 2 Wochen wiederholt werden. Spricht der Blumenkohl auf diese Düngung an, ist sicher das Problem gelöst. Übrigens zählt Blumenkohl zu den Gemüsearten mit dem höchsten Stickstoffbedarf. So benötigt er für eine optimale Entwicklung 21 g N/m².

► Eierbaum (Solanum) wie pflegen

Aus Samen habe ich einen Eierbaum herangezogen. Die Pflanze wächst recht gut und hat jetzt violette Blüten angesetzt. Wie soll ich sie weiter pflegen, damit sich viele Früchte bilden?

◁ Eigentlich handelt es sich bei dieser Pflanze um gar nichts Besonderes. Es ist eine Sorte der bekannten Aubergine. Da die Früchte im ausgewachsenen Zustand

Wußten Sie...

daß die Früchte des Eierbaums relativ lange haltbar sind. Manchmal werden sie zum Basteln verwendet. Sie können auch, vor allen Dingen von Kindern, hübsch bemalt werden.

nun etwa die Größe eines Hühnereis haben und die Pflanze einen etwas strauchigen Wuchs besitzt, wurde daraus der Eierbaum. Die Ansprüche dieser Pflanze sind ähnlich wie bei den Tomaten, mit der sie sehr nahe verwandt ist. Benötigt werden in erster Linie viel Licht und Wärme. Kultivieren kann man die Pflanze am hellen Zimmerfenster oder auch an einem sehr geschützten Platz auf der Terrasse oder dem Balkon. Steht die Pflanze in einem nicht zu großen Topf, muß alle 10–14 Tage gedüngt werden. Verwendet wird ein üblicher Blumendünger, am besten in flüssiger Form, damit die Pflanze die Nährstoffe schnell verwerten kann.
Unter günstigen Verhältnissen setzen alle Blüten Früchte an, die sehr zierend sind. Dem Herbst zu stellt die Pflanze meistens ihr Wachstum ein. Neue Blüten werden nicht gebildet und man muß sich dann von ihr trennen.

► *Drahtwürmer an Endivien*

Zahlreiche Endivienpflanzen auf meinen Gemüsebeeten sind im Spätsommer abgestorben. Als ich die Pflanzen aus dem Boden herausnahm, fand ich an den Wurzeln gelbbraune, drahtartige Würmer, zum Teil in großen Massen. Wie kommen diese „Würmer“ in meinen Garten, und wie kann ich sie auf möglichst biologischem Wege wieder beseitigen.

◁ Bei den geschilderten „Würmern“ handelt es sich um die hellgeblich bis gelbbraun gefärbten Larven verschiedener Schnellkäfer, die im Volksmund als Drahtwürmer bezeichnet werden. Diese Larven sind drahtartig und haben nur drei kurze Brustbeine. Das gefährliche an diesen Drahtwürmern ist, daß sie oft in großer Zahl auftreten und die Wurzeln der verschiedensten Gartengewächse, ganz besonders Salat, abfressen.

Wußten Sie...

Oft sind nach einem Wiesenumbruch besonders viele Drahtwürmer im Boden, deshalb ist mit der Anpflanzung von Gartengewächsen in frisch umgebrochenem Grünland Vorsicht geboten. Eine genaue Kontrolle ist vorab zu empfehlen.

Das schwierige der Bekämpfung ist, daß es augenblicklich keine biologischen oder chemischen Mittel gibt, um diese Larven abzutöten. Als einzige biologische Maßnahme kommt in Frage, daß man Kartoffeln halbiert und diese mit der Schnittfläche nach unten etwas in die Erde eingräbt. Sie dienen sozusagen als „Fangpflanze", denn die Schnittfläche zieht die Drahtwürmer an und sie können bei täglichem Nachschauen abgelesen und vernichtet werden. Möglich ist auch die Mischkultur der üblichen Gemüsepflanzen mit Kopfsalat. Kopfsalat wird wiederum besonders gerne von Drahtwürmern befallen. Sobald die Pflanzen welken, werden sie mit den Wurzelballen ausgegraben und die an den Wurzeln haftenden Drahtwürmer abgelesen und vernichtet.

► *Moosansatz am Feldsalat im Kleingewächshaus*

Den Winter über kultiviere ich in meinem Kleingewächshaus Feldsalat (Ackersalat) und etwas Winterpostelein (Winterportulak, Montia perfoliata). Auf den beiden Beeten hat sich Moos stark ausgebreitet und meines Erachtens auch die Salatpflanzen im Wuchs beeinträchtigt. Woher kommt dieses Moos, und wie kann ich es am besten bekämpfen?

◁ Moos entwickelt sich immer, wenn Boden und Luftfeuchtigkeit sehr hoch sind. Wahrscheinlich ist der Boden im Kleingewächshaus relativ schwer und humusreich, so daß die Ausbreitung von Moos stark begünstigt wird. An sich lieben sowohl Feldsalat wie Winterpostelein lockere, mittelschwere Böden in gartenmäßiger Kultur. Beson-

Wußten Sie...

daß Winterpostelein eigentlich aus Amerika stammt und dort von Alaska bis Mexiko und auf Kuba verbreitet ist. Nicht umsonst trägt die Pflanze auch noch den Namen Kubaspinat. In Mittel- und Nordamerika wird diese Pflanze auch Indianersalat oder Bergmannssalat genannt. Von dort ist auch bekannt, daß sandige Böden schweren und humusreichen Erden vorgezogen wird.

dere Ansprüche werden von beiden Salatarten nicht gestellt. Der Reaktionsgrad des Bodens sollte neutral bis schwach sauer sein (pH 6,5–7,2).
Am besten wird es wohl sein, wenn ein etwas schwerer Boden durch scharfen Sand (Flußsand) wasserdurchlässiger gemacht wird. Außerdem sollte die Bodenoberfläche nach der Keimung der Samen immer etwas trocken gehalten werden. Wichtig ist eine ausreichende Lüftung. Schon bei Temperaturen über 10–12 °C kann die Lüftung geöffnet werden, damit die überschüssige Feuchtigkeit abzieht. Beide Salatarten gedeihen bei relativ kühler Temperatur und fühlen sich auch in gut gelüfteten Kulturräumen während der Spätherbst- und Wintermonate wohl.

► *Anbauprobleme bei Gemüse in Mischkultur*

Der Gemüseanbau in meinem Garten will nicht richtig klappen. Ich versuche es immer wieder mit verschiedenen Arten, doch wachsen die Pflanzen nicht zur Zufriedenheit und bringen unbefriedigende Erträge. Nun weiß ich nicht, woran das liegt? Ich habe gehört, daß sich Gemüsepflanzen gegenseitig ungünstig beeinflussen?

◁ Es ist schwierig, ohne genaue Kenntnis des Standorts in diesem Falle eine ausreichende Empfehlung zu geben. Wenn bislang aus „biologischen" Gründen auf Düngung und zusätzliche Humusversorgung verzichtet wurde, sollte man hier anssetzen. Man muß darauf hinweisen, daß ohne entsprechende Bodenpflege und Meliorationsmaßnahmen kein gutes Wachstum der Gemüsepflanzen zu erzielen ist.
So ist erstens einmal der Boden im Herbst tiefgründig zu bearbeiten und außerdem mit ausreichenden Mengen Humus zu versorgen. Ein Humusanteil von 3–5% im gewachsenen Boden ist immer anzustreben. Humus ist nicht nur für die Gemüsepflanzen von großer Wichtigkeit, sondern dient den Mikroorganismen des Bodens als Lebensgrundlage. Außerdem sorgt er für günstige physikalische Verhältnisse, also eine gute Bodenstruktur und Bodengare. Nun kommt es darauf an, welche Humusarten sie im Ge-

müsegarten verwenden. Wird verrotterter Stallmist, Kompost usw. im Garten ausgebracht, kann man unter Umständen auf zusätzliche Nährstoffgaben verzichten oder nur eine Düngung mit geringen Düngermengen ausführen. Bei Verwendung von Rindenhumus, Holzfasersubstraten oder ähnlichem, völlig nährstofffreien Materialien, muß zusätzlich Dünger für die Gemüsepflanzen ausgebracht werden. Auch die Mikroorganismen benötigen gewisse Nährstoffmengen, um dieses Humusmaterial optimal zersetzen zu können.

Wurde also bisher überhaupt kein Humus und kein Dünger verwendet, sollte dies ab sofort insofern geändert werden, daß eben die Mengen verabreicht werden, die für den Boden und die Gemüsepflanzen notwendig sind.

In der reichlich vorhandenen Literatur findet man darüber genügend Anhaltspunkte.

Tatsächlich gibt es Hinweise, daß sich bestimmte Gemüsekulturen, werden sie miteinander oder nebeneinander angebaut, gegenseitig positiv oder negativ beeinflussen. Diese Erkenntnisse sollte man bei einer Mischkultur berücksichtigen. Auch hierüber gibt es ausführliche Literatur.

▶ *Schützt Gemüse vor Krebs?*

Mir ist bekannt, daß Gemüse und Obst gesundheitsfördernde Wirkungen haben. Schützt Gemüse aber auch vor einer möglichen Erkrankung an Krebs? Sollte dies stimmen, wie wird das Gemüse zubereitet?

◁ In der Tat besitzt Obst und Gemüse aufgrund der Mineralstoffe und Vitamine einen hohen gesundheitlichen Wert. Neuerdings wird auch Kohlgemüse bzw. Pflanzen aus der Familie der Cruciferae (Kreuzblütler) eine gewisse vorbeugende Wirkung gegen Krebs nachgesagt. Diese Gemüsearten, zu denen neben den verschiedenen Kopfkohlarten auch Blumenkohl, Brokkoli, Rosenkohl usw. gehören, sollen Substanzen enthalten, die Entgiftungsprozesse in den Körperzellen aktivieren und stimulieren. Es gibt allerdings keine wissenschaftlichen Untersuchungen, die nachweisen, daß Gemüse vor Krebs schützt.

▶ *Pflegemaßnahmen an Grünspargel*

In meinem Garten habe ich ein Beet mit Grünspargel angelegt. Wie muß ich diese Pflanzen pflegen, damit ich einen reichen Ertrag erziele?

◁ Normalerweise läßt man den Grünspargel 2 Jahre wachsen, ohne ihn zu ernten. Ab dem dritten Kulturjahr wird im März etwas Humus, z.B. Kompost aufgebracht, außerdem kann eine schwache Düngung mit einem organisch-mineralischen Volldünger ausgestreut und in die oberste Schicht eingearbeitet werden. Nun läßt man die Pflanzen heranwachsen und wird etwa ab Mai die erste

Wußten Sie...

daß im Stuttgarter Lustgarten der erste Spargel angebaut wurde? Schon vor über 420 Jahren wurden dort die ersten Anbauversuche gemacht. Später verbreitete er sich über Baden ins Rheintal und gelangte dann nach Braunschweig. Von dort ging die Ausbreitung weiter nach Thüringen und Preußen.

Ernte erzielen können. Die Triebe werden geschnitten, wenn sie etwa 20 cm lang sind. Normalerweise wird bis 1. Juni geerntet. In den Folgejahren kann die Ernte bis Mitte oder Ende Juni hinausgeschoben werden.
Nach Beendigung der Ernte muß eine kräftige Düngung verabfolgt werden. Verwendet wird ein mineralischer Volldünger mit ca. 30–40 g/m^2. Nun läßt man die Pflanzen durchwachsen, damit sie bereits den Sommer über bis zum Herbst wieder Reservestoffe bilden können, die sie zum Durchtrieb im Frühjahr brauchen. Im Herbst wird das abgestorbene Kraut geschnitten und kompostiert.

► Gurken sind bitter

In den letzten Wochen konnte ich zahlreiche Gurkenfrüchte im Garten ernten. Fast alle diese Früchte waren bitter. Habe ich in der Kultur etwas falsch gemacht? Was ist die Ursache für diesen schlechten Geschmack der Gurkenfrüchte?

◁ Bekannt ist, daß Gurken einen Bitterstoff ausbilden, der den Geschmack nach der Ernte beeinflussen kann. Der Bitterstoffgehalt ist am Stielansatz größer als an der Spitze der Früchte. Auch wird der Bitterstoffgehalt durch ungünstige Kulturmaßnahmen gefördert. So soll ein Wechsel in der Feuchtigkeit des Bodens die Bildung von Bitterstoffen fördern. Aus diesem Grunde ist es notwendig, Gurkenbeete immer gleichmäßig feucht zu halten. Sie sollen also nicht austrocknen und dann wieder stark befeuchtet werden.

Wußten Sie...

daß Gurken uralte Kulturpflanzen sind? Beheimatet sind sie im tropischen Asien. Dort wächst heute noch die Stammform (Cucumis sativus) in den Wäldern der Himalajahänge.
Schon 2000 vor Christi waren Gurken den Ägyptern bekannt. Das beweisen Tempelfresken, die überliefert wurden. Auch die Griechen und Römer schätzten bereits Gurken. Sie gelangten aber erst im frühen Mittelalter über den byzantinischen Kulturkreis zu den Slawen. Erst im 16. Jahrhundert soll die Gurke nach Deutschland gekommen sein. Ihre Bezeichnung wird vom Slawischen Okura abgeleitet.

Im übrigen hat man in den letzten Jahren zahlreiche neue Sorten gezüchtet, die einen geringeren Bitterstoffanteil haben. Sie werden als sogenannte bitterfreie Gurken angeboten. Solche Sorten sollten auf jeden Fall ausgewählt werden. Sie gibt es für alle Anbauarten.
Prophylaktisch sollen Gurken auch in einem gut mit Humus versorgten Boden kultiviert werden, der Unregelmäßigkeiten in der Bewässerung etwas ausgleicht. Obwohl Gurken reichlich Nährstoffe benötigen, sind überhöhte Düngerkonzentrationen zu vermeiden. Auf jeden Fall erzielt man qualitativ gute Gurkenfrüchte, wenn für ausgeglichene Wachstumsverhältnisse gesorgt wird.

► *Gurken mit Blattläusen*

Den Sommer über nutze ich mein Kleingartengewächshaus mit Gurken. Sie gedeihen prächtig, doch sind sie jetzt schon, in noch relativ jungem Zustand, voller Blattläuse. Was kann ich tun, damit ich diese Plage loswerde?

◁ Gurken im Gewächshaus werden sehr gerne von Blattläusen befallen. Um größeren Schaden abzuwenden, sollten die Tiere unbedingt bekämpft werden. Im Fachhandel gibt es verschiedene Mittel, die auch heute noch zur Anwendung im Haus- und Kleingarten erlaubt sind. Sie können vor allen Dingen dann eingesetzt werden, wenn biologische und biotechnische Maßnahmen nicht ausreichen.
Vorab könnte man aber einen Versuch mit Nützlingen machen. Zur Bekämpfung von Blattläusen stehen seit einiger Zeit Räuberische Gallmücken zur Verfügung. Es handelt sich um einen natürlichen Gegenspieler der Blattläuse, der im Erwerbsgartenbau schon seit einigen Jahren mit Erfolg eingesetzt wird. Nun gibt es auch kleinere Mengen für Liebhabergärtner.
Geliefert wird dieser Nützling in Form von Puppen, die in feuchten Torf eingebettet sind. Die Anwendung erfolgt genau nach Gebrauchanweisung, wobei man etwa 8 Gallmücken-Puppen/m² Fläche rechnet.
Der Versand erfolgt in einer Schachtel, die man nach dem

Eintreffen nur öffnen und unter die befallenen Pflanzen legen muß. Schon bald schlüpfen die etwa 2 mm großen Gallmücken. Die Weibchen legen bis zu 100 Eiern in der Nähe der Blattläuse ab. Aus den Eiern schlüpfen dann kleine, orangerote Larven, die sich ausschließlich von Blattläusen ernähren. Eine einzige Larve kann im Verlauf von 5 bis 10 Tagen etwa 50 Blattläuse abtöten. Unter günstigen Klimabedingungen gibt es mehrere Generationen von Gallmücken, die im Laufe der Zeit die Blattläuse vernichten. Wichtigste Bedingung ist nur, daß immer Temperaturen zwischen 20–24°C herrschen, sowie eine hohe Luftfeuchtigkeit.

► *Gurken mit Spinnmilbenbefall*

Den Sommer über kultiviere ich im Kleingewächshaus Gurken. Die Blätter sind jetzt im Sommer ganz gefleckt. Die älteren Blätter vergilben und sterben ab. Beobachtet habe ich, daß sich auf der Blattunterseite ein feines Gespinnst befindet, in dem sich rötlich gefärbte Tiere hin und her bewegen. Um was für einen Schädling handelt es sich, und wie kann er bekämpft werden?

◁ Ziemlich eindeutig handelt es sich hierbei um den Befall durch Spinnmilben oder Rote Spinnen. Diese kleinen Insekten treten in großen Mengen auf. Sie leben auf der Blattunterseite und saugen den Saft aus dem Zellgewebe heraus. Die netzartigen Gespinnste bilden sie als Schutz und zur raschen Fortbewegung.
Früher hat man gegen diese Spinnmilben chemische Mittel eingesetzt. Heute kann man auf diese völlig verzichten, wenn man Nützlinge einsetzt. Ein natürlicher Feind der Spinnmilbe ist die Raubmilbe, Phytoseiulus persimilis. Sie wird in verschiedenen Labors gezüchtet und auch an Gartenbesitzer abgegeben. Geliefert werden sie meistens auf Bohnenblätter, die ganz oder auch stückchenweise auf die befallenen Pflanzen zu legen sind. Benötigt werden ca. 10 Raubmilben/m^2, um die Spinnmilben erfolgreich abtöten zu können. Die Raubmilbe selbst ernährt sich ausschließlich von Spinnmilben und deren Eier. Täglich kann eine

Raubmilbe 5 ausgewachsene Spinnmilben oder 20 Eier bzw. Jungtiere aussaugen und abtöten. Jedes Raubmilbenweibchen kann wiederum 40–60 Eier ablegen, aus denen nach 2–3 Tagen bereits die jungen Milben schlüpfen. Da der Lebenszyklus der Raubmilben mit 7 Tagen etwa nur halb so lang ist wie der der Spinnmilben, ist unter günstigen Bedingungen mit einer nachhaltigen Wirkung zu rechnen. Eine Voraussetzung muß jedoch erfüllt sein. Es muß eine relativ hohe Luftfeuchtigkeit und relativ hohe Temperatur herrschen. Ideal ist eine Luftfeuchtigkeit von 60% und eine Temperatur zwischen 20 und 27 °C.

▶ *Gurkenkultur im Kleingewächshaus*

Ich will Schlangengurken in meinem Kleingewächshaus kultivieren. Wie ich erfahren habe, muß ich die Triebe beschneiden, um einen ausreichenden Fruchtertrag zu erzielen. Außerdem möchte ich wissen, wie man die Pflanzen richtig düngt?

◁ Gewächshaus- oder Schlangengurken werden am besten in einer Reihe ausgepflanzt, Abstand von Pflanze zu Pflanze 40–50 cm. Jede Pflanze bekommt eine Schnur, die an der Tragkonstruktion des Kleingewächshauses befestigt wird. Ist das nicht möglich, kann man sie auch an einem Stahlwelldraht hochleiten. Der Haupttrieb der Gurke wird nun um die Schnur geschlungen und rankt sehr schnell empor.
Aus den Blattachseln entwickeln sich Seitentriebe. Jeder erscheinende Seitentrieb wird nach dem ersten Blatt abgeschnitten. Aus der Blattachsel entwickelt sich normalerweise eine weibliche Blüte, die eine Gurkenfrucht ausbildet. Sie ist an dem unterständigen Fruchtknoten zu erkennen. Meistens entsteht gleichzeitig aus derselben Blattachsel ein weiterer Seitentrieb, der wiederum nach dem ersten Blatt abgeschnitten wird. Man spricht in diesem Falle immer vom „Schneiden auf 1 Auge". Hat man nur eine oder zwei Gurkenpflanzen gesetzt, kann man Seitentriebe auch auf 2 Augen schneiden. Dann ist der Ertrag meistens etwas höher.

▶ *Enthalten Kartoffeln giftiges Solanin?*

Wenn ich zur Zeit aus dem Lagerraum Kartoffeln hole (Februar) stelle ich fest, daß viele Knollen grün verfärbt sind. Nun habe ich erfahren, daß diese einen Giftstoff enthalten sollen. Um welchen Stoff handelt es sich, und ist dieser tatsächlich gesundheitsschädlich?

◁ Kartoffeln gehören zur Familie der Nachtschattengewächse (Solanaceae). Schon der botanische Name der Kartoffel, Solanum tuberosum, deutet daraufhin. Alle Gewächse dieser Familie bilden Solanin aus, das sich immer in den grünen Pflanzenteile befindet.
Offensichtlich besitzt ihr Lagerraum ein Fenster, durch das Tageslicht auf die Kartoffenl fallen kann. Unter Einwirkung von Licht werden nämlich Kartoffeln grün. In diesen grünen Teilen ist giftiges Solanin enthalten. Fachleute weisen darauf hin, daß dieses Gift durch Wärmebehandlung, also durch Kochen, nicht zerstört wird. Deshalb sollte man unbedingt die grünen Stellen an den Kartoffeln großzügig wegschneiden. Ganz oder überwiegend grüne Knollen sollten am besten weggeworfen werden.

▶ *Knollenfenchel schießt*

Im Frühjahr habe ich mit anderen Gemüsesetzlingen Knollenfenchel herangezogen und in den Garten gepflanzt. Die Aussaat erfolgte Ende April oder Anfang Mai. Jetzt (August) sind fast alle Pflanzen geschossen. Sie haben also ohne Knollenbildung Stengel und Blüten gebildet. Kann es sein, daß ich in meinem Garten dieses Gemüse nicht anbauen kann?

◁ Knollenfenchel wird seit einigen Jahren verstärkt in unseren Gärten angepflanzt. Die im Handel befindlichen Sorten sind mit üblichen humushaltigen, in gutem Strukturzustand stehenden Böden zufrieden. Auch spielt es keine Rolle, ob direkt ausgesät wird oder ob die Pflanzen in Kistchen oder anderen Gefäßen ausgesät und später gepflanzt werden. Auch eine Aussaat auf ein separates Beet mit späterer Pflanzung ist möglich.

Als wahrscheinliche Ursache für das Schießen der Pflanzen kommt eine falsche Sortenwahl in Frage. Normalerweise wird Knollenfenchel bei uns erst im Sommer, etwa im Juli, ausgesät. Bei zügiger Kultur können die Pflanzen dann im Oktober geerntet werden. Viele Sorten schießen nämlich bei einer zu frühen Saat und Pflanzung. Das hängt sicherlich mit dem Licht zusammen. Die Pflanzen schießen, wenn sie in den „steigenden" Tag hineinwachsen, sie wachsen normal, wenn sie in den „sinkenden" Tag wachsen, also in eine Zeit des abnehmenden Sonnenlichtes. Bei einer normalen Aussaat im Sommer müssen die Knollenfenchelpflanzen normal heranwachsen.

► *Kohlrabi, Befall durch Drehherzmücke*

In diesem Jahr habe ich wieder Kohlrabi angebaut. Diese zeigten jedoch eine eigentümliche Erscheinung. So waren die Herzblätter auffallend verdreht und verkrüppelt, manche Pflanzen bildeten überhaupt kein Herz mehr aus und gingen später sogar in Fäulnis über. Was ist die Ursache, und kann dieser Schaden im nächsten Jahr wieder auftreten?

◁ Nach der Schilderung des Schadbilds kann es sich um einen Befall durch die sogenannte Drehherzmücke handeln. Diese nur etwa 2 mm große Mücke legt meistens ab Mai ihre Eier zwischen die jüngsten Blättchen in das Herz der Kohlrabi, aber auch anderer Kohlpflanzen ab. Daraus schlüpft eine kleine weiße Made, die in das Herz der Pflanze eindringt und die geschilderten Wachstumsstörungen verursacht. Meistens tritt diese Mücke in mehreren Generationen auf. Den größten Schaden richtet aber die erste Generation an.
Normalerweise ist der Befall nicht besonders stark, so daß auf eine Bekämpfung verzichtet werden kann. Sollte sich jedoch der Schaden wiederholen und im Gemüsegarten viele Kohlpflanzen befallen sein, kann ein zugelassenes Pflanzenschutzmittel angewandt werden. Der Pflanzenschutzdienst empfiehlt ein Stäubemittel auf der Basis der Pyrethrine, z.B. Rotenol-Staub.

► Kohlrabi platzen

Im Frühjahr habe ich Kohlrabi gepflanzt. Sie haben sich recht gut entwickelt und bereits schöne Knollen ausgebildet. Jetzt stelle ich fest, daß diese plötzlich aufplatzen. Ist dafür eine Krankheit oder ein Schädling verantwortlich, was kann ich dagegen tun?

◁ Eine Krankheit ist auf jeden Fall dafür nicht verantwortlich, wahrscheinlich auch kein Schädling.

Das Platzen rührt oft daher, daß die Kohlrabipflanzen zunächst mit mittleren Wassergaben herangezogen wurden. Da es sich bei den Knollen um Stengelteile handelt, werden im Laufe der Zeit Holzzellen (Lignin) in das Gewebe eingelagert. Kommt es nun zu heftigen Niederschlägen, wird das Wasserangebot reicher, die Pflanze setzt noch einmal zu einem stärkeren Wachstum an. Da das Gewebe jedoch durch die Einlagerung von Lignin eine gewisse Festigkeit erreicht hat, können die Pflanzenzellen nicht mehr so rasch weiterwachsen. Es kommt zu Spannungen im Gewebe, die Knollen platzen auf.

Wahrscheinlich ist zum augenblicklichen Zeitpunkt eine Änderung der Situation nicht mehr zu erreichen. Das Gewebe hat vielfach abgeschlossen und kann durch andere Maßnahmen nicht mehr verändert werden. Es sollte in Zukunft beachtet werden, daß Kohlrabi immer gleichmäßig gegossen werden.

Gleichzeitig sollten die Pflanzen ausreichend ernährt werden. Benötigt wird vor allen Dingen Stickstoff und Kali. Während der Stickstoff für das Triebwachstum verantwortlich ist, gibt das Kali dem Gewebe eine gewisse Festigkeit, so daß ein gesunder Aufbau möglich ist.

Mein Zusatztip

Können die Gemüsebeete nicht täglich kontrolliert und bei Bedarf mit der notwendigen Feuchtigkeit versorgt werden, sollten sie mit organischem Material gemulcht werden. Durch diese Abdeckung mit Frischkompost, Stroh, Rindenhumus usw. wird die Verdunstung durch Feuchtigkeit aus dem Boden verringert, also die Wasserkapazität im Boden verbessert. Auf diese Weise können günstige Verhältnisse geschaffen und auch schon dadurch dem Platzen von Kohlrabi entgegengewirkt werden.

► Lauch und Porree mit langen Schäften

Auf dem Markt und in den Geschäften wird oft ein sehr langschäftiger Lauch (Porree) angeboten. Auch ich möchte gerne im eigenen Garten einen solchen Lauch mit langen Schäften ernten. Wie kann ich das erreichen?

◁ Es ist kein Problem, einen langschäftigen Porree zu erzielen. Zunächst einmal ist es wichtig, daß man eine geeignete Sorte auswählt. Meistens sind die frühen Sorten langschäftiger als die ausgesprochenen Wintersorten. Zu den langschäftigen Sorten zählen z.B. 'Tropita', 'Herbstriesen', 'Hilari', 'Alma', 'Kajak', 'Noel' u.a.
Um möglichst lange, weiße Schäfte zu erzielen, muß der Porree tief gepflanzt werden. Am besten ist es, wenn vor dem Pflanzen etwa 10–15 cm tiefe Rillen gezogen werden. In diese werden die Jungpflanzen im Abstand von etwa 15 cm eingepflanzt. Nach dem Pflanzen wird angegossen. Später kann durch notwendiges Hacken und Gießen der Boden eingeebnet und sogar zu einem noch späteren Zeitpunkt die Pflanzen angehäufelt werden. So wird ein relativ langer und weißer Schaft ausgebildet.

Mein Zusatztip

In schneearmen Wintern können bei strengen Frösten die überwinternden Porreepflanzen erfrieren oder stark geschädigt werden. Dies gilt vor allen Dingen für solche Sorten, die nicht ausgesprochen frosthart sind. Deshalb ist es besser, die Pflanzen bereits Mitte Dezember zu ernten und an einer geschützten Stelle einzuschlagen. Günstig ist ein Frühbeetkasten, eine Rabatte nahe dem Haus oder auch ein kühler Keller.

► Kressesamen keimt nicht

Ich habe im Frühjahr in meinem Garten Kresse ausgesät. Obwohl ich die Samen ganz dünn mit humoser Erde abgedeckt habe, keimten die Körner nicht. Was ist wohl die Ursache?

◁ Eigentlich kommen nur zwei Ursachen in Frage. Entweder waren die Samen überständig, also zu alt, oder es lag an der Feuchtigkeit. Normalerweise beträgt die Keimfähigkeit von Kressesamen 3–4 Jahre.
Kressesamen sollten während der Keimung immer feucht gehalten werden. Trocknet der Samen aus, ist der Keimerfolg in Frage gestellt.

Wußten Sie...

daß Kresse mit sich selbst unverträglich ist, d.h. bei einer Folgesaat ein anderes Beet verwendet werden soll. Hintereinander angebaut hat Gartenkresse nicht mehr die ursprüngliche Wuchskraft. Bei einer solchen Erscheinung spricht man von Bodenmüdigkeit.

► Oxalsäure in Mangold

Seit vielen Jahren baue ich in meinem Küchengarten Mangold an. Die Pflanzen wachsen sehr gut und ich kann den ganzen Sommer Blätter und Stiele ernten. Jetzt habe ich gehört, daß Mangoldgemüse nicht gesund sein soll, da es Oxalsäure enthalten soll. Worum handelt es sich dabei und habe ich gesundheitliche Gefahren zu fürchten?

◁ Mangold ist eng verwandt mit der Roten Rübe und dem Spinat. Alle diese Gänsefußgewächse (Chenopodiaceae) enthalten Oxalsäure, manchmal auch noch andere organische Säuren, wie Apfel-, Wein- und Zitronensäure.
Die Oxalsäure kann, zusammen mit Kalk, sogenannte Oxalat-Kristalle bilden, die sich im Körper einlagern können. Auch ist bekannt, daß z.B. größere Mengen von Oxalsäure die Nierensteinbildung fördern. Der Oxalsäuregehalt im Mangold ist nicht besonders hoch. Deshalb ist eine gesundheitliche Gefahr nicht zu befürchten.

▶ *Möhren mit Möhrenfliege*

Im vergangenen Jahr waren meine Möhren (Gelbe Rüben) mit rotbraunen Gängen durchzogen, sehr viele der rübenförmigen Wurzeln waren naßfaul, als ich sie ernten wollte. Auch das Laub war etwas verfärbt, jedoch habe ich während der Kultur der veränderten Laubfarbe keine Beachtung geschenkt. Offensichtlich muß es sich um einen Schädling handeln, der die Rüben anfrißt. Ich will jetzt wieder Ende März Möhren aussäen. Was soll ich tun, damit sich ein solcher Schaden nicht mehr wiederholt?

◁ Nach dem geschilderten Schadbild wurden ihre Möhren mit größter Sicherheit von den Maden der Möhrenfliege befallen. Die Fliege selbst tritt je nach Witterungsverlauf meistens ab Anfang oder Mitte Mai auf und legt ihre Eier nahe dem Möhren am Boden ab. Die schlüpfenden Maden leben im heranwachsenden Möhrenkörper in flachen, unregelmäßigen Fraßgängen, die sich rostbraun verfärben. Zieht man die Möhren relativ früh aus der Erde, kann man die 6–9 mm langen Maden erkennen. Schon nach einer gewissen Zeit verlassen sie die Rüben, und es folgen weitere Generationen. Man muß mit einem Befall praktisch bis Oktober rechnen. Durch die rostbraune Farbe der Gänge spricht man in Fachkreisen auch von der sogenannten „Eisenmadigkeit".
Während früher gegen die Larven chemische Mittel eingesetzt wurden, ist man heute weitgehend davon abgekommen. Neuerdings werden die Kulturen mit sogenannten Gemüsenetzen abgedeckt, die bei richtiger Auflage ein Hindurchschlüpfen der Fliegen zur Eiablage verhindern. Solche Netze gibt es auch für den Liebhabergartenbau, sie sollten auf jeden Fall ab Anfang Mai bis zur Ernte über die Kulturen gespannt werden.
Wichtig ist eine gute Abdichtung an den Rändern, damit die Fliegen nicht hindurchschlüpfen können. Sollten trotz allen Maßnahmen gelegentlich doch noch Maden der Möhrenfliege besonders bei einem frühen Satz auftreten, können diese auch von frei im Boden überwinternden Puppen stammen. Deshalb sollten die Beete auf jeden Fall gewechselt werden. Also nicht auf der gleichen Fläche wieder Möhren ausbauen, wie im vergangenen Jahr.

► *Petersilie*

Schon im letzten Jahr hatte ich Probleme mit meiner Petersilie im Garten. Auch in diesem Jahr wiederholt sich der gleiche Schaden. Alljährlich säe ich im Frühjahr aus. In früheren Jahren keimten die Samen ohne Schwierigkeiten, und ich konnte sehr schöne Petersilienpflanzen heranziehen. Nun stelle ich aber fest, daß die Samen ungleich keimen und die Sämlinge sich später gelb verfärben und absterben. Was ist die Ursache für diese Misere, und was kann ich dagegen tun?

◁ Das geschilderte Schadbild bei Petersilie ist seit vielen Jahren bekannt. Mit größter Wahrscheinlichkeit hängt der Schaden mit einem Bodenpilz zusammen (Pythium), der über die Wurzeln die Sämlinge infziert und zum Absterben bringt. Typisch dafür ist die Gelb- und später auch Rotverfärbung der Blätter. Speziell im Frühjahr werden Aussaaten von diesem Pilz infiziert. Das hängt wahrscheinlich auch mit der langsamen Keimung der Samen und den für die Pflanzen noch etwas ungünstigen Witterungsverhältnissen bzw. Bodentemperaturen zusammen. Beobachtet hat man nämlich, daß spätere Aussaaten nicht oder nicht so stark befallen sind.
Ein gewisses Problem ist die Bekämpfung. Eine Bodenentseuchung oder der Einsatz von chemischen Mitteln kommt im Haus- und Kleingarten nicht in Frage. Deshalb ist es zunächst einmal sinnvoll, die Anbaufläche zu wechseln. Mindestens 4 Jahre sollte auf der gleichen Fläche keine Petersilie mehr ausgesät werden.
Ansonsten hat sich sehr gut bewährt, Petersilie erst im Sommer (etwa im Juni) auszusäen. Bedingt durch die höheren Temperaturen erfolgt die Keimung sehr rasch, ebenfalls das weitere Wachstum der jungen Pflanzen. Auch sollen in diesem Fall die höheren Bodentemperaturen die Entwicklung des Pilzes beeinträchtigen.
Eine andere Möglichkeit ist die Aussaat von Petersilie im Februar oder März in eine Saatschale im temperierten Raum. Später können die Pflänzchen pikiert und ab Ende April auf ein Gartenbeet ausgepflanzt werden. Wird zur Anzucht eine käuflich erworbene Blumenerde verwendet, ist mit einer Infektion durch Bodenpilze kaum zu rechnen.

► Läuse auf Petersilie

In meinem Kräuterbeet habe ich auf einer größeren Fläche Petersilie angepflanzt. Nun stelle ich fest, daß die Pflanzen mit Läusen dicht überzogen sind. Kann ich diese Petersilie noch verwenden, und wie werde ich diese Läuseplage wieder los?

◁ Immer wieder kann es vorkommen, daß Petersilie von Blattläusen befallen wird. Das ist nicht sehr angenehm, beeinträchtigt aber die Qualität der Petersilienblätter nicht, wenn sich der Befall in Grenzen hält. Zunächst einmal kann man sicherlich vereinzelte Läuse nach dem Pflücken der Blätter abwaschen. Die Petersilie kann dann unbedenklich in der Küche verwertet werden. Die Frage ist, ob man nicht einige Zeit auf eigene Petersilie verzichten will. In diesem Falle werden die Pflanzen stark zurückgeschnitten und die Blätter nach gründlichem Waschen getrocknet oder eingefroren.

Hat man eine größere Fläche mit Petersilie gepflanzt und ist der Befall durch Läuse relativ stark, kann man auch mit zugelassenen Behandlungsmitteln die Läuse beseitigen. Der Pflanzenschutzdienst empfiehlt für diesen Fall zwei Mittelgruppen, die unter Beachtung der allgemeinen Vorschriften eingesetzt werden können. In Frage kommen Mittel auf der Basis von Kaliseife, z.B. Neudosan oder ein Mittel mit dem Wirkstoff Pirimicarb, z.B. Blattlausfrei Pirimor G oder Pirimor Granulat.

Die Mittel sind unter Beachtung der Vorschriften und der angegebenene Wartezeiten einzusetzen. Nach Ablauf dieser Wartezeit kann die Petersilie in der Küche wieder verwendet werden. Gründliches Waschen ist auf jeden Fall vor der Verwendung empfehlenswert.

Mein Zusatztip

In vielen Gärten wird Petersilie auch im Kleingewächshaus angebaut. Auch hier muß mit Blattlausbefall gerechnet werden. Im geschützten Raum kann man auf den Einsatz von Pflanzenbehandlungsmitteln unter Umständen verzichten. Hier können Nützlinge zum Einsatz kommen. Bekannt sind z.B. Räuberische Gallmücken und Schlupfwespen.

► Rettiche und Radies düngen?

Meine Rettiche und Radieschen wollen nicht richtig gedeihen. Was stellen sie für Ansprüche an den Boden und die Düngung, und muß ich besondere Sorten aussäen?

◁ Rettiche und Radieschen benötigen einen gut gelockerten, möglichst humosen Gartenboden. Zu schwere, nicht tiefgründig gelockerte Böden sind weniger günstig. Ein Boden in guter gartenmäßiger Kultur ist eigentlich immer am besten geeignet.

Besondere Dünger sind nicht erforderlich. Eine mittlere Nährstoffversorgung des Bodens mit den Kernnährstoffen und Spurenelementen reicht völlig. Doch haben Rettiche und Radieschen ein besonderes Bedürfnis am Kernnährstoff Kali. Dieser ist für die Bildung von Reservenährstoffen, die Festigkeit des Gewebes und den Geschmack dieses Wurzelgemüses ausschlaggebend. Aus diesem Grunde sollte zur Düngung ein organisch-mineralischer oder mineralischer Dünger mit einem hohen Kaligehalt verwendet werden. Vielleicht empfiehlt sich auch einmal eine spezielle Düngung mit Schwefelsaurem Kalimagnesia (Patentkali). Dieser Dünger enthält sowohl Kali als auch Magnesium. Der Aufwand beträgt etwa 20–40 g/m².

Bei der Sortenwahl achte man eigentlich nur auf die jeweilige Jahreszeit. Die sogenannten Bundrettiche sind besonders für das Frühjahr geeignet, später folgen von den weißen Rettichen die Frühsommer-, Sommer- und Herbstrettiche. Die sogenannten Schwarzen Rettiche sind typische Winterrettiche.

Mein Zusatztip

Sollte wider Erwarten die Kultur der Rettiche und Radieschen nicht gelingen, wäre eine Bodenuntersuchung angebracht. Erst durch eine solche Analyse kann der Zustand des Bodens und sein Nährstoffvorrat festgestellt werden. Aufgrund der Ergebnisse kann eine gezielte Düngung im Gemüsegarten, speziell bei Rettichen und Radieschen ausgeführt werden. Die Adressen von Bodenlabors erhält man über die zuständigen landwirtschaftlichen Stellen, z.B. die Ämter für Landwirtschaft, Landschafts- und Bodenkultur (Landwirtschaftsämter).

► *Retttiche total zerfressen*

Ein großer Teil meiner Rettiche im Garten waren im vergangenen Sommer ungenießbar. Die „Rüben“ waren total zerfressen, oft bereits verfault, und auch oberirdisch waren die Pflanzen oft sehr kümmerlich. Es hat den Anschein, als ob die Rettiche von Maden total zerfressen sind. Um was für ein Tier handelt es sich hier und was kann ich unternehmen, damit ich im nächsten Jahr gesunde Rettiche ernte?

◁ Aufgrund der Schilderung des Befalls ist es ziemlich eindeutig, daß die Rettiche von der sogenannten Rettichfliege befallen waren. Es handelt sich dabei um die Große bzw. Kleine Kohlfliege, im Prinzip die gleichen Schädiger, die auch an allen anderen Kohlpflanzen vorkommen.
Bei dem Schädling handelt es sich also um Fliegenmaden. Die Fliegen selbst sehen einer Stubenfliege sehr ähnlich. Sie treten in verschiedenen Generationen von Mai bis September auf. Maßgebend dafür ist der Verlauf der Witterung, die örtliche Lage usw. Auf jeden Fall sollte etwas gegen die Vermadung unternommen werden.
Während man früher chemische Mittel einsetzte, kann man auf diese heute weitgehend verzichten. Am besten ist es, wenn man sogenannte Gemüse- oder Kulturschutznetze verwendet. Sie müssen jedoch ab April sofort nach dem Aussäen über die Beete ausgebracht werden und bis zur Ernte auf den Kulturen verbleiben. Durch die Netze werden die Fliegen an der Eiablage gehindert, so daß eine Vermadung nicht mehr in Frage kommt. Beim Ausbringen der Netze ist darauf zu achten, daß sie auch seitlich gut abgedichtet sind, damit die Fliege nicht unter dem Netz hindurchschlüpfen kann.

► *Fader Riesenrettich*

Ich habe Samen von japanischen Hybridrettichen gekauft, ausgesät und geerntet. Es gab „Riesenrettiche", jedoch waren sie im Geschmack gegenüber herkömmlichen Sorten fad. Muß man diese Rettiche anders pflegen, damit sie auch den kräftigen Geschmack unserer deutschen Sorten erhalten?

◁ Seit mindestens 20 Jahren sind die japanischen Hybridrettiche bei uns verbreitet. Es handelt sich um ganz andere Rettichstämme als bei den Sorten, die wir schon immer im Anbau hatten. Auffallend ist bei diesen Rettichen, daß sie sehr lang und groß werden. Unter günstigen Bedingungen können sie eine Länge von über 30 cm erreichen. Schon immer war jedoch ein Nachteil, daß sie keinen typischen, intensiven Rettichgeschmack haben. Sie sind also sehr viel milder. Das gilt eigentlich für alle Sorten, von denen Saatgut im Tütenprogamm erhält ist.
Neuerdings gibt es eine Neuheit ('Silverstar'). Es handelt sich dabei auch um eine Hybride, die sehr lange, weiße Rettiche, ähnlich den japanischen Hybriden, ausbildet. Diese Sorte hat jedoch einen intensiveren Rettichgeschmack. Augenblicklich ist Saatgut von dieser Sorte meines Wissens für den Liebhaber noch nicht erhältlich. Sie wird nur von Züchtern und Fachsamenhandlungen für Erwerbsgärtner angeboten. Trotzdem sollte man vielleicht das Angebot im Auge behalten. Es kann sein, daß diese oder eine andere ähnliche Sorte bald auch für den Liebhaber käuflich zu erwerben ist.

► Rhabarber

In meinem Garten habe ich vor einigen Jahren Rhabarber angepflanzt. Jedes Jahr im Frühjahr beginnt er schon nach kurzer Zeit zu „schießen“, er bildet also schon vorzeitig Blütenstengel aus. Was ist die Ursache, und was kann ich machen, damit die Blütenbildung erst zu einem späteren Zeitpunkt einsetzt oder ganz verhindert wird?

◁ Normalerweise ist mit der Bildung von Blütenstengeln im Mai zu rechnen. Manchmal „schießen“ die Rhabarberpflanzen auch schon früher. Das kann unter Umständen auf ungünstige Bodenverhältnisse und Nährstoffmangel zurückzuführen sein. Hunger fördert bei vielen Pflanzen die Blütenbildung.

Zunächst einmal sollen die Blütenstengel sobald als möglich an der Ansatzstelle mit den daran haftenden Blättern aus der Pflanze herausgezogen werden. Dabei sind die Blütenstengel nicht nur oben auszubrechen, da sonst die Pflanze auch weiterhin in den Trieb viele Nährstoffe einleitet, die somit den anderen Blättern verlorengeht. Alle weiteren Blütentriebe, die sich später noch bilden können, werden auf gleiche Weise entfernt.

Außerdem ist zu empfehlen, daß die Rhabarberpflanzen im Sommer, wenn die allgemeine Ernte vorüber ist, eine kräftige Kopfdüngung erhalten. Die Ernte wird Ende Juni (nach Johanni) abgeschlossen. Nun treiben die Pflanzen kräftig durch, bilden große Blätter, die wiederum die Baustoffreserven für den Austrieb im nächsten Jahr bilden.

Mein Zusatztip

Rhabarber ist nicht so anspruchsvoll wie viele andere Gemüsearten an das Licht. Er nimmt oft auch mit einem etwas halbschattigen Standort vorlieb. Wichtig ist nur, daß vor der Pflanzung der Boden tiefgründig gelockert und reich mit Humus versorgt wurde. Nur so kann der Rhabarber seine Wuchskraft über viele Jahre erhalten.

▶ Pflege des Rhabarbers nach der Ernte

Mir ist bekannt, daß Rhabarber ab Anfang Juli nicht mehr geerntet werden soll. Nun habe ich, auf Anraten einer Bekannten, nach der letzten Ernte immer alle Blätter abgeschnitten. Diese Maßnahme muß aber den Rhabarberpflanzen nicht bekommen sein. Sie haben im Wachstum stark nachgelassen und vegetieren so vor sich hin. Was habe ich falsch gemacht, und wie muß ich die Rhabarberpflanzen behandeln, damit ich kräftig wachsende Stöcke erhalte?

◁ Richtig ist, daß Rhabarber normalerweise bis Ende Juni, Anfang Juli geerntet wird. Die Erntemaßnahmen werden dann eingestellt, weil sich in den Folgewochen die Pflanze bereits wieder regenerieren muß und schon wieder organische Verbindungen für die nächstjährige Ernte aufbauen muß.

Richtig ist deshalb, daß ab Anfang Juli die Pflanzen sorgfältig gepflegt werden, also gegossen und reichlich gedüngt werden müssen. Alle Blätter sind zu belassen, damit diese viele Reservestoffe bilden, die dann beim Abwelken der Blätter im Herbst in die knollenförmigen Rhizome eingelagert werden. Erst nach dem Absterben der Blätter im Herbst werden diese abgeräumt und kompostiert.

Mit den in den Knollen eingelagerten Reservestoffen treiben die Pflanzen im Frühjahr wieder aus und bringen dann eine reiche Ernte.

Auf jeden Fall sollten Rhabarberpflanzen im Juli eine Volldüngergabe von etwa 20–30 g/m² erhalten. Dafür ist ein mineralischer Volldünger zu verwenden, da organische Dünger zu lange Zeit benötigen, um in mineralische und damit aufnehmbare Substanzen umgewandelt zu werden.

Wußten Sie…

daß z.B. Desserts aus Rhabarber mit Sahne, Milch oder Vanillesoße serviert werden sollen? Nach Dr. Riehte von der Uni-Zahnklinik in Tübingen, wird die Oxalsäure des Rhabarbers durch das in der Milch enthaltene Kalzium gebunden. Auch soll man nach dem Genuß von Rhabarber sofort die Zähne putzen.

▶ *Rhabarber verpflanzen*

Die Rhabarberernte ist jetzt zu Ende (Juni). Da ich sehr alte „Stöcke" habe, sollte ich diese sicher einmal verpflanzen. Wann ist dafür der günstigste Zeitpunkt?

◁ Durch Verpflanzen kann man Rhabarber verjüngen. Bester Zeitpunkt dafür ist der Oktober.
Vorsichtig werden die knolligen Rhizome ausgegraben und mit dem Spaten in Stücke zerteilt. Teilstücke nicht zu klein wählen. Ideal sind Stücke von etwa 1 kg Gewicht. Jedes Teilstück muß auch mindestens eine gut entwickelte Knospe aufweisen, besser mehr. Gut ist auch, wenn man einen Standortwechsel vornimmt, um den Rhabarberpflanzen einen „jungfräulichen" Boden anzubieten. Eine gründliche Vorbereitung mit reichlich Humus ist für die spätere Entwicklung günstig.
Die Teilstücke werden wieder so gepflanzt, daß die Knospen etwa 3–4 cm unter der Erdoberfläche liegen.
Im ersten Jahr nach der Pflanzung wird noch keine Ernte vorgenommen, erst ab dem zweiten Jahr.

▶ *Rhabarber ernten*

In meinen Garten habe ich Rhabarber gepflanzt. Wie lange darf man die Blätter ernten? Soll man Blätter im August umknicken?

◁ Rhabarberblätter werden im allgemeinen vom Frühjahr bis etwa Johanni (24. Juni) geerntet. Ab Juli wird nicht mehr geerntet, oder die Ernte stark eingeschränkt, da die neugebildeten Blätter zum Aufbau neuer Nahrung für die Ernte im nächsten Jahr benötigt werden.
Ein zweiter Grund ist von Bedeutung: Rhabarberblätter und -stiele enthalten Oxalsäure. Aus ihr können sich im Körper des Menschen Kalziumoxalatkristalle bilden, die unter Umständen die Gesundheit gefährden. Das gilt vor allen Dingen für Nierenkranke (Steinbildung). Es wird auch davon ausgegangen, daß der Oxalsäuregehalt in Blättern und Stielen ab Sommer zunimmt.

► Salatfäule

In meinem Gemüsegarten stelle ich immer wieder fest, daß die Blätter vom Kopfsalat welken, später vergilben, und dann der Kopf nach kurzer Zeit vollständig zusammenfällt und in Fäulnis übergeht. Handelt es sich dabei um eine bakterielle oder pilzliche Erkrankung und was kann ich dagegen tun?

◁ Mit ziemlicher Sicherheit kann man annehmen, daß es sich dabei um die sogenannte Salatfäule handelt, die durch verschiedene Pilze verursacht werden kann. Die Krankheit ist sehr häufig und tritt vor allen Dingen bei großer Feuchtigkeit auf.

Eine direkte Bekämpfung ist nicht möglich. Auf jeden Fall sollten befallene Pflanzen sofort ausgemerzt werden. Sie dürfen keinesfalls auf den Kompost geworfen werden. Außerdem sollen nur abgehärtete Setzlinge gepflanzt werden. Setzlinge hoch pflanzen! Zu empfehlen ist auf jeden Fall ein Wechsel der Beetfläche. Auch soll auf den mit Salatfäule befallenen Beeten einige Jahre kein Kopfsalat mehr angebaut wird.

► Beim Schnittlauch Blüten ausschneiden?

Auf meinem Kräuterbeet steht auch Schnittlauch. Schon relativ früh im Jahr bildet er Blütenstände aus. Verändert sich dadurch etwas an den Inhaltsstoffen? Muß ich diese Blüten entfernen?

◁ Schnittlauch ist bei uns heimisch und bildet deshalb im Frühsommer Blüten und später Früchte aus. Da die Blüten und Früchte ohne Bedeutung sind, sollte sie rechtzeitig entfernt werden. Es wurde sogar beobachtet, daß bei reichem Blütenansatz die Bildung von Vermehrungszwiebeln verringert wird.

Die Entwicklung von Schnittlauchgrün kann durch eine mäßige Düngung unterstützt werden. Dadurch werden die Pflanzen immer wieder angeregt, neue Sprossen zu bilden. Erfahrungsgemäß setzen Pflanzen auf mageren Böden schneller Blüten an als auf Böden, die normal mit Nährstoffen versorgt sind.

► Schnittlauch wächst schlecht, Blätter werden gelb

Für die Küche benötige ich verhältnismäßig viel Schnittlauch. Soweit ich weiß, kann man Schnittlauch mehrmals ernten. Meistens werden aber die Blätter (Schlotten) nach dem Schnitt und Wiederdurchtrieb nicht mehr so schön grün. Viele haben auch gelbe Blätter. Was kann ich tun, damit der Schnittlauch wieder kräftig und mit grünen Blättern durchtreibt?

◁ Mit größter Wahrscheinlichkeit leidet der Schnittlauch Hunger. Meistens wird er in „Klumpen" angebaut, also viele Pflanzen an einer Stelle. Diese stehen miteinander in Konkurrenz und entziehen der umliegenden Erde die Nährstoffe. So kann es vorkommen, daß nach dem ersten Schnitt die im Boden gelösten Nährstoffe aufgebraucht sind und nicht mehr genügend Vorrat im Boden für den zweiten oder dritten Durchtrieb vorhanden ist.
Diese Situation kann man einfach beheben, in dem der Schnittlauch nach der ersten Ernte mit einer möglichst flüssigen Düngung zusätzlich mit Nährstoffen versorgt wird. Verwendet werden kann jeder Blumen-Volldünger, aber auch mineralischer Gartendünger, z.B. Blaukorn-Volldünger, den man in Wasser auflöst und an die Pflanzen gießt. Gesundheitliche Nachteile sind nicht zu befürchten, da die Nährstoffe in den Boden eingewässert und dort von

Wußten Sie...

daß man Schnittlauch auf einfache Weise auch im Winter ernten kann? Zu diesem Zweck lässt man 2–3 „Klumpen" das Jahr über wachsen ohne die Blätter abzuschneiden, im Herbst ziehen die Blätter ein, die Reservenährstoffe speichern sich in den zwiebelähnlichen Wurzeln. Etwa Ende Oktober oder Anfang November werden einige Klumpen mit dem Spaten ausgestochen und an einer geschützten Stelle im Freien gelagert. Leichte Fröste sind sogar günstig, da sie das Antreiben begünstigen.
Ab etwa Mitte bis Ende Dezember kann ein Schnittlauchklumpen nach dem anderen in Töpfe gepflanzt und am Küchenfenster angetrieben werden. So erzielt man frisches Schnittlauchgrün fast den ganzen Winter über.

den Wurzeln aufgenommen werden. Nach dem Düngen sind die Pflanzen mit klarem Wasser abzuspritzen, um Schaden an oberirdischen Pflanzenorganen zu verhindern. Außerdem müssen die Pflanzen nach dem Düngen mäßig feucht gehalten werden, damit die Nährstoffe auch aufgenommen und möglichst umgehend in den Pflanzen verarbeitet werden können.

Eine weitere Möglichkeit besteht darin, im Frühjahr, bei Vegetationsbeginn, einen organisch-mineralischen Dünger auszustreuen und flach in die Krume einzuarbeiten. Dieser Dünger hat eine Langzeitwirkung und reicht meistens aus, die Pflanze die Vegetationszeit über mit den notwendigen Nährstoffen zu versorgen. Die Aufwandmenge liegt bei einem schlecht mit Nährstoffen versorgten Boden bei etwa 40–50 g/m².

► *Sellerie mit Kochsalz düngen*

Meine Selleriepflanzen wachsen nicht besonders stark. Nun hat man mir empfohlen, mit Kochsalz zu düngen. In jedes Pflanzloch soll ich eine Handvoll Kochsalz einfüllen. Ist Kochsalz tatsächlich ein Dünger, und ist die Mengenangabe vertretbar?

◁ Keinesfalls soll Kochsalz zum Düngen von Pflanzen im Garten verwendet werden. Chemisch gesehen ist Kochsalz Natriumchlorid, also eine Verbindung aus Natrium und Chlor. Eines ist an dieser Empfehlung richtig, daß Sellerie chlorliebend ist und als Meeresstrandpflanze auch Natrium verträgt, da bekanntlich Meerwasser Kochsalz enthält. Die angegebene Menge wird aber den Bedarf an Natrium und Chlor der Pflanze weit übersteigen und die Pflanzen eher durch Wurzelverbrennungen zum Absterben bringen. In der Landwirtschaft wird, um das Chlorbedürfnis der Pflanzen abzudecken, eine bestimmte Kaliform verwendet. Dort werden Sellerie mit sogenanntem 40er Kalidüngesalz gedüngt. Doch lohnt es sich nicht, für einige Selleriepflanzen im Haus- oder Kleingarten dieses Düngemittel zu beschaffen. Sollte in ihrer Nähe ein Landwirt oder Gärtner Sellerie anbauen und dieses Düngemittel vorrätig haben, könnte er Ihnen eine kleine Menge davon abgeben, so daß

sie auf eine Fläche von einem Quadratmeter ca. 10–20 g ausstreuen und einwässern.
Ansonsten reicht es völlig aus, wenn die Selleriepflanzen mit einem üblichen Gartendünger ernährt werden.
Da Sellerie jedoch zu den Nährstofffressern zählt, können die Düngermengen gegenüber anderen Gemüsearten durchaus etwas erhöht werden. Eine Vorratsdüngung mit einem organisch-mineralischen Volldünger vor dem Pflanzen im Mai und ein bis zwei Kopfdüngergaben im Juli und August fördern die Entwicklung der Selleriepflanzen. Außerdem ist wichtig, daß Sellerie im September und Oktober reichlich gewässert wird, da zum Ende der Kultur das Hauptwachstum stattfindet. So behandelt, werden bestimmt große Sellerieknollen erzielt.

► Sellerie ist schwachwüchsig, die Knolle zu klein

Im Gemüsegarten habe ich unter anderem auch Sellerie angebaut. Dieser wollte überhaupt nicht richtig wachsen. Bei der Ernte im Herbst konnte ich nur Pflanzen mit relativ kleiner Knolle ernten. Was ist die Ursache, und was muß ich bei der Kultur von Sellerie beachten, daß ich im nächsten Jahr auch schöne große Knollen erhalte?

◁ Sellerie gehört zu den Gemüsepflanzen, die relativ viele Nährstoffe benötigen. Ihr Bedarf ist etwa zu vergleichen mit Kohl oder Tomaten, während Möhren, Zwiebeln, Spinat oder Salat deutlich weniger Nährstoffe benötigen. Außerdem stellt Sellerie bestimmte Ansprüche an bestimmte Nährstoffe. Zur Entwicklung schöner Knollen ist relativ viel Kali und auch der Mikronährstoff Bor erforderlich. Als Meeresstrandpflanze ist Sellerie im Gegensatz zu vielen anderen Gemüsepflanzen chlorverträglich. Deshalb wird er in der Landwirtschaft gerne mit chlorhaltigen Kali gedüngt. Dies ist aber im Haus- und Liebhabergarten nicht unbedingt erforderlich, da wieder andere Gemüsepflanzen kein Chlor vertragen.
Natürlich wäre es am besten, wenn einmal eine Bodenanalyse gemacht werden würde. Aufgrund des Ergebnis-

ses könnte man eine gezielte Düngung durchführen. Wird diese nicht vorgenommen, sollte am besten vor dem Auspflanzen Anfang bis Mitte Mai eine Grunddüngung mit einem organisch-mineralischen Volldünger verabreicht werden. 50–70 g/m² sind durchaus verträglich. Je nach Wachstum können dann noch zwischen Juli und Ende August 1–2 Kopfdüngergaben mit etwa 20 g/m² eines mineralischen Volldüngers verabreicht werden. Diese Dünger sind in den Boden oberflächlich einzuarbeiten und durch reichliche Wassergaben für eine rasche Lösung und Aufnahme zu sorgen. Die Dünger können aber auch in Wasser aufgelöst und ausgegossen werden. In diesem Falle werden 20 g Dünger in 10 l Wassser aufgelöst und ausgegossen.
Außerdem ist zu beachten, daß das Hauptwachstum der Selleriepflanzen meistens erst in den Herbstwochen stattfindet (September und Oktober). Sollte während dieser Jahreszeit Trockenheit herrschen, muß unbedingt gewässert werden. Dadurch können Größe und Gewicht der Knollen deutlich verbessert werden.

Mein Zusatztip

Auf manchen Böden kann das Herz der Selleriepflanzen absterben. Man spricht von der Herz- und Trockenfäule. Sie wird auf Bormangel zurückgeführt. Sollte man einen solchen Schaden beobachten, kann man den Mangel mit Borax (in Drogerie erhältlich) beheben. Auf 10 m² Gartenland werden nur 6 g benötigt. Diese Menge vermischt man am besten mit feinem Sand, um sie dann gleichmäßig ausstreuen zu können. Bester Zeitpunkt: Frühjahr.

▶ Sellerieknollen überwintern

Gerade ernte ich meine Sellerieknollen im Garten. Sie sind so groß und schön, jedoch kann ich sie unmöglich alle sofort in der Küche verwerten. Wie kann ich sie lagern, daß ich sie auch noch später verwenden kann?

◁ Das Einlagern von Sellerieknollen ist kein Problem. Es muß nur darauf geachtet werden, daß sie ihre Frische lange Zeit behalten. Zunächst einmal werden die Knollenselleriepflanzen aus dem Boden gegraben. Die Erde aus dem Wurzelbereich ausgeschüttelt und zum Nachtrocknen einige Stunden in die Herbstsonne gelegt. Anschließend werden die Wurzeln stark eingekürzt und alle Blätter, mit Ausnahme der Herzblätter, von der Knolle vorsichtig abgetrennt. Für den Hausgebrauch schlägt man die Knollen dicht an dicht in kleine Handkisten (z.B. Holländer-Tomatensteigen) in ein lockeres, durchlässiges Erdgemisch ein. Garten- oder Komposterde mit reichlich Sand sind gut geeignet. Es kann auch ein Sand-Torfgemisch verwendet werden. Die Knollen werden etwa ein Drittel bis zur Hälfte in das Substrat eingeschlagen. Anschließend wird mäßig angegossen, und die Kistchen werden in einen kühlen Raum gestellt. Die günstigsten Temperaturen liegen zwischen 5 und 10 °C (z.B. Naturkeller, Garage, Gartenhaus). In der Folge sollte nur in größerem Zeitabstand das Substrat etwas angefeuchtet werden, damit die Knollen nicht zu viel Wasser durch Verdunstung verlieren. Auf diese Weise eingelagert, können Sellerieknollen bis Januar oder Februar, oft auch noch länger, nahezu frisch in der Küche verwertet werden.

Mein Zusatztip

Wer einen Frühbeetkasten besitzt, kann die Erde etwa spatentief ausheben und dort die Sellerieknollen, ähnlich auch Porree (Lauch) dicht an dicht in sandige Erde einschlagen. Gegen Frost wird der Kasten mit einer Laubpackung umgeben und mit Deckbretten und Stroh- oder Rohrmatten abgedeckt. Im Frühbeetkasten hält dieses Gemüse sehr gut frisch und kann während frostfreier Perioden jederzeit herausgenommen werden. Bei dieser Form der Überwinterung auf Mäusefraß achten. Eventuell sind Fallen zu stellen.

► Spinat wächst nicht

In meinem Gemüsegarten möchte ich gerne Spinat anbauen. Ich habe schon des öfteren ausgesät und auch die Sorten immer wieder gewechselt, jedoch wachsen die Pflanzen nicht. Sie bleiben klein, geradezu kümmerlich. Die Blätter verfärben sich gelblich. Was kann ich tun, damit ich einen gesunden Spinat mit grünen Blättern ernte?

◁ Spinat reagiert sehr schnell auf ungünstige Bodenverhältnisse. Bodenverdichtungen, Humusmangel, ungünstige Bodenreaktion und Nährstoffmangel wirken sich sofort auf das Wachstum der Pflanzen aus. Vor allen Dingen bei der Neuanlage eines Gemüsegartens kann es mit dem Spinat immer wieder zu Problemen kommen.

Zunächst einmal sollte der Boden im Herbst tiefgründig bearbeitet werden. Schwerer Boden ist mit Sand durchlässiger zu machen, da Staunässe gefährlich ist. Außerdem sollte Humus in Form von Kompost, Rindenhumus usw. eingearbeitet werden. Auch die Kalkversorgung sollte überprüft werden. Spinat liebt einen neutralen bis höchstens schwach sauren Reaktionsgrad, eine zu saure Bodenreaktion führt ebenfalls zu Vergilbungserscheinungen.

Wird Kompost zur Humusversorgung verwendet, brauchen zusätzliche Dünger selten eingesetzt zu werden. Ansonsten kann eine schwache Volldüngergabe vor der Aussaat das Wachstum anregen. Zu viel Dünger, vor allen Dingen Stickstoff, ist bei Spinat zu vermeiden, um einen Überschuß an Nitrat in den Blättern aus gesundheitlichen Gründen zu verhindern.

Wußten Sie...

daß der Nitratgehalt im Spinat, aber auch in anderen Gemüsearten, nicht so hoch ist, wenn das Gemüse um die Mittagszeit an einem sonnenreichen Tag geerntet wird? Auch enthalten die Blattstiele des Spinats mehr Nitrat als die Blätter. Deshalb sollen diese bei der anfallenden Putzarbeit vor dem Kochen entfernt werden.

▶ Steckzwiebel „Rombele“

Im Gemüsegarten säe ich seit einigen Jahren immer wieder Zwiebeln aus. Da wir im Schwarzwald ein rauhes Klima haben, muß ich relativ spät aussäen, so daß die Zwiebeln bis zum Herbst nicht besonders groß werden. Nun hat eine Nachbarin empfohlen, ich soll im Frühjahr Rombele stecken. Was sind das für Zwiebeln und wie gehe ich vor?

◁ Rombele ist der volkstümliche Name für Steckzwiebeln. Sie werden überall dort im Gemüsegarten verwendet, wo Saatzwiebeln keine ausreichende Qualität ergeben. Steckzwiebeln oder Rombele werden bereits im Jahr vorher entweder selbst ausgesät und frühzeitig geerntet, so daß kleine Zwiebeln von etwa 1,5–2 cm Durchmesser entstehen, oder aber zugekauft.
Normalerweise werden Steckzwiebeln im April auf Beete ausgelegt. Für eine Fläche von einem Quadratmeter braucht man rund 70 g Zwiebeln. Sie werden in Reihen mit einem Abstand von 20–25 cm und einem Abstand in der Reihe von 6 cm in einen gut gelockerten Boden gesteckt. Die weiteren Pflegemaßnahmen entsprechen denen der Saatzwiebeln. Nicht alle Zwiebelsorten eignen sich für den Steckzwiebelanbau. Besonders bekannt ist für diese Anbauform die Sorte 'Stuttgarter Riesen'.

▶ Tomatenanbau nach Kartoffeln

Vor 2 Jahren habe ich ein ziemlich verwildertes Grundstück übernommen, das ich nun als Garten gestalten will. Auf Anraten von Bekannten habe ich im ersten Jahr nur Kartoffeln angebaut. Nun möchte ich auch Gemüsebeete anlegen. Mir wurde gesagt, daß ich nach den Kartoffeln keine Tomaten anpflanzen darf. Stimmt das, und wie lange muß ich warten, bis ich auch Tomaten kultivieren kann?

◁ Tatsache ist, daß durch Kartoffeln der Boden meistens recht gut aufgeschlossen ist und danach Gemüse problemlos angebaut werden kann. Wahrscheinlich wurde deshalb der Rat gegeben, Tomaten nicht anzubauen, weil beide Pflanzen der gleichen Gattung Solanum angehören, und damit zu den Nachtschattengewächsen zählen. Das bedeutet, daß einige Krankheitserreger sowohl Kartoffeln als auch Tomaten befallen können (z.B. Kraut- und Fruchtfäule). Diese Gefahr sollte man jedoch nicht überbewerten, vor allen Dingen dann nicht, wenn die Kartoffeln gesund und ohne Krankheiten und Schädlinge herangewachsen sind und geerntet werden konnten. Da Tomaten mit Vorliebe auf einem sehr humosen und nährstoffreichen Boden wachsen, ist empfehlenswert, dem Boden vor dem Pflanzen reichlich Humus beizumischen. Sollte das Grundstück schon längere Zeit nicht mehr genutzt worden sein, ist sicher auch der Nährstoffgehalt des Bodens unzureichend. In diesem Falle lohnt sich eine Grunddüngung mit einem organisch-mineralischen Volldünger (ca. 50–70 g/m²) oder eine Kopfdüngung nach Bedarf mit leicht löslichem mineralischen Volldünger in kleinen Gaben während der Kultur.

► *Tomaten ausgeizen*

Ich habe Tomaten in meinen Garten gepflanzt. Sie bilden viele Triebe. Wie muß ich die Pflanzen behandeln, damit ich schöne Früchte bekomme?

◁ Normalerweise werden Tomaten als sogenannte „Stabtomaten" kultiviert. In diesem Falle pflanzt man sie in Reihen auf Beete mit einem Abstand in der Reihe von etwa 45–50 cm. Jede Pflanze erhält einen Stab (Holz, Welldraht usw.), an dem der Haupttrieb angebunden wird. Alle sich entwickelnden Seitentriebe werden vorsichtig ausgebrochen, so daß nur der Haupttrieb stehen bleibt. Aus den Blattachseln bilden sich die Blüten. Normalerweise läßt man den Haupttrieb während der ganzen Vegetationsperiode weiterwachsen. Ragt er weit über den Pfahl hinaus, kann er auch an der Spitze gekappt werden. Ansonst rechnet man mit der Reife von 5–6 Blütendolden im Vegetationsjahr. Die höher ansetzenden Blütenstände werden ausgebrochen, da die Früchte nicht mehr ausreifen.

► Bei Tomaten den Boden mit Mist abdecken?

Eine Nachbarin gab mir den Rat, den Boden um meine Tomatenpflanzen mit Mist abzudecken. Was halten sie von dieser Methode? Wird durch den Mist die Qualität der Tomatenfrüchte verbessert oder verschlechtert?

◁ Tomaten sind ausgesprochene Nährstofffresser. Das Mulchen, also abdecken des Bodens mit organischem Material nach der Pflanzung, hat sich schon immer bewährt. Während früher dafür üblicherweise verrotterter Stallmist verwendet wurde, kommt heute vielfach der aus dem eigenen Garten stammende Kompost in Frage.
Sollten Sie jedoch Rinder- oder Pferdemist erhalten, kann dieser dafür gut verwendet werden. Nur frischer Mist ist nicht angebracht, da er möglicherweise durch das darin enthaltene Ammoniak aggressiv wirken kann. Ist der Mist aber schon einige Wochen oder Monate abgelagert, kann er zum Abdecken des Bodens gut verwendet werden. Durch die im Mist enthaltenen Nährstoffe wachsen die Pflanzen flott heran und geben qualitativ völlig normale Früchte. Eine zusätzliche Düngung mit Handelsdüngern ist aber dann meistens nicht mehr erforderlich. Die Höhe der Abdeckung sollte in Grenzen gehalten werden, um eine Überdüngung und damit auch Verlust an wertvollen Nährstoffen durch Auswaschung zu vermeiden.

Wußten Sie...

daß eine Mulchdecke den Boden in der Struktur sehr günstig beeinflußt und vor allem unnötige Wasserverdunstung aus dem Boden verhindert? Andererseits sollte beachtet werden, daß sich gelegentlich unter einer Mulchdecke auch Schädlinge, wie Schnecken oder Mäuse einnisten können. Deshalb ist gelegentlich eine Kontrolle der Mulchdecke zu empfehlen.

► Bodenmüdigkeit bei Tomaten

Seit vielen Jahre kultiviere ich bereits den Sommer über Tomaten im Kleingewächshaus. Nun habe ich gehört, daß nicht immer die gleichen Kulturen hintereinander angebaut werden sollen. Woran liegt das und welche Folgen könnten sich bemerkbar machen?

◁ In der Tat sollte immer eine gewisse Fruchtfolge bzw. ein Kulturwechsel vorgenommen werden. Ansonsten können Bodenmüdigkeitserscheinungen auftreten.
Tomaten gelten im allgemeinen als selbstverträglich. Aber auch hier wurde schon beobachtet, daß nach einem jahrelangen Anbau im Gewächshaus der Ertrag langsam zurückgeht. Auch hier kann man durchaus von einer Bodenmüdigkeit sprechen. Dieses Nachlassen im Ertrag kann durch ausreichende Humuszufuhr verringert werden. Humus sorgt für ein aktives Bodenleben und dadurch günstige physikalische und chemische Verhältnisse im Boden.
Andererseits wäre es sicher zu empfehlen, einmal auf eine Tomatenkultur im Kleingewächshaus zu verzichten und vielleicht eine andere Gemüsekultur anzubauen. Ratsam wären Gurken oder Melonen, die zur Sommernutzung eines Kleingewächshauses sehr gut geeignet sind. Ist das Kleingewächshaus ausreichend groß, könnte auch so vor gegangen werden, daß auf der einen Seite des Kleingewächshauses Gurken, auf der anderen Tomaten im Wechsel kultiviert werden. So würden nur alle 2 Jahre auf das gleiche Pflanzbeet die Tomaten oder Gurken kommen. Auf eines muß jedoch hingewiesen werden. Die klimatischen Ansprüche von Gurken und Tomaten sind nicht dieselben. Man muß bereit sein, zwischen beiden Kulturen einen Kompromiß in der Klimaführung zu finden.

Mein Zusatztip

Da Gurken im allgemeinen eine höhere Feuchtigkeit benötigen als Tomaten, können sich unter Umständen bei einer gemeinsamen Kultur Pilzkrankheiten an Tomaten eher einnisten. So spielt gerade im Kleingewächshaus die Braunflecken oder Samtfleckenkrankheit eine gewisse Rolle. Ihr könnte man vorbeugend begegnen, wenn resistente Tomatensorten angebaut werden. Bekannt sind z.B. 'Diplom', 'Isabelle' und 'Hildares'.

▶ *Tomaten haben braune bis schwarze Flecken auf Blättern und Früchten*

Auf den Blättern meiner Tomatenpflanzen traten gelbliche Flecken auf. Später sind sie vertrocknet und abgestorben. Jetzt zeigen plötzlich die Früchte braune eingesunkene Flecken. Das Fruchtfleisch stirbt ab. Um welche Krankheit handelt es sich? Wie kann man die Pflanzen schützen, und kann man befallene Früchte noch verzehren?

◁ Nach der Schilderung des Schadbildes handelt es sich um die sogenannte Kraut- und Braunfäule (Phytophthora), eine weit verbreitete pilzliche Krankheit. Der Pilz lebt im Inneren der Blätter, später auch in den Früchten. Auf den Blättern zeigen sich zunächst graugrüne, später braun werdende Flecken auf der Oberseite, auf der Unterseite ist oft ein grauweißer Schimmelrasen bemerkbar. Es handelt sich um die Sporenanlagen des Pilzes. Bei warmem Sommerwetter vertrocknen die Blätter, bei feuchter Witterung gehen sie in Fäulnis über. Auch die Früchte bekommen braune, eingesunkene Flecken. Darunter ist das Fruchtfleisch verhärtet, es wird später braun, faul und stirbt ab.

Die Krankheit selbst ist sehr abhängig von der Witterung. Vor allen Dingen bei feucht-warmem Wetter breitet sie sich sehr rasch aus. Deshalb die Pflanzen möglichst trocken halten. Auch müssen sie mit möglichst großem Abstand gepflanzt werden, damit sie nach Regenfällen rasch abtrocknen.

Meistens tritt der erste Befall an den unteren, älteren Blättern auf. Sollten dort die Erscheinungen eines Pilzbefalls festgestellt werden, Blätter abpflücken und vernichten.

Sollten alle vorbeugenden Maßnahmen wenig Wert haben, empfiehlt der Pflanzenschutzdienst auch für den Haus- und Kleingarten die Anwendung von Euparen oder Grünkupfermittel. Die Anwendung erfolgt genau nach Gebrauchsanweisung.

Da befallene Früchte meistens nicht ausreifen, können sie in der Küche nicht mehr verwertet werden.

► Tomaten setzen keine Früchte an

Ich habe in meinem Garten ein Kleingewächshaus errichtet. In diesem Jahr kultiviere ich dort Tomatenpflanzen. Sie sind sehr schön gewachsen, blühen reichlich, doch haben sie bisher keine Früchte angesetzt. Was ist die Ursache, mangelt es am Licht? Das Gewächshaus steht an der Westseite des Hauses.

◁ Es ist wohl nicht anzunehmen, daß Lichtmangel für den unbefriedigenden Fruchtansatz verantwortlich ist. Tomaten sind Selbstbefruchter, d.h. die jeweiligen Blüten bestäuben sich mit dem eigenen Blütenstaub. Dieser muß jedoch auf die Narben übertragen werden. Im Garten ist das gar kein Problem, da die Blüten durch den Wind bewegt werden und dadurch die Pollen (Blütenstaub) auf die Narben gelangen.

Nun muß man im Kleingewächshaus ähnliche Verhältnisse schaffen. An sonnigen Tagen muß die Lüftung des Kleingewächshauses, die Türe usw. weit geöffnet werden, damit durch die Windströmung die Pflanzen bzw. die Blüten bewegt werden und so eine Bestäubung ausgelöst wird.

Mein Zusatztip

Wenn trotz geöffneter Türen und Lüftungsklappen eine Bestäubung und Befruchtung nicht stattfindet, kann man einen kleinen Trick anwenden. Um die Mittagszeit rüttelt man an den Tomatenpfählen oder Schnüren, an denen die Tomaten hochgeleitet werden. Dadurch kann sozusagen eine künstliche Bestäubung mit nachfolgender Befruchtung ausgelöst werden. Das Rütteln soll um die Mittagszeit vorgenommen werden, weil zu diesem Zeitpunkt im Kleingewächshaus der Pollen am besten stäubt, während er zu anderen Tageszeiten nicht so „flugfähig" ist.

▶ *Wie düngt man Tomaten im Kübel?*

Ich wohne in einem Penthouse mit großem Dachgartenanteil. Dort kultiviere ich den Sommer über Tomaten in Kübeln. Wie muß ich diese Pflanzen düngen, damit ich schöne, gesunde, schmackhafte Früchte ernte?

◁ Eigentlich ist es nur erforderlich, die Tomaten harmonisch mit den Kernnährstoffen Stickstoff, Phosphorsäure, Kali, Kalk, Magnesium usw. zu ernähren. Nach dem Eintopfen in eine frische Erde sollten die Pflanzen etwa ab der 3. oder 4. Woche zusätzlich mit einem üblichen Volldünger ernährt werden. Dazu kann jeder normale Blumenvolldünger in leicht löslicher mineralischer oder flüssiger Form verwendet werden. Die üblichen Konzentrationen liegen bei 0,2%. Es werden also auf 10 l Wasser 20 g oder 20 ml Dünger benötigt.

Im übrigen wird der Geschmack und die Festigkeit der Tomaten durch eine gute Kaliversorgung besonders gefördert. Will man etwas Übriges tun, kann man im Abstand von etwa einem Monat, vor allem während des Fruchtansatzes und während der Fruchtreife, eine zusätzliche Kalidüngung verabreichen. Gut geeignet ist Schwefelsaueres Kalimagnesium (Patentkali). Dieser Dünger ist chlorarm und enthält neben Kali auch noch das wichtige Magnesium. Auch hier sollte die gleiche Dosierung verwendet werden wie bei einer allgemeinen Düngung. So ernährt, wird man bestimmt gesunde, schmackhafte Früchte ernten.

▶ *Haben Tomaten giftige Inhaltsstoffe*

Besonders gut gedeihen in meinem Garten Tomaten. Nun habe ich gehört, daß die Tomatenfrüchte giftig sein sollen. Was ist Wahres an diesem Gerücht, und darf man nur eine gewisse Menge Tomatenfrüchte verzehren?

◁ Tomaten gehören zur Familie der Nachtschattengewächse (Solanaceae). Alle Pflanzen dieser Familie enthalten in ihren grünen Teilen Solanin, das schwach giftig ist und zu Magen-Darm-Reizungen führen kann. Solamit ist in den grünen Früchten enthalten. Sobald sich die Früchte jedoch rot färben, werden die Giftstoffe abgebaut, so daß sie voll genußfähig sind.

Wußten Sie...

Das Nachreifen von grünen Tomaten geschieht am besten bei Zimmertemperaturen. Licht ist dafür, wie vielfach irrtümlich angenommen wird, nicht erforderlich. Die Früchte müssen also nicht an die Sonne gelegt werden. Es kann sogar vorkommen, daß Früchte, die der Sonne ausgesetzt werden, sehr viel Wasser verdunsten und schrumpfen. Besser ist es sogar, die Früchte in Papier einzuwickeln, um die Verdunstung zu reduzieren.

▶ Tomaten säen

Nicht ganz einig bin ich mit meinem Mann über die beste Zeit zur Aussaat von Tomaten. Ich wollte die Samen jetzt schon (Ende Februar) aussäen, während er der Meinung war, daß eine Aussaat im April noch reichen würde. Wann ist die günstigste Aussaat für Tomatenpflanzen?

◁ Beim Gartenbesitzer richtet sich die Aussaatzeit nach der Möglichkeit der Anzucht. Normalerweise werden Tomaten bereits im Februar ausgesät, wenn ausreichende Anzuchtbedingungen vorhanden sind. Eine frühe Aussaat ergibt natürlich bis Anfang oder Mitte Mai kräftige, große Setzlinge, die oft schon den ersten Blütenstand ausgebildet haben. Solche Pflanzen tragen relativ früh und bringen, aufs ganze Jahr gesehen, einen hohen Ertrag.
Natürlich sollte in diesem Falle ein Kleingewächshaus oder ein Raum zur Verfügung stehen, in dem die Pflanzen mit viel Licht herangezogen werden können. Zur Not könnte man über Jungpflanzen auch eine Pflanzenleuchte hängen und so mit Kunstlicht das fehlende Sonnenlicht ersetzen. Fehlt genügend Licht, werden die Sämlinge lang und spindlig, so daß keine guten Qualitäten erzielt werden.
In diesem Falle ist es besser, die Aussaat um 3 oder 4 Wochen zu verschieben, um dann die Pflanzen bei dem in-

tensiveren Licht im März und April unter günstigeren Bedingungen im März heranzuziehen. Wichtig ist einfach, daß die Tomatenpflanzen bei der Anzucht möglichst viel Licht erhalten.
Bei einer späteren Anzucht kann man ebenfalls gedrungene und kräftige Setzlinge erzielen, die jedoch zum Zeitpunkt des Auspflanzens Anfang bis Mitte Mai noch keine Blüten gebildet haben. In diesem Falle muß eben mit einem etwas späteren Beginn der Ernte gerechnet werden. Bei früher Aussaat kann die Ernte im Freiland im ersten Drittel des Monats Juli beginnen, sonst entsprechend später. Eines muß natürlich berücksichtigt werden, daß für eine gute Weiterentwicklung der Pflanzen und einen entsprechenden Fruchtertrag auch die Witterung nach dem Auspflanzen im Garten maßgebend ist.

▶ *Tomatensetzlinge selber ziehen*

Dieses Jahr hatte ich meine Tomatensetzlinge selbst gezogen. Ausgesät habe ich im März. Gekeimt sind die Samen recht gut, aber die Pflanzen waren immer recht kümmerlich. Was soll ich im nächsten Jahr machen, damit ich auch kräftige Tomatensetzlinge erziehen kann?

◁ Eigentlich ist die Anzucht von Tomaten kein Problem. Wichtig ist nur, daß die Pflanze nach der Keimung ausreichend Licht und genügend Nährstoffe zur Verfügung hat. Tomaten zählen zu den Gemüsepflanzen, die ein hohes Nährstoffbedürfnis haben.
Ausgesät werden Tomaten ab Februar. Der Aussaattermin richtet sich nach den Möglichkeiten der Anzucht. Steht ein heizbares Kleingewächshaus oder ein heizbarer Keimkasten zur Verfügung, kann man schon im Februar beginnen, andernfalls erst im März. Das hängt auch damit zusammen, daß die Pflanzen nach der Keimung sehr viel Licht benötigen. Diese Ansprüche können bei einer Anzucht im Zimmer oder am Küchenfenster nicht immer garantiert werden. Im März steht aber die Sonne schon höher, so daß eine Anzucht auch in nicht so idealen Räumen gelingen kann. Ausgesät wird in ein humoses Substrat, am be-

sten in eine Blumenerde. Man kann aber auch Komposterde verwenden, die mit Sand und Humus, z.B. Rindenhumus oder einem ähnlichen Material lockerer und humoser gemacht wurde. Bei üblichen Zimmertemperaturen, also 18–22°C, keimen die Samen recht gut. Sofort nach der Keimung müssen die Pflanzen an helles Licht. In den Frühjahrswochen vertragen die Pflanzen auch direkte Sonne.
Hat man in Kistchen ausgesät, müssen die Pflänzchen später in Töpfen pikiert werden. Oft haben sich die Sämlinge etwas gestreckt. Beim Pikieren können sie tiefer in das Substrat gebracht werden und zwar bis zum Ansatz der Keimblätter. Das Substrat sollte ähnliche Eigenschaften haben, wie bei der Aussaat.
Nun müssen die Pflanzen an einem günstigen Platz bei etwa 18 °C weiterkultiviert werden. Um das Nährstoffbedürfnis zu decken, können die Setzlinge ab etwa 3 Wochen nach dem Pikieren ab und zu gedüngt werden. Verwendet wird üblicher Blumendünger in einer Konzentration von etwa 0,1–0,2% (1–2 g oder ml Dünger/l Wasser).
So behandelt, kann man durchaus bis Anfang oder Mitte Mai kräftige Setzlinge heranziehen, die einer „Gärtnerware“ nur wenig nachstehen müssen.

Mein Zusatztip

Manchmal werden Tomatenjungpflanzen bei einer Anzucht am Fenster trotz aller Bemühungen etwas lang. Das muß kein Nachteil sein. Beim Pflanzen in den Garten können die Setzlinge auch wieder etwas tiefer gepflanzt werden, da sich an den Stengeln in einem humosen, lockeren Gartenboden zusätzlich Wurzeln bilden und sich so die Pflanzen später normal weiterentwickeln. Wichtig ist immer, daß die Pflanzen während der ganzen Anzucht und auch später im Garten dem vollen Licht ausgesetzt sind.

▶ Tomaten mit Stengelfäule

Meine Tomaten haben eine ganz eigenartige Krankheit. Die Pflanzen welken plötzlich und sterben nach und nach ab. Jetzt habe ich mich so auf den ersten Ertrag gefreut. Seit einigen Tagen färben sich die ersten Früchte rot (August), doch scheint es mir nicht mehr möglich, daß ich die Pflanze retten kann. Um was für eine Krankheit handelt es sich, und was kann ich dagegen tun?

◁ Aufgrund des geschilderten Schadbilds kann es sich um die Tomatenstengelfäule handeln, eine pilzliche Krankheit, die durch die Didymella lycopersici verursacht wird. Diese Krankheit tritt gerne in Jahren auf, wenn das Frühjahr oder der Frühsommer relativ feucht waren und der Pilz somit gute Infektions- und Ausbreitungsmöglichkeiten hatte. Befallen wird in erster Linie der Stammgrund der Pflanze. Auf jeden Fall sollte einmal der Stengel kontrolliert werden. Dort sind meistens braune bis schwarze, oft etwas eingesunkene Flecken zu erkennen. Werden diese festgestellt, ist die Pflanze mit größter Wahrscheinlichkeit von dem genannten Pilz befallen. Er breitet sich im Gewebe des Stengels aus und verstopft die Leitungsbahnen. Dadurch kommt es zu den Absterbeerscheinungen.
Die Bekämpfung der Pilzkrankheit ist schwierig, da sich der Erreger nicht nur in den Tomatenpflanzen ausbreiten kann. Es ist auch möglich, daß er auf anderen organischen Substanzen, die sich im Boden befinden, lebensfähig bleibt. Wichtig ist auf jeden Fall, daß die Anbaufläche gewechselt wird. Auch sollen Holzpfähle, die mit stengelfäulekranken Pflanzen in Verbindung kamen, im folgenden Jahr nicht verwendet werden. Günstiger sind Drahtwellstäbe, die man vor der Wiederverwendung gründlich säubern sollte.
Hat man Sorge, daß die Krankheit im folgenden Jahr wieder auftritt, können die Tomatensetzlinge nach dem Auspflanzen mit einem Grünkupfer-Mittel gespritzt werden. Die Mittel sind im Fachhandel erhältlich und dürfen auch in Ländern, in denen ansonsten der Einsatz chemischer Pflanzenschutzmittel verboten ist, dann angewandt werden, wenn durch andere Maßnahmen kein Erfolg mehr zu erwarten ist.

▶ Topinambur, Diabetikerkartoffel pflegen?

Ich möchte in meinem Garten Diabetikerkartoffeln oder Topinambur anpflanzen. Gibt es Pflanzgut im Handel, wie führe ich die Kultur durch, und wie muß ich die Pflanzen pflegen, damit ich große Knollen ernte?

◁ Topinambur ist eigentlich eine Sonnenblume. Sie trägt den Namen Helianthus tuberosus. Der Anbau und die Pflege erfolgt ähnlich der Kartoffel. Da die Knollen frosthart sind, kann man sie von Oktober bis April pflanzen. Der Boden muß normal vorbereitet werden. An sich ist Topinambur völlig anspruchslos und gedeiht fast auf jedem Boden. Ausgesprochene Extremböden, auch ein Boden der unter Staunässe leidet, sind zu meiden. Gelegt werden die Knollen in Reihen mit Abstand von etwa 50 cm. In der Reihe beträgt der Abstand zwischen 30 und 40 cm. Die Pflanzen entwickeln sich mit normalen Pflegebedingungen, also wässern bei großer Trockenheit, düngen bei Bedarf. Bei einer starken Verunkrautung muß gejätet bzw. gehackt werden.
Die Ernte richtet sich nach der Reife der Knolle. Frühsorten können ab Ende September, späte im Oktober oder November geerntet werden. Eine Knollenlagerung ist möglich. Sie erfolgt ähnlich wie bei gelben Rüben.

▶ Wintersalat gedeiht nicht

Wir sind vor einiger Zeit umgezogen. In meinem früheren Garten habe ich alljährlich Wintersalat gepflanzt, der im Frühjahr immer einen guten Ertrag brachte. Jetzt gedeiht er mir fast nicht mehr. Selbst wenn ich schöne Setzlinge im Herbst pflanze, habe ich immer großen Ausfall. Was kann die Ursache sein, wie komme ich wieder im Frühjahr zu schönen Salatköpfen?

◁ Der Anbau von Wintersalat, also Kopfsalat, der im Herbst gepflanzt und im Frühjahr geerntet wird, kommt vor allen Dingen für milde Klimagebiete in Frage. Verwendet werden relativ frostharte Sorten, z.B. 'Maiwunder'. Im rauhen Klima kann es immer zu Ausfällen kommen.

Gefährlich ist für den Kopfsalat vor allen Dingen Kahlfrost, also frostiges Wetter ohne Schneeauflage. In diesem Falle kann es sein, daß der Kopfsalat durch die Kälte in der Nacht stark gefroren ist und am Morgen bereits die Sonnenstrahlen auf die gefrorenen Blätter scheinen. Die dadurch entstehenden starken Temperaturgegensätze können größeren Schaden verursachen.
Wichtig ist also zunächst einmal, daß die direkte Sonnenbestrahlung während der Winterwochen verhindert wird. Aus diesem Grund pflanzt man Wintersalat gerne in Rillen, die jedoch von Ost nach West verlaufen sollen. Nun sitzt der Salat etwas tiefer und die flachstehende Wintersonne kann die Pflanzen am frühen Morgen nicht treffen. Schon allein diese Maßnahme kann Ausfälle verhindern. Zum anderen sollte man vielleicht für alle Fälle etwas „Schattiermaterial“, z.B. Reisigzweige usw. bereithalten, um bei ungünstiger Witterung die Pflanzen zu schützen.
Ansonsten sollen natürlich die Standortbedingungen günstig sein. Wichtig ist ein lockerer, humoser Boden, damit die Pflanzen im Herbst rasch und tief einwurzeln können und so die ungünstige Jahreszeit besser überstehen.

▶ *Mit welchen Gemüsearten ist Zucchini verträglich?*

Im Mai möchte ich im Garten gerne Zucchini anbauen. Nun habe ich gehört, daß manche Gemüsearten miteinander verträglich und anderer wieder nicht verträglich sind. Ich möchte natürlich schon schöne Pflanzen und gesunde Früchte ernten. Mit welchen Gemüsearten vertragen sich Zucchini nicht?

◁ Es gibt in der Tat Gemüsearten, die miteinander verträglich sind, während sich andere nicht vertragen. Diese Besonderheiten sollte man beim Anbau im Garten berücksichtigen.
Für Zucchini gibt es keine ausgesprochenen schlechte Nachbarn, andererseits vertragen sich Zucchini offensichtlich gut mit Rote Rübe, Stangenbohne und Zwiebel. Es sind also im Anbau keine besonderen Gemüsearten auszugrenzen.

BALKON

Garten auf kleinem Raum

Bedingt durch die dichte Bebauung in Städten und Dörfern ist es vielen Bürgern nicht mehr vergönnt, mit der Natur im Garten in Berührung zu kommen. Auf engstem Raum werden deshalb Pflanzen, meist Sommerblumen, aber auch Gehölze, manchmal Gemüse und Kräuter auf dem Balkon, der Terrasse oder Loggia kultiviert. Neuerdings kommt die Dachterrasse hinzu, die ein klein wenig das Gefühl eines Gartens auf kleinem Raum vermittelt.

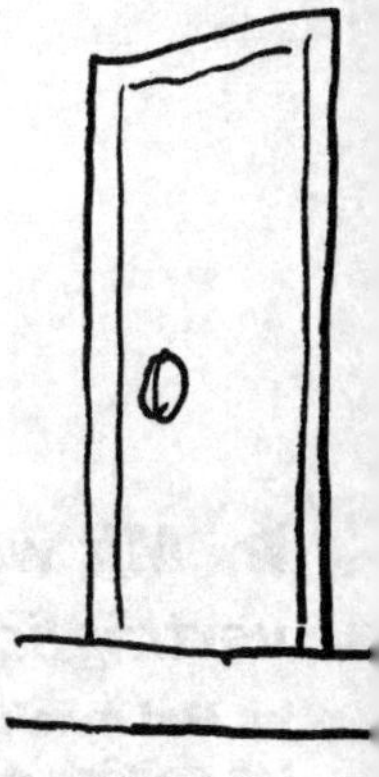

und TERRASSE

► Abutilon (Schönmalve) überwintern und vermehren?

Ich habe mir ein Hochstämmchen einer Schönmalve (Abutilon) zugelegt. Sie hat jetzt mehrere Triebe. Muß ich die Krone vor dem Einwintern zurückschneiden (Oktober)? Und kann ich die abgeschnittenen Triebe jetzt noch vermehren? Wie muß ich die Pflanze am besten überwintern?

◁ Schönmalven werden durch krautige Stecklinge vermehrt. Der beste Zeitpunkt ist normalerweise im Spätwinter bzw. zeitigen Frühjahr. Die Stecklinge benötigen zur Bewurzelung eine Bodentemperatur von 20–25 °C. Als Substrat eignet sich ein Torf-Sandgemisch. Natürlich kann bei einem Rückschnitt der Triebe jetzt im Oktober eine Vermehrung probiert werden. Da jedoch das Licht um diese Zeit stark abnimmt, kann unter Umständen der eine oder andere Steckling keine Wurzeln mehr bilden.

Überwinterung der Schönmalve geschieht am besten in einem hellen Raum bei Temperaturen zwischen +5 und 20 °C. Wichtig ist, daß die Pflanzen möglichst viel Licht haben. Je wärmer der Raum ist, um so heller müssen die Pflanzen stehen. Steht z.B. ein heller Wintergarten zur Verfügung, kann die Schönmalve sogar den Winter über weitere Blüten ausbilden. Ein Rückschnitt der Triebe ist beim Einräumen ins Winterquartier möglich. Bei Bedarf müssen neue Austriebe im Frühjahr einmal gestutzt werden.

Mein Zusatztip

Die Schönmalve gilt als Dauerblüher. Steht ein sehr heller, temperierter Raum zur Verfügung (Wintergarten), kann die Pflanze dort als Dauerblüher ganzjährig gehalten werden. Das Gießen und Düngen ist immer auf die jeweiligen Licht- und Temperaturverhältnisse abzustimmen.

Wußten Sie...

daß es neben der üblichen Schönmalve (Abutilon-Hybriden) auch noch die Art A. megapotanicum gibt, die an dünnen, überhängenden Trieben attraktive Blüten ausbildet. Sie bestehen aus einem „aufgeblasenen“, tief purpurroten Kelch sowie hellgelben, am Grunde purpurnen Kronblätter.

▶ Abutilon (Schönmalve) wirft die unteren Blätter ab

Im Frühjahr habe ich mir eine Schönmalve zugelegt. Die Blätter sind sehr zierend, und jetzt im Sommer haben sich zahlreiche orangefarbene Blüten gebildet. Nun stelle ich fest, daß die Pflanze die unteren Blätter abwirft. Woher kann der Blattfall kommen, fehlt es der Pflanze an Nährstoffen?

◁ Es ist schwierig, durch Ferndiagnose die genaue Ursache des Schadens festzustellen. Denkbar ist es aber, daß in der Tat Nährstoffe fehlen. Wurde die Pflanze im zeitigen Frühjahr in einer Gärtnerei in den jetzt noch vorhandenen Blumentopf gesetzt, können die Nährstoffe bis zum Sommer verbraucht sein. Einmal benötigt die Pflanze selbst reichlich Nährstoffe zum Wachstum, andererseits werden auch immer wieder Nährstoffe durch das häufige Gießen ausgewaschen.

Auf jeden Fall sollte möglichst umgehend eine Düngung erfolgen, da jetzt noch (August) Reservenährstoffe für den Reifeprozess im Herbst und für den Winter aufgebaut werden müssen. Gedüngt wird mit leicht löslichen Blumendüngern in fester oder flüssiger Form. Empfehlenswert ist ein flüssiger Dünger in einer Konzentration von 0,2% (2 ml/l Wasser). Eine Wiederholung der Düngung in etwa 10 Tagen sollte auf jeden Fall erfolgen.

Läßt der Blattfall nach, wurde die Ursache richtig erkannt und der Schaden behoben. Nun kommt es darauf an, wie die Pflanze weiterkultiviert wird. Soll sie auch im Winter im geschützten Raum bei 15–18°C stehen und weiterwachsen, kann auch später eine Düngung erfolgen. Wird die Abutilon aber in einem kühlen Raum überwintert, so daß kein Wachstum mehr stattfindet, sollte die Düngung so etwa im September eingestellt werden, damit die Triebe ausreifen können.

▶ Annona (Cherimoya)

Von einem Urlaub in Teneriffa brachte ich eine Cherimoya mit nach Hause. Ich möchte diese Pflanze hier bei uns weiterkultivieren. Ist das möglich, und kann sie bei uns auch Früchte ausbilden?

◁ Die Kultur einer Cherimoya (Annona cherimola) ist bei uns schon etwas ungewöhnlich. Die Pflanze ist in tropischen Gebieten Amerikas beheimatet und in der Kultur anspruchsvoll. Keinesfalls kann die Pflanze im Garten kultiviert werden, da sie nicht winterhart ist. Eine Möglichkeit ist, sie als Kübelpflanze zu halten, wobei sie vor allen Dingen sehr viel Licht benötigt. Durch die heimatlichen Bedingungen im Hochland von Peru ist sie eine intensive Sonnenbestrahlung gewöhnt.

Ab Mitte oder Ende Mai bis Ende September kann die Pflanze an einen vollsonnigen, geschützten Standort im Garten oder auf der Terrasse stehen. Ehe die ersten Nachtfröste auftreten, muß sie ins Winterquartier gebracht werden. Auch hier kann sie nicht im dunklen Keller aufgestellt werden. Sie benötigt einen sehr hellen Standort. Am besten wäre ein glasbedachter Wintergarten oder ein beheiztes Kleingewächshaus. Die Temperaturen sollen auch im Winter möglichst nicht unter 15 °C absinken.

Ansonsten stellt die Cherimoya keine besonderen Ansprüche. Während im allgemeinen Kübelpflanzen einen nährstoffhaltigen Boden benötigen, wünscht diese Pflanze einen mehr sandigen, nicht so nährstoffreichen Boden. Das Substrat kann mehr einer Kakteenerde entsprechen. Gegossen werden muß vorsichtig, da die Wurzeln sehr empfindlich sind. In ihrer Heimat ist die Pflanze an Trockenheit gewohnt. Deshalb ist eher sparsam als zu viel zu gießen.

Wußten Sie...

In Feinkostgeschäften werden gelegentlich vom Winter bis Frühjahr die schuppigen Früchte angeboten. Sie enthalten schwarze Samenkörner, die man auch einmal versuchsweise aussäen kann.

▶ *Balkonpflanzen und Geranien mit Raupen*

An meinen Geranien hatte ich im vergangenen Jahr eine auffallende Raupeninvasion. Zunächst wurde nur festgestellt, daß die Blätter in Bodennähe angefressen waren, später auch die Stengel dicht unterhalb der Erdoberfläche. Ähnliche Schäden wurden auch an anderen Balkonpflanzen beobachtet. Später wurden plumpe Raupen gefunden, die grau oder bräunlich gefärbt waren und etwa 4–5 cm lang wurden. Wir haben sie abgesammelt, trotzdem ging der Schaden immer weiter. Was muß ich dieses Jahr beachten, daß die Raupen nicht mehr auftreten?

◁ Wahrscheinlich handelte es sich um sogenannte Erd- oder Eulenraupen. Sie haben etwa das von ihnen geschilderte Aussehen und treten nach dem Puppenstadium im Frühjahr fast den ganzen Sommer über auf. Es handelt sich dabei um die Larvenstadien verschiedener Eulenfaltern, ebenfalls etwas plumpen Faltern, die mehr oder weniger graubraun gefärbt sind und charakteristisch gezeichnete Flügel besitzen. Sie schwärmen vor allen Dingen abends und in der Nacht. Ihre Eier legen die Falter vom Frühsommer bis zum Sommer auf die Unterseite der Blätter von Unkräutern ab. Die schlüpfenden Raupen ernähren sich von jungen Pflanzen, wobei sie Pflanzenteile in Bodennähe bevorzugen.
Auch die Raupen sind Nachttiere, weshalb man sie tagsüber kaum zu sehen bekommt. Der Schaden kann, treten die Tiere in großen Mengen auf, beträchtlich sein, ansonsten hält sich jedoch der Schaden in Grenzen.
Die Bekämpfung ist etwas schwierig. Am besten ist es, wenn man die Tiere am frühen Morgen absammelt, ehe sie wieder in ihren Erdverstecken verschwinden. Sie halten sich meist in der Nähe der Fraßpflanzen auf. Durchwühlt man die Erde in der Nähe der gerade abgefressenen Pflanzen etwas um, wird man die Raupen meistens entdecken. Eine andere Bekämpfung ist relativ schwierig, da das biologische Raupenspritzmittel auf der Basis von Bacillus thuringiensis gegen Eulenraupen keine ausreichende Wirkung zeigt.

► Banane

Ich kultiviere eine Banane im Kübel. Kann ich damit rechnen, daß sich Früchte entwickeln?

◁ Als Kübelpflanze wird sehr häufig die sogenannte Zierbanane, Ensete ventricosum, verwendet. Es kommen aber auch die Zwergbanane (Musa acuminata) und andre Arten in Frage.

Eine Blütenbildung ist bei einer Kultur im Kübel nach 4–5 Jahren möglich, vorausgesetzt die Pflanzen können immer optimal gepflegt und auch richtig überwintert werden. Sie brauchen im allgemeinen einen sehr hellen Standort und mäßige Temperaturen. Eigentlich sind die verschiedenen Bananenarten typische Wintergartenpflanzen.

Sollten sich Blütenschäfte gebildet haben, kann es auch zu einer Fruchtbildung kommen. Die Früchte selbst bleiben oft sehr klein und sind nicht genießbar.

► Begonia überwintern

Den Sommer über habe ich Knollenbegonien im Balkonkasten und einer Schale kultiviert. Die Pflanzen haben sich prächtig entwickelt und bis in den Spätherbst hinein geblüht. Wie kann ich die Knollen fachgerecht überwintern, damit sie im nächsten Jahr austreiben und die Pflanzen zum Blühen kommen?

◁ Am besten ist es, wenn die Knollenbegonien entweder vor oder nach dem ersten Herbstfrost vorsichtig aus dem Pflanzgefäß genommen und die Erde aus den Wurzeln geschüttelt wird. Dann werden sie ein oder zwei Tage zum Nachtrocknen an einen geschützten Platz gelegt, damit auch die restlichen Nährstoffe aus den vielleicht noch grünen oberirdischen Pflanzenteilen in die Knolle zurück-

Mein Zusatztip

Alte, große Knollen kann man im Frühjahr vor dem Auslegen mit einem scharfen Messer teilen. Dabei beachten, daß jedes Knollen-Teilstück ein oder mehrere „Augen“ besitzt, aus dem sich die jungen Triebe bilden.

fließen können. Anschließend werden die oberirdischen Stengelteile knapp über den Knollen abgeschnitten und die Knollen von Wurzelresten und Erde gesäubert.
Sobald die Knollen ganz abgetrocknet sind, kommen sie in den Überwinterungsraum. Da Knollenbegonien empfindlich sind gegen zu trockene Luft, werden sie am besten in ein Kistchen in trockenen Torfmull eingeschlagen. Auch das Einwickeln in Zeitungspapier oder ähnliches Material hat sich als günstig erwiesen. So verdunsten die Knollen kaum Feuchtigkeit und überstehen den Winter in einem Lagerraum bei etwa 12–15 °C am besten. Im zeitigen Frühjahr (Ende März, Anfang April) werden die Knollen aus dem Überwinterungsraum genommen und in Kistchen, Schalen oder Töpfen in eine lockere, humose Erde gepflanzt. Sie können in einem hellen, luftigen Raum angetrieben und nach den Eisheiligen wieder ausgepflanzt werden. Durch das Antreiben erhält man schon bis Anfang oder Mitte Mai kräftige Jungpflanzen. Zur Anzucht im Frühjahr ist relativ viel Licht erforderlich. Jedoch sind die Pflanzen vor direkter Mittagssonne zu schützen.

▶ *Bougainvillea*

Seit 2 Jahren besitze ich eine Bougainvillea, die bei mir offensichtlich gut gedeiht. Nun habe ich sie nach der Blüte zurückgeschnitten und mit Erfolg überwintert. Der Blütenflor setzte aber in diesem Jahr sehr spät ein. Wie soll ich die Pflanze behandeln, daß sie zu einem großen Busch heranwächst?

◁ Heimatbedingt liebt die Pflanze einen warmen, sonnigen, luftigen, möglichst zugfreien Standort. Den Sommer über kann man sie auch als Topf- oder Kübelpflanze im Freien halten. Vor praller Mittagssonne ist sie zu schützen. Während der Hauptwachstumszeit im Sommer gleichmäßig feucht halten, Staunässe vermeiden, bei Bedarf mit einer schwachen Düngerlösung zusätzlich ernähren. Generell liebt die Pflanze eine gewisse Gleichmäßigkeit in allen Kulturbedingungen.
Ab Mitte Oktober kommt die Pflanze ins Winterquartier. Günstig ist ein heller, aber nur mäßig temperierter Raum.

Günstig sind Temperaturen von 10 – 15 °C und nur mäßige Feuchtigkeit im Wurzelballen. Die verschiedenen Sorten können in einem hellen Wintergarten auch bei höheren Temperaturen überwintert werden. Dann blühen manche Sorten sogar im Winter. Auch ein nicht so heller Standort im Winter ist möglich, wenn die Temperatur auf 6 – 8°C absinkt. In diesem Falle stellt sich die Pflanze auf eine gewisse Winterruhe ein und wirft das Laub ab.
Bereits im Februrar oder März beginnt die Pflanze mit dem neuen Austrieb. Jetzt muß sie sehr hell gestellt werden, damit die Triebe kurz und gedrungen bleiben. Die Wassergaben sind über Winter der Temperatur anzupassen. Im kühlen Überwinterungsraum wird nur ganz spärlich gewässert. Verpflanzt wird bei Bedarf (jährlich nicht notwendig) am Ende der Ruhezeit, am besten im Frühjahr. Verwendet wird eine lockere, durchlässige Blumenerde mit einem Reaktionsgrad von pH 6,5.
Zurückgeschnitten werden die Triebe des vergangenen Jahres in der Regel im zeitigen Frühjahr um mindestens ein Drittel. Gleichzeitig werden überlange Triebe so weit zurückgenommen, daß an jedem Trieb nur noch 2 oder 3 Augen stehen bleiben. Auf diese Weise kann der Strauch seine gute Form behalten. Alle Schnittmaßnahmen richten sich im wesentlichen nach der allgemeinen Entwicklung der Pflanze.
Die Bildung von Floreszensen wird durch Sonne gefördert. Deshalb ist den Pflanzen vor allen Dingen in den Frühjahrswochen ein vollsonniger Standort zu geben.

Mein Zusatztip

Sorten mit glatten Blättern sind wesentlich robuster und für eine Kübelpflanzenkultur besser geeignet. Dagegen haben Sorten mit behaarten Blättern oft die größeren Blütenstände und intensivere Farben. Sie benötigen jedoch höhere Temperaturen und eignen sich zum Auspflanzen in mäßig temperierte Wintergärten.

Wußten Sie...

daß die 3 auffallend gefärbten „Blütenblätter" eigentlich Hochblätter oder Brakteen darstellen. Sie umgeben die relativ unscheinbaren, meistens cremeweißen Blüten.

► Chrysanthemum (Margeriten überwintern)

Ich besitze ein Margeriten-Bäumle (Margeriten-Hochstamm), das sich sehr gut entwickelt hat und bis zum Herbst reich blühte. Wie kann ich dieses Stämmchen am besten überwintern?

◁ Margeriten-Hochstämme zählen zu den beliebtesten, sommerblühenden, aber nicht winterharten Kübelpflanzen. Die Überwinterung ist nicht ganz einfach. Sie gelingt, wenn bestimmte Voraussetzungen erfüllt werden können. Zunächst ist es sinnvoll, die Triebe beim Einräumen in das Winterquartier um etwa 1/3 bis 1/2 zurückzuschneiden, um die Wasserverdunstung einzudämmen. Oft kommt es im Winter zu Schäden, wenn die Pflanzen durch ihre Ruhezeit zu wenig Wasser aufnehmen.
Als Winterquartier ist ein möglichst heller und kühler Raum erforderlich. Ideal wäre ein Wintergarten oder ein Kleingewächshaus. Ansonsten kommt ein heller Platz im Treppenhaus, eine Garage mit Fenster usw. in Frage. Die Temperaturen sollten sich zwischen 5 – 12 °C bewegen. Aufgrund der niederen Temperaturen muß auch sehr spärlich gegossen werden. Oft genügt ein Gießen im Abstand von etwa 3–4 Wochen. Staunässe ist gefährlich, da Wurzeln schnell in Fäulnis übergehen.
Nach der Überwinterung, also etwa Ende März oder Anfang April, wird die Krone des Bäumchens nochmals in Form geschnitten und über Winter abgestorbene Zweige entfernt. Verpflanzt wird ebenfalls im Frühjahr.

▶ *Citrus (Zitronenbäumchen)*

Ich habe aus Samen Zitronen- und Orangenbäumchen herangezogen. Kommen diese Büsche bei mir zum Blühen und Fruchten?

◁ Die meisten Zitrusgewächse werden durch Veredlung vermehrt. Es handelt sich dabei um ausgewählte Sorten, ähnlich unseren Apfel- oder Birnbäumen. Manche Citrus-Arten werden auch durch Stecklinge vermehrt, sofern diese Vermehrungsart den gewünschten Erfolg bringt.
Es ist natürlich möglich, Zitronen- oder Orangenbüsche bzw. -stämmchen aus Samen heranzuziehen. Unter günstigen Bedingungen muß man aber damit rechnen, daß frühesten nach 6 (oft auch 10 – 15 Jahre) Jahren die ersten Pflanzen blühen. Da das Erbgut dieser Sämlinge nicht bekannt ist, können sich die Pflanzen in der Blüten- und Fruchtentwicklung sehr unterschiedlich verhalten.

▶ *Sonne oder Schatten für Citrus (Zitronenbäumchen)*

Ich habe mir ein Zitronenbäumchen zugelegt. Welche Ansprüche stellt diese Pflanze an das Licht? Kann ich es im Schatten kultivieren, oder braucht es volle Sonne?

◁ Die Heimat der Zitronen und Orangen ist Südostasien, vorwiegend Indien und der Malaiische Archipel. Heimatbedingt wünschen alle Citrus-Arten einen geschützten, möglichst vollsonnigen Standort im Garten, auf der Terrasse oder dem Balkon. Auch über Winter ist ein möglichst heller Standort wichtig. Die Temperaturen können in dieser Jahrezeit bis auf 5 – 3°C absinken. Je kühler der Standort ist, um so vorsichtiger muß man mit dem Giessen sein.

Wußten Sie...

daß in führeren Zeiten Zitronen als Zeichen von Trauer und Tod galten? Gab man einem Verstorbenen das letzte Geleit, wurde von den Trauernden eine Zitrone in der Hand getragen.

► *Citrus (Zitronenbäumchen) überwintern*

Im vergangenen Frühjahr erhielt ich ein Zitronenbäumchen als Geschenk. Wie muß ich die Triebe beschneiden, damit die Krone nicht zu groß wird, wann und wie muß ich umtopfen, und wie erfolgt die richtige Überwinterung? Augenblicklich steht die Pflanze im hellen Schlafzimmer.

◁ Zitronenbäumchen wünschen zunächst während der Vegetationszeit einen geschützten, sonnigen, möglichst warmen Platz im Garten, auf dem Balkon oder der Terrasse. Während der Vegetationszeit wird gleichmäßig gegossen und ab und zu einmal gedüngt.

Damit die Pflanze nicht zu groß wird, müssen die Triebe ab und zu beschnitten werden. Einzelne, stark wachsende Triebe, können jederzeit eingekürzt werden. Dadurch wird auch gleichzeitig die Verzweigung angeregt, so daß die Krone ein buschige Form erhält. Bei Zitronenbäumchen werden ansonsten im Frühjahr vor dem Austrieb die vorjährigen Zweige um ein bis zwei Drittel ihrer Länge zurückgeschnitten. Bei Büschen werden meistens vor dem Austrieb die störenden Äste herausgeschnitten und die Pflanze insgesamt etwas formiert.

Über Winter kommt die Pflanze in einen möglichst kühlen, hellen Raum. Es genügen Temperaturen um 3–5°C. In diesem Falle nur so viel gießen, daß der Wurzelballen nicht völlig austrocknet. Von der Gattung Citrus gibt es zahllose Arten und Sorten. Neben der echten Zitrone (Citrus limon) werden als Kronenbäumchen gerne Orange (C. sinensis), Calamondin (x Citrofortunella mitis), Pampelmuse (C. maxima), Mandarine (C. rediculata), Kumquat (Fortunella), Bitterorange (Poncirus trifoliata) usw. kultiviert. Verschiedene dieser Gattungen und Arten, z.B. Calamondin, Pampelmuse usw. wünschen zum Überwintern eine etwas höhere Temperatur von etwa 12–16 °C. Grundsätzlich gilt die Regel: Je wärmer der Standort, desto heller muß der Platz sein.

Verpflanzt wird im Frühjahr, etwa März oder April. Doch muß nicht jedes Jahr umgetopft werden. Ein Abstand von 3–5 Jahren ist ausreichend.

► Cobaea (Glockenrebe) blüht nicht

Ich habe im Frühjahr eine Glockenrebe gekauft, die jedoch das ganze Jahr nicht zum Blühen kam (Oktober). Ist diese Pflanze zweijährig, wie soll ich sie weiterkultivieren?

◁ Cobaea scandens, die Glockenrebe, ist in den tropischen Zonen Mexikos beheimatet und dort ein ausdauernder, kletternder Halbstrauch. Bei uns in Mitteleuropa wird die Pflanze als einjährige Kletterpflanze kultiviert. Damit die Pflanzen zum Blühen kommen, sollte die Aussaat bereits Anfang März vorgenommen werden. Sämlinge und Jungpflanzen sind im Kleingewächshaus oder an einem sehr hellen Zimmerfenster zu kultivieren. Bis zum Auspflanzen Mitte Mai sollten sich bereits 70 bis 100 cm lange Triebe gebildet haben. Nun kann es sein, daß die Pflanzen beim Setzen noch zu klein waren. Auch ein ungünstiger Standort kommt in Frage. Eine gute Weiterentwicklung mit Blütenansatz erreicht man, wenn die Pflanzen in warmer, möglichst vollsonniger Lage ausgepflanzt werden. Außerdem ist ein nährstoffreicher, humoser Boden notwendig.

► Datura (Engelstrompete) blüht nicht

Ich pflanze im Frühjahr immer wieder meine Datura (Engelstrompete) im Garten aus. Sie entwickelt sich prächtig, treibt Stengel und Blätter, blüht jedoch nicht. Was ist die Ursache? Was muß ich machen, daß die Pflanze im Garten zum Blühen kommt?

◁ Warum die Engelstrompete nicht blüht, kann verschiedene Ursachen haben. Zum einen sollte man die Datura so zeitig als möglich aus dem Winterquartier an einen hellen Standort auf der Terrasse oder im Garten bringen, damit sich die neuen Triebe mit den Blütenknospen bilden können. Ideal wäre eine Überwinterung im Wintergarten, wo die Pflanze auch während der dunklen Jahreszeit ausreichend Licht erhält. Andererseits muß man berücksichtigen, daß die überwinterte Pflanze frostempfindlich ist und durch stärkere Spätfröste geschädigt werden kann.

Kommt jedoch die Pflanze zu spät ins Freie, fehlt der Lichtreiz zur Induktion von Knospen und Blüten.
Außerdem ist sehr wichtig, daß die Pflanze ausreichend mit Nährstoffen versorgt wird. Im normalen Fall bilden sich Knospen immer dann, wenn sich am neuen Trieb 2 Blätter gebildet haben. Deshalb muß die Trieb- und Blattbildung, einschließlich der Entwicklung von Blütenknospen durch ausreichend Nährstoffe gewährleistet sein.
Durch einen zu starken Rückschnitt im Winter kann es Probleme mit dem Austrieb im Frühjahr geben, auch kann dann die Blütenbildung zumindest verzögert werden.
Eine andere Möglichkeit kommt z.B. bei der gelb- bis orangeblühenden Datura (Brugmansia) in Frage (B.sanguinea). Sie blüht am besten im Sommer bei Temperaturen zwischen 10 und 16 °C. Bei Temperaturen über 22 °C wird die Blütenentwicklung gehemmt.
Auf jeden Fall sollte das hohe Lichtbedürfnis der „Datura" beachtet werden.

► *Datura-Jungpflanzen überwintern*

Im Sommer habe ich eine Engelstrompete (Datura) durch Stecklinge vermehrt. Sie haben sich gut bewurzelt. Wie soll ich die jungen Pflanzen jetzt überwintern?

◁ Am besten topft man die bewurzelten Stecklinge in eine nährstoffreiche Erde und gibt den Jungpflanzen einen hellen Standort im temperierten Raum. Will man gleich im ersten Jahr einen kräftigen Zuwachs erzielen, sollte man die Jungpflanzen mehrmals in größere Töpfe verpflanzen.
Wie zur allgemeinen Überwinterung wählt man ebenfalls einen hellen Standort. Am besten geeignet ist natürlich ein Wintergarten oder ein Kleingewächshaus, ansonsten ein Fensterplatz im geschützten Raum. Die Temperaturen können auf 12 – 18 °C eingestellt werden. Da die Pflanzen in diesem Falle keine Ruheperiode durchmachen, müssen sie immer wieder bei Bedarf gewässert werden. Doch müssen die Wassergaben auf die Jahreszeit und die Bedürfnisse der jungen Pflanzen eingerichtet werden. Staunässe ist zu vermeiden. Sofern das Substrat nicht besonders

nährstoffreich ist, können zusätzliche Düngergaben die Entwicklung fördern. Am besten verwendet man 0,1 bis 0,15%ige Düngerlösungen, also 1 bis 1,5 g bzw. ml Dünger/l Gießwasser.
Die Pflanzen bleiben so lange im geschützten Raum, bis sie im späten Frühjahr ins Freie gebracht werden können. Vorsicht, die jungen Pflanzen sind frostempfindlich. Deshalb ist ein ständiger Standort im Freien meistens erst nach den Eisheiligen Mitte Mai möglich. Werden sie früher ins Freie gestellt, müssen sie, sobald die Temperaturen unter 10 °C absinken, wieder in den geschützten Raum zurückgebracht werden.

▶ *Datura (Brugmansia) wirft Blätter ab*

Meine Datura (Brugmansia) wirft jetzt schon alle Blätter ab (November). Ist das eine normale Erscheinung, oder habe ich in der Pflege etwas falsch gemacht?

◁ Das Abwerfen der Blätter ist eigentlich völlig normal. Engelstrompeten (Datura, Brugmansia) können in einem kühlen Raum bei etwa 5–8 °C überwintert werden, der normalerweise hell sein soll, aber notfalls auch dunkel sein darf.
Hat die Engelstrompete nun die Blätter abgeworfen, muß nur die Feuchtigkeit mäßig dosiert werden. Da keine Verdunstungsfläche mehr da ist, wird auch kaum mehr Wasser benötigt. Es ist jedoch andererseits ein völliges Austrocknen des Wurzelballens zu vermeiden.
Wichtig ist nur, daß die Pflanze im Frühjahr rechtzeitig aus dem Winterquartier genommen und an einem hellen Platz aufgestellt wird. Kommt sie zu spät aus dem Winterquartier, ist es möglich, daß die Pflanze erst recht spät, vielleicht sogar überhaupt nicht, zum Blühen kommt.
Nicht abgeworfen werden die Blätter bei einer sogenannten warmen Überwinterung. In diesem Falle ist es am besten, wenn die Engelstrompete bei 10–12 °C gehalten wird, dann muß jedoch der Überwinterungsraum sehr hell sein. Ideal ist in diesem Falle ein Wintergarten. Die Pflanze wächst dann auch im Winter immer etwas weiter.

▶ *Datura vermehren*

Seit Jahren besitze ich eine prächtige Datura (Engelstrompete, Brugmansia). Nun möchte ich sie gerne vermehren. Wie gehe ich am besten vor?

◁ Engelstrompeten können vegetativ durch Stecklinge oder generativ durch Samen vermehrt werden. Wollen sie ihre Pflanze durch Stecklinge vermehren, erzielt man das beste Bewurzelungsergebnis im Frühjahr und Sommer. Verwendet werden krautige Kopfstecklinge, die möglichst aus der Blühregion der Pflanze entnommen werden sollen. Ein Steckling soll etwa 15 cm lang sein. Er wird in ein Gemisch aus Torf und Sand etwa 3 cm tief gesteckt. Um ein vorzeitiges Welken zu verhindern, stülpt man über den Steckling eine durchsichtige Plastikfolie. Beste Bewurzelungstemperatur liegt bei etwa 18 °C. Die Bewurzelungsdauer liegt bei etwa 3 Wochen.
Manche Liebhaber haben auch gute Erfahrungen mit einer Bewurzelung in einer wassergefüllten Flasche erzielt.
Auch Aussaat ist möglich. Die Samen werden in humose Erde ausgesät und gleichmäßig feucht gehalten. Die Temperatur zur Keimung soll etwa 20 °C betragen. Die Keimdauer liegt zwischen 2 und 3 Wochen. Meistens muß jedoch einige Jahre gewartet werden, bis ein Sämling zum Blühen kommt. Eine aus Samen herangezogene Jungpflanze blüht oft erst dann, wenn sie über einen Meter groß geworden ist.

► Datura (Engelstrompete) überwintern

Jetzt, im Dezember, habe ich noch eine blühende Engelstrompete. Wie kann ich diese Kübelpflanze am besten überwintern?

◁ Die Mehrzahl der Datura-(Brugmansia)-Arten kann man auf zweierlei Art und Weisen überwintern:
1. Eine kühle Überwinterung kommt in Frage, wenn die Kübelpflanze in völliger Wachstumsruhe die Wintermonate überdauern soll. Man läßt sie in diesem Falle so lange wie möglich im Freien, um sie schon möglichst schonend auf den Winter vorzubereiten. Eingeräumt wird die Pflanze kurz vor Frostbeginn in einen kühlen Raum, in dem etwa 5–8°C gehalten werden können. Der Raum kann hell oder dunkel sein, weil sich die Pflanze auf eine fast völlige Winterruhe einstellt.
Im zeitigen Frühjahr muß die Pflanze, sobald nicht mehr mit strengen Frösten zu rechnen ist, ins Freie gebracht und zu neuem Leben angeregt werden. Nur bei zeitigem Aufstellen im Freien oder in einem kühlen, aber sehr hellen Raum, kommt die Datura wieder im Sommer zum Blühen. Kommt die Pflanze zu spät aus der Winterruhe, setzt der Blütenflor meistens erst im folgenden Herbst ein.
2. Eine warme Überwinterung ist möglich, sofern man einen sehr hellen Raum besitzt (Wintergarten, beheiztes

Mein Zusatztip

Oft trocknet während der Winterruhe ein Teil der Triebe von der Spitze her ein. Sie werden im Spätwinter herausgeschnitten. Ein zu kräftiger Rückschnitt der Äste und Zweige bis in den vegetativen Bereich verzögert oft die Knospenbildung im folgenden Jahr. Ein kurzer Rückschnitt im Bereich der oberen Seitenknospen verzögert die Blüte jedoch kaum.

Wußten Sie...

daß die Engelstrompeten reich an Alkaloiden und anderen Inhaltsstoffen sind. Während diese in früheren Jahrhunderten von Indianerstämmen als Halluzinogen benutzt wurden, werden diese Alkaloide in der modernen Medizin wegen ihre krampflösenden Wirkung in verschiedenen Medikamenten genutzt.

Kleingewächshaus usw.). Der Überwinterungsraum sollte gut belüftbar sein und Temperaturen von etwa 12–18 °C aufweisen. Eingeräumt wird, wenn die herbstlichen Temperaturen unter 10–12 °C absinken. Dies ist in der Regel Mitte bis Ende Oktober der Fall. Während der Wintermonate werden die Pflanzen mäßig feucht gehalten. Sie machen also keine typische Winterruhe durch.
Ins Freie gebracht wird die Datura meistens erst Anfang bis Mitte Mai, wenn keine Nachtfröste mehr auftreten, da die Pflanze nach warmer Überwinterung empfindlich ist.
Einige Datura-Arten blühen bei warmer Überwinterung auch während der lichtarmen Jahreszeit. Dies trifft vor allen Dingen für Brugmansia sanguinea zu.

► *Fuchsia (Fuchsien) blühen nicht*

Ich habe Fuchsien in einen Balkonkasten gepflanzt. Sie wachsen sehr gut, blühen aber nicht. Obwohl es jetzt schon Juli ist, bin ich in Sorge, ob die Pflanzen noch zum Blühen kommen. Vor dem Haus steht ein mächtiger Baum mit einer großen Krone. Kann dieser Baum ein Blühen der Fuchsien verhindern?

◁ Obwohl Fuchsien zu den schattenliebenden Balkon- und Beetpflanzen zählen, brauchen sie zur Induktion, also zum Knospenansatz, eine gewisse Lichtintensität. Der Standort soll also hell, jedoch nicht vollsonnig sein. Am geeignetsten sind freie Ost- oder Westlagen.
Es kann also durchaus sein, daß durch das dichte Blätterdach die Pflanzen keine Knospen ansetzen, sondern nur vegetativ wachsen.
Vielleicht sollten Sie einmal probieren, den Balkonkasten an eine günstigere Stelle zu bringen, um so doch noch die Pflanzen zum Blühen anzuregen.

Mein Zusatztip

Mit relativ wenig Licht kommen auch die Fleißigen Lieschen aus. Vielleicht sollte an einem solchen Standort im folgenden Jahre einmal ein Versuch mit diesen Pflanzen gemacht werden. Auszuwählen sind Sorten von Impatiens walleriana.

► Fuchsia (Fuchsien) mit Dickmaulrüßler

Einige meiner selbst gezogenen Fuchsien haben vor einiger Zeit getrauert und sind dann, trotz intensiver Pflege, abgestorben. Weitere Pflanzen folgten. Nun habe ich die toten Pflanzen aus dem Topf genommen und die Wurzeln untersucht. Sie waren alle abgefressen, und in der Erde fand ich engerlingähnliche Larven. Was sind das für Tiere, und was kann ich dagegen tun?

◁ Es handelt sich bei diesem Schädling sicherlich nicht um Engerlinge, sondern um die ähnlich aussehenden Larven des Dickmaulrüßlers. Dieser Rüsselkäfer legt seine Eier sehr gerne in humose Erden, z.B. Komposterde und die ausschlüpfenden Larven leben zunächst von verrottenden organischen Pflanzenteilen, später aber auch von Wurzeln der Sommerblumen, Gehölzen und Stauden. Sie sind sehr gefräßig und können die „Futterpflanzen" zum Absterben bringen.

Vermutlich sind die Dickmaulrüßlerlarven durch die verwendete Komposterde in die Töpfe gelangt. Dort ernähren sie sich nun von den Wurzeln der Pflanzen. Sie können sogar die Stengel an der Basis abfressen.

Während man früher chemische Pflanzenschutzmittel zur Bekämpfung einsetzte, kann man darauf heute verzichten. Es ist möglich, zur Bekämpfung Nützlinge einzusetzen und zwar parasitäre Nematoden (Älchen, Fadenwürmer). Besonders bekannt sind Präparate mit der Nematodenart Heterorhabditis, die parasitisch von bestimmten Insekten leben. Dazu gehören auch die Dickmaulrüßlerlarven.

Die Mittel werden auf Schwämmen oder Kunststoffflocken geliefert und müssen in Wasser ausgeschwemmt werden. Anschließend werden mit der Lösung die Pflanzen angegossen. Sicher ist es sinnvoll, alle ihre Fuchsien oder auch andere Balkon- und Zimmerpflanzen mit einer solchen Lösung zu behandeln, sofern dort die eigene Komposterde verwendet wurde. Bei der Anwendung ist zu beachten, daß eine gewisse Temperatur herrscht. Mindestens 13 °C sind notwendig, damit die Nematoden aktiv die Dickmaulrüßlerlarven angreifen.

▶ Fuchsia (Fuchsien) überwintern

Meine Fuchsien haben sich in diesem Jahr prächtig entwickelt. Sie blühen jetzt immer noch (Oktober). Habe ich eine Chance, die Pflanzen im Wintergarten zu überwintern.

◁ Kein Problem ist es, Fuchsien im Wintergarten unter normalen Bedingungen durch den Winter zu bringen. Günstig ist ein heller, luftiger Raum mit Temperaturen von 5 bis 8 °C. Ein kühler Wintergarten ist also bestens geeignet. Während der winterlichen Ruheperiode wird wenig gegossen. Nur soviel Wasser geben, daß die Pflanzen nicht welken und Blätter abwerfen.

Ende Februar oder Anfang März werden die Triebe zurückgeschnitten, die Pflanzen etwas wärmer gestellt und mit beginnendem Wachstum auch etwas feuchter gehalten. Die Pflanzen beginnen, aus schlafenden Augen neu auszutreiben, so daß bis zum Beginn der Balkonsaison wieder gedrungene Pflanzen mit kräftigen Trieben entstehen. Gute Erfolge wurden auch schon mit einer Überwinterung im Kellerschacht erzielt. Hat man im Haus einen solchen Schacht, kann man die Fuchsie nach einem schwachen Rückschnitt der Triebe vor Frostbeginn dort einstellen und über den Rost eine Glasscheibe oder lichtdurchlässige Kunststoffplatte legen. Dort stehen die Pflanzen hell und nahezu frostfrei. Bei tieferem Frost wird über die Abdeckung noch Isoliermaterial gelegt. Günstig sind Styroporplatten, mehrere Lagen Zeitungspapier, Strohmatten usw. Sie werden sofort wieder entfernt, wenn Frostmilderung eingetreten ist.

Mein Zusatztip

Die heute kultivierten Fuchsiensorten sind aus vielfachen Kreuzungen entstanden und werden mit dem botanischen Namen Fuchsia-Hybriden bezeichnet. Etwas härter und für weniger günstige Standorte geeignet sind die sogenannten traubenblütigen Fuchsien, die unter dem Sammelbegriff Fuchsia-Triphylla-Hybriden geführt werden. Diese Fuchsien bilden ihre Blüten in dichten Trauben am Ende der Triebe aus. Zu den bekanntesten Sorten zählen 'Koralle' mit korallenroten und 'Thalia' mit orangeroten Blüten. Diese Sorten sind auch für mehr sonnige Lagen geeignet.

► Fuchsia (Fuchsie) wirft Blätter ab

Meinen Fuchsienbaum (Fuchsien-Hochstamm) habe ich vor einigen Wochen zur Überwinterung in den Heizkeller eingeräumt. Jetzt schon (Anfang Dezember), hat er alle Blätter abgeworfen. Treibt das Bäumchen wieder aus, was muß ich tun, um es über den Winter zu retten?

◁ Am besten ist es, wenn der Fuchsienhochstamm an einem hellen Standort bei etwa 8 °C aufgestellt wird. Ein Temperaturbereich von 5–15 °C ist möglich. Manchmal gelingt auch eine Überwinterung in einem Raum mit weniger Licht. Dann sollten die Temperaturen jedoch 4–8 °C nicht übersteigen. Da Fuchsien über Winter nur eine Halbruhe einlegen, muß von Zeit zu Zeit etwas Wasser gegeben werden. Die Häufigkeit des Wässerns richtet sich nach dem Standort (etwa alle 3–4 Wochen). Auf jeden Fall muß Staunässe im Wurzelballen verhindert werden, da dann die Faserwurzeln absterben.

Warum das Fuchsienbäumchen schon nach kurzer Zeit die Blätter abgeworfen hat, kann verschiedene Ursachen haben. In Frage kommen können Temperaturschock vor dem Einräumen (zu tiefe Nachttemperaturen), zu dunkler Standort, Staunässe usw. Treibt das Fuchsienbäumchen jetzt wieder neu aus (Dezember), kann es bei pfleglicher Behandlung und einem günstigen Standort immer noch gut durch den Winter kommen.

Mein Zusatztip

Manchmal überwintern Fuchsien besser, wenn ihre Triebe schon beim Einräumen in das Winterquartier um etwa ein Drittel gestutzt werden. Dadurch wird die Verdunstungsfläche verkleinert und die Chance für die Überwinterung verbessert. Der eigentliche Rückschnitt der Triebe erfolgt im Spätwinter, ehe der Neuaustrieb erfolgt.

▶ *Heliotrop (Sonnenwende) überwintern*

Ich habe in diesem Jahr in meinen Balkonkästen Heliotrop kultiviert. Kann ich diese Pflanzen, ähnlich Geranie, überwintern?

◁ Heiliotropium (Sonnenwende, Vanillepflanze) sind halbstrauchige Pflanzen aus tropischen und subtropischen Gebieten. Sie sind insgesamt etwas anspruchsvoller als Geranien. Eine Überwinterung ist bei 5 – 15 °C möglich. Wichtig sind jedoch ein heller Standort und mäßige Feuchtigkeit. Staunässe, also zu viel Feuchtigkeit im Wurzelballen, ist auf jeden Fall zu vermeiden. Die Pflanzen können beim Einräumen ins Winterquartier etwas zurückgeschnitten werden. Der endgültige Rückschnitt erfolgt in der Regel im Spätwinter bzw. zeitigen Frühjahr. Zu diesem Zeitpunkt (März) wird die Sonnenwende auch wieder in frische Erde gepflanzt.

▶ *Impatiens (Fleißige Lieschen) verliert Blätter*

Im Sommer habe ich Fleißige Lieschen (Impatiens) durch Stecklinge vermehrt. Die Pflänzchen haben sich zunächst gut entwickelt. Im Oktober habe ich sie in die Wohnung eingeräumt. Jetzt (Mitte November) verlieren sie schlagartig die Blätter. Was habe ich falsch gemacht, und was muß ich tun, um die Pflänzchen zu retten?

◁ Verschiedene Ursachen sind für das plötzliche Abfallen der Blätter möglich. Einmal kann es sein, daß die an Licht gewöhnten Pflanzen nach dem Einräumen in den geschützten Raum unter Lichtmangel leiden. Wichtig ist, daß sie an einem hellen Fenster in einem temperierten Raum von etwa 15 – 18 °C stehen.

Es ist jedoch eher möglich, daß die Pflänzchen in dieser Jahreszeit zu naß gehalten worden sind. Bei Staunässe im Wurzelballen faulen die feinen Wurzelhaare ab. Die Pflanzen können dann keine Feuchtigkeit mehr aufnehmen, obwohl der Wurzelballen feucht oder naß ist, welken und werfen die Blätter ab.

Erste Maßnahme müsste sein, einige Pflänzchen auszutopfen und den Wurzelballen zu kontrollieren. Sind die Wurzelspitzen noch weiß und völlig intakt, kann der Schaden mit der Feuchtigkeit nicht im Zusammenhang stehen. Sind sie jedoch schwarz und abgefault, sollten die Pflänzchen entweder ab sofort trockener gehalten werden oder sogar, wenn der Schaden schon größer ist, in ein frisches Substrat eingepflanzt werden. Dann müssen die Pflänzchen aber sehr vorsichtig immer nur bei Bedarf gegossen werden. Gerade die Überwinterung junger Pflanzen ist in der lichtarmen Jahreszeit etwas schwierig, und die Pflanzen bedürfen einer besonderen Pflege.

► Kübelpflanzen trauern im Sommer

Ich habe im vergangenen heißen Sommer beobachtet, daß meine Kübelpflanzen nicht richtig gedeihen wollen. Sie haben an manchen Tagen richtig getrauert. Es handelt sich um ausgesprochene „Südländer", die ich in schwarzen Kunststoffkübeln an der Südseite des Hauses aufgestellt habe. Während der ganzen Vegetationszeit habe ich versucht die Pflanzen optimal zu pflegen, auch zu gießen. Was kann ich tun, damit die Pflanzen im nächsten Sommer ohne Schwierigkeiten gedeihen?

◁ Es ist durchaus möglich, daß die Pflanzen unter den Einwirkungen der sommerlichen Hitze gelitten haben. Diese Beobachtung hat man gerade bei Kübelpflanzen gemacht, wenn sie in Kunststoffcontainern (Kunststoffbehältern) kultiviert werden. Die schwarze Farbe absorbiert die Lichtstrahlen, und es kommt im Wurzelbereich zu einem Hitzestau. Diesen kann man mildern oder sogar verhindern, wenn die Pflanzen in einem anderen Gefäß kultiviert

Mein Zusatztip

Wenn Sie Ihre Kübelpflanzen „unterpflanzen", muß auch das Wasserbedürfnis dieser Arten berücksichtigt werden. Da jetzt mehrere Pflanzen in einem Gefäß gedeihen, ist an warmen Tagen das Wasserbedürfnis meistens auch größer.

werden. Ansonsten hat man gute Erfahrungen mit dem sogenannten Unterpflanzen gemacht. In diesem Falle werden rankende Sommerblumen, z.B. Efeugeranien, Kapuzinerkresse oder auch nur Efeu zusätzlich in den Kübel gepflanzt. Durch günstige Wachstumsbedingungen bedecken die Pflanzen schon bald die Oberseite des Kübels, und die Ranken wachsen über den Rand hinaus. Dadurch wird die direkte Sonnenbestrahlung der Gefäße verhindert und ein günstigeres Klima im Wurzelbereich geschaffen. Möglich wäre auch eine Abschattierung der Gefäße mit anderen Materialien.

► *Lantana (Wandelröschen) umtopfen*

Ich besitze ein schönes Lantanen-Hochstämmchen, das ich sicher einmal umtopfen muß. Nun steht es bereits in einem relativ großen Topf. Muß ich einen noch größeren „Kübel" nehmen oder kann ich die Pflanze mit frischer Erde wieder in den gleichen Topf zurücksetzen?

◁ Es sollte schon überlegt werden, ob die Größe des Hochstämmchens und das Gefäß eine gewisse Harmonie darstellen. Je größer der Topf, um so mehr Erde, Nährstoffe und Feuchtigkeit stehen natürlich der Pflanze zur Verfügung. Andererseits sollte das Gefäß auch nicht zu groß sein, weil dann unter Umständen beim Transport Schwierigkeiten auftreten.
Sollten Sie vom Gefühl her der Ansicht sein, daß die Pflanze schon in einem Gefäß steht, das ausreichend groß ist, kann die Pflanze jetzt (April) immer noch umgetopft werden. Vorsichtig wird das Wandelröschen aus dem Gefäß herausgenommen, alte, überschüssige Erde ausgeschüttelt und dabei vielleicht ein sehr stark verwurzelter Ballen etwas aufgerissen. Ein stärkeres „Abballieren" würde ich um diese Jahreszeit nicht mehr empfehlen, damit die Pflanze keinen Schock erleidet. Sie muß in den nächsten Wochen kräftig heranwachsen und blühen. Nach dieser leichten Verjüngung des Wurzelballens wird in frische, strukturstabile Erde gepflanzt und angegossen. In den nächsten Tagen sollte die Pflanze nur mäßig feucht gehal-

ten werden, damit der Wurzelballen nicht vernäßt und die Wurzeln genügend Sauerstoff zum Atmen haben. Nach etwa 2 Wochen ist der Einwurzelprozeß beendet, und die Pflanze kann ganz normal weiterkultiviert werden.

▶ Laurus (Lorbeer), Blätter zum Würzen

Ich besitze ein Lorbeerbäumchen. Kann man hiervon einige Blätter abpflücken und zum Würzen in der Küche verwenden?

◁ Tatsächlich werden die Blätter und Triebspitzen des auch bei uns als Kübelpflanze verwendeten Lorbeers (Laurus nobilis) in der Küche zum Würzen von Suppen, Soßen, Fisch oder zum Einlegen von Gurken usw. verwendet. Die Blätter haben einen würzigen Duft und schmecken etwas bitter. Sie enthalten ätherische Öle, Gerb- und Bitterstoffe. Schon im Mittelalter war bekannt, daß Lorbeerblätter appetitanregend wirken. Gerne wurden sie auch als Magenmittel verwendet.
Es ist möglich, von einem Lorbeer nach Bedarf oder aber auch die eine oder andere Triebspitze im Sommer frisch zu pflücken. Für den Bedarf im Winter können einige Lorbeerblätter ohne Stiel getrocknet werden. Vorsicht, sie dürfen nicht zerbrechen, da sie sonst ihre Würzkraft verlieren.

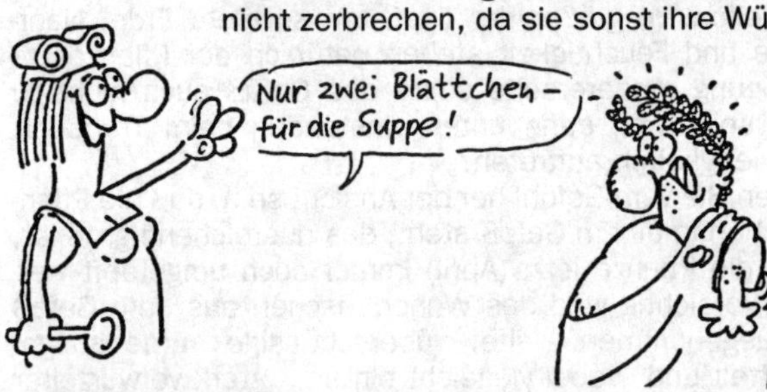

Wußten Sie...

Schon im alten Griechenland wurden die Sieger bei sportlichen Wettkämpfen und erfolgreiche Feldherren mit einem Lorbeerkranz geehrt. Sicher rührt daher heute noch der weise Spruch: Man solle nicht auf seinen Lorbeeren ausruhen. Andererseits sagt aber auch ein deutsches Sprichwort: Lorbeer macht nicht satt – besser wer Kartoffeln hat.

► Laurus (Lorbeer) überwintern im Freien

Ich habe mir einen Lorbeer im Kübel zugelegt. Ist diese Pflanze winterhart, und kann ich sie im Freien überwintern?

◁ Der Lorbeerbaum (Laurus nobilis) ist im Mittelmeergebiet beheimatet und zählt zu den ältesten Kulturpflanzen. Nördlich der Alpen ist er nicht winterhart. Deshalb muß er vor dem Einsetzen stärkerer Nachtfröste in einen Überwinterungsraum kommen. Leichte Nachtfröste bis –5 °C werden im allgemeinen vertragen. Günstig ist es, wenn der Überwinterungsraum hell und kühl ist. Beste Überwinterungstemperaturen bei 0 bis +15 °C. Je dunkler der Überwinterungsraum ist, desto niedriger sollten die Temperaturen sein. Gegossen wird nach Bedarf. Staunässe ist auf jeden Fall zu vermeiden. Besonders gut überwintert Lorbeer im kühlen Wintergarten.

► Nerium (Oleander) überwintern

Seit vielen Jahren besitze ich einen Oleander. In diesem Jahr hat er Früchte angesetzt, soll ich diese wegschneiden? Wie soll ich die Pflanze überwintern und wie oft im Winterquartier gießen?

◁ Die Früchte können auf jeden Fall entfernt werden, da sie der Pflanze nur unnötige Reservestoffe entziehen. Vorsicht, alle Pflanzenteile sind giftig, also auch Früchte. Überwintert wird der Oleander am besten in einem möglichst hellen, kühlen Raum. Ideal ist ein Wintergarten. Bester Temperaturbereich zwischen +3 und 15 °C. Gießen nach Bedarf, Häufigkeit hängt von der Raumtemperatur ab. In kühlen Räumen genügt oft ein Abstand von 3 – 4 Wochen. In einem weniger hellen Raum sparsam gießen.

Wußten Sie...

daß vom Lorbeerbaum problemlos Blätter abgepflückt und in der Küche zu Soßen, Suppen, Fisch usw. verwendet werden können. Für den Winter sollen die Lorbeerblätter ohne Stiel getrocknet werden. Dabei ist darauf zu achten, daß sie nicht zerbrechen. Sie verlieren sonst ihre Würzkraft.

► Nerium (Oleander) hat Schildläuse

In den letzten Tagen habe ich meinen Oleander aus dem Winterquartier geholt (April). Nun stelle ich fest, daß er voller Schildläuse ist. Sie sitzen gedrängt auf der Blattunterseite und sondern einen klebrigen Saft ab. Außerdem sind schon viele Blätter gelb oder braun verfärbt. Was kann ich tun, um die Kübelpflanze zu retten?

◁ Schildlausbefall bei Oleander ist weit verbreitet. Wahrscheinlich wurde die Kübelpflanze bereits mit Schildläusen ins Winterquartier gebracht. Dort haben die Tiere günstige Temperaturverhältnisse vorgefunden und sich über Winter weiter vermehrt. Die klebrige Flüssigkeit ist sogenannter „Honigtau". Es handelt sich dabei um Ausscheidungen der Läuse.

Normalerweise sollte man empfindliche Topf- und Kübelpflanzen immer wieder auf Schildlausbefall untersuchen. Stellt man einige Tiere fest, können sie leicht durch Abwaschen bzw. vorsichtiges Abheben mit einem Holzstäbchen und anschließendem Abwaschen beseitigt werden. Da der geschilderte Fall sehr stark ist, wird man die Läuse durch eine solche mechanische Bekämpfung nicht mehr beseitigen können. In diesem Falle hilft sicher nur noch der Einsatz eines zugelassenen Pflanzenschutzmittels. Bewährt haben sich Mittel auf der Basis von Mineral- oder Paraffinöl. Durch den öligen Spritzbelag werden die Atemöffnungen der Tiere verschlossen, so daß sie ersticken. Für die Anwendung bei hartlaubigen Zierpflanzen in Büro- und Wohnräumen, Kleingewächshaus und Wintergarten gibt es derartige Präparate auch im praktischen Pumpspray. Die Mittel sind anwendungsfertig und können direkt ausgebracht werden (z.B. Promanal AF, Chrysal Schildlaus-Pumpspray).

Für 1993 avisiert ist ein neues Mittel mit der Handelsbezeichnung Naturen. Der wichtigste Inhaltsstoff besteht aus natürlichem Rapsöl und wirkt wohl in ähnlicher Weise wie die oben angeführten Präparate. Es handelt sich um ein rein biologisches Pflanzenschutzmittel.

► *Nerium (Oleander) umtopfen*

Ich habe schon einige Jahre einen Oleander. Sicher muß ich diesen Strauch einmal umtopfen. Wann ist der beste Zeitpunkt, und welche Erde muß ich verwenden?

◁ Ältere Oleandersträucher brauchen nicht jährlich verpflanzt werden. Es genügt ein Abstand von mehreren Jahren. Der beste Zeitpunkt dafür ist das Frühjahr.
Verwendet wird eine lehmig-humose Erde, die man gut selbst aus Kompost, Rindenhumus oder einem ähnlichen Humussubstrat und etwas Sand zusammenmischt. Hat man den Oleander aus dem alten Gefäß herausgenommen, wird der meistens verfilzte Wurzelballen mit einem Holz oder Messer aufgelockert, damit die Pflanze angeregt wird, neue Wurzeln zu bilden. Weitere Besonderheiten sind sonst nicht zu beachten.

► *Nerium (Oleander) hat Wolläuse*

Mein Oleander auf dem Balkon ist voller „weißer" Läuse. Was kann ich tun, damit diese Plage ein Ende nimmt?

◁ Es handelt sich bestimmt um einen Befall durch Woll- und Schmierläuse. Diese Läuse sind wohl dunkel gefärbt, überziehen ihren Körper aber mit einem dichten Geflecht aus weißen Wachsfäden, unter deren Schutz sie leben.
Bei einem geringen Befall sollte man den Busch mit einem scharfen Wasserstrahl abspritzen. Meistens ist damit die Gefahr schon gebannt. Jedoch sollte man die Pflanzen genau beobachten, da vielleicht doch nicht alle Tiere abgespült wurden, so daß ein Neubefall möglich ist.
Bei einem starken Befall kann ein zugelassenes Pflanzenbehandlungsmittel verwendet werden. Der Pflanzenschutzdienst empfiehlt in diesem Falle die Anwendung eines Mittels auf der Basis von Pirimicarb, z.B. Blattlausfrei Pirimor G oder Pirimor Granulat. Die Anwendung des Mittels sollte genau nach Anweisung erfolgen. Außerdem die Behandlung auf die befallenen Pflanzenteile beschränken.
Die Mittel dieser Wirkstoffgruppe sind nützlingsschonend.

► Nerium (Oleander) zurückschneiden

Ich besitze einen großen Oleander. Drei Pflanzen wurden früher einmal in einen großen Topf gepflanzt. Nun ist die Pflanze zu groß und zu breit geworden. Kann ich Triebe wegschneiden, damit die Pflanze überhaupt „durch die Türe geht"?

◁ Oleander kann beschnitten werden. Meistens reicht es aus, wenn die ältesten und längsten Zweige kurz über der Erde entfernt werden. Es bilden sich dann neue Triebe, die wieder sehr blühwillig sind.
Auch ist es möglich, im Spätwinter oder zeitigen Frühjahr vorjährige Triebe ohne Blütenansätze etwas zurückzuschneiden. Dadurch wird ein buschiger Wuchs der Krone erzielt.

► Pelargonien (Geranien) blühen nur kurz

Im Frühjahr kaufte ich sehr schöne blühende Geranien. Ich pflanzte sie in Balkonkästen und brachte diese am Balkon (Nordwestseite) an. Dort entwickelten sich die Pflanzen prächtig. Sie blühten jedoch nur etwa 6 Wochen. Dann ließ der Blütenflor stark nach. Bin ich mit den falschen Pflanzen bedient worden, oder liegt ein Pflegefehler vor?

◁ Wenn die Geranien im Frühjahr bereits reich blühten und es schöne, gesunde Pflanzen waren, die sich üppig entwickelten, so liegt es nicht an der Lieferung schlechter Pflanzen. Typisch ist für Geranien (Pelargonien), daß sie in den Sommer hinein immer üppiger blühen. Auch sind vermutlich Pflegefehler dafür nicht verantwortlich, sonst hätten auch weiterhin die Pflanzen kein kräftiges Wachstum gezeigt.

Mein Zusatztip

Für die Nordwest-Lage eines Balkons sollten Pflanzen ausgewählt werden, die auch bei geringerer Strahlung Blüten ausbilden. Besonders geeignet sind dafür Fuchsien, Fleißiges Lieschen, Semperflorens-Begonien, Knollenbegonien, Elatior-Begonien (Sorten, die für das Freiland geeignet sind) usw.

Wahrscheinlich hängt es am Standort. Wenn der Balkon, wie sie berichteten, nach Nordwesten ausgerichtet ist, bekommen die Geranien höchstens am Abend und dann auch nur während der Hochsommerwochen, volles Sonnenlicht. Die Blütenbildung ist aber absolut abhängig von der direkten Sonnenbestrahlung. Je mehr die Pflanzen der Sonne ausgesetzt sind, umso reicher blühen sie. Nicht umsonst sind die Balkone im Voralpengebiet oder in Südtirol meistens sehr viel üppiger und reichblühender als im Flachland, weil dort die Strahlung insgesamt intensiver ist. Durch intensive Pflege, also Gießen und Wässern kann wohl das Wachstum angeregt werden, zur Blütenbildung ist jedoch das direkte Sonnenlicht notwendig. Das gilt nicht nur für Geranien, sondern für fast alle Sommerblumen. Wären diese Balkonkästen an der Südseite der Hausfront aufgehängt worden, hätten Sie bestimmt den ganzen Sommer über reichblühende Pflanzen besessen.

▶ *Pelargonien (Geranien) sterben ab*

Ich habe in diesem Jahr Geranien (Pelargonien) in Balkonkästen ausgepflanzt. Jetzt stelle ich fest, daß die Pflanzen nach einander welken und ziemlich schnell absterben. Was habe ich falsch gemacht, wie muß ich die Pflanzen behandeln, daß die restlichen Exemplare gesund bleiben?

◁ Die Schilderung des Schadbilds deutet eindeutig darauf hin, daß es sich um eine schwierige Krankheit handelt, die durch Bakterien verursacht wird. Es ist möglich, daß beim Einkauf der Pflanzen die eine oder andere Pflanze infiziert war. Durch Regenspritzer, Gießwasser usw. kann die Krankheit von Pflanze zu Pflanze übertragen werden.
Auf jeden Fall sollten sofort befallene Pflanzen entfernt und vernichtet werden. Eine Bekämpfungsmaßnahme sonstiger Art ist nicht möglich. Keinesfalls sollten von diesem Bestand Pflanzen vermehrt werden, da eine Übertragung auf die Jungpflanzen durchaus möglich ist.
Versuchen sollte man, vorbeugend die Pflanzen oberirdisch trocken zu halten, damit eine weitere Übertragung der Krankheit verhindert wird.

▶ Pelargonien (Geranien) überwintern

Ich habe in 6 Balkonkästen, jeweils 1 Meter lang, Geranien (Pelargonien). Wie kann ich diese Pflanzen am besten überwintern?

◁ Es gibt verschiedene Möglichkeiten, Geranien zu überwintern. Die beste Methode ist, die Pflanzen, samt Kästen, kurz vor Beginn der ersten Nachtfröste in einem hellen, kühlen Raum aufzustellen. Die Pflanzen werden den Winter über relativ trocken gehalten, da sie in ihren fleischigen Stengeln und Blättern immer ausreichend Wasser speichern können. Vor dem Einwintern werden Blütenstände und Knospenansätze ausgebrochen. Ein Rückschnitt erfolgt nur, wenn er aus Platzersparnis notwendig ist. Ansonsten werden die Geranien im Spätwinter, also Ende Februar oder Anfang März auf wenige Zentimeter zurückgenommen, damit sie aus den schlafenden Augen an den Blattknoten wieder neue Triebe entwickeln können. Da meistens der Platz fehlt, um viele Balkonkästen an einem günstigen Standort zu überwintern, gibt es verschiedene andere Möglichkeiten zur Pflanzenüberwinterung. Die beste Methode muß ausprobiert werden, da der Erfolg von den jeweiligen Verhältnissen abhängig ist.
Einmal können die Pflanzen im Herbst vorsichtig aus den Kästen genommen und die Triebe etwas zurückgestutzt werden. Anschließend werden die Wurzelballen in eine Plastiktüte gesteckt und an der Stengelbasis zugebunden. Nun können sie in einem hellen Raum, möglichst nahe dem Fenster aufgehängt werden. Ende Januar werden die

Wußten Sie...

Die beste Überwinterungstemperatur für Geranien liegt zwischen 4 und 10 °C. Je dunkler der Raum ist, desto kühler müssen die Pflanzen gehalten werden. Das selbe gilt auch für die Feuchtigkeit. Je weniger die Pflanzen wegen Lichtmangel assimilieren können, um so trockener sind die Pflanzen zu halten. Natürlich muß andererseits das Eintrocknen von Blättern und Trieben bei einer Überwinterung in Kisten oder Töpfen möglichst verhindert werden. Vorsicht: Die sogenannten „Hängegeranien“ (Pelargonium-Peltatum-Hybriden) sind etwas schwieriger zu überwintern.

Pflanzen aus der Plastiktüte genommen, in Töpfe gesetzt, später zurückgeschnitten und normal am hellen Zimmerfenster weiterkultiviert.
Eine andere Methode kann ebenfalls Erfolg bringen. In diesem Falle werden die Pflanzen kurz vor dem ersten Frost aus den Kisten oder Töpfen genommen. Wichtig ist, daß die oberirdischen Teile abgetrocknet sind und auch der Wurzelballen nur mäßig feucht ist. Nun wird die Erde leicht aus dem Ballen geschüttelt und die Pflanze samt Blätter und Blüten in Zeitungspapier eingewickelt. In diesem Falle werden die Blätter und Blüten nicht abgepflückt, damit keine unnötigen Wunden entstehen. Nur abgestorbene Pflanzenteile werden entfernt. Anschließend werden die abgeschnittenen Pelargonien in eine Obst- oder Kunststoffkiste geschichtet und im frostfreien Keller gelagert.
Bereits Anfang Februar werden die Pflanzen aus dem Winterquartier geholt. Nun erfolgt auch der Rückschnitt der Triebe auf 2 – 3 Augen (5 – 7 cm) auch die Wurzeln werden eingekürzt. Anschließend können die so vorbehandelten Pflanzen in ein Kistchen mit humushaltiger Erde dicht an dicht eingeschlagen werden. Die Pflanzen werden angegossen und in einem mäßig temperierten Raum aufgestellt. Bis zum Austrieb spielt das Licht keine Rolle. Anschließend müssen die Pflanzen aber sehr hell gehalten werden, damit die Austriebe kurz und gedrungen bleiben. Später werden die Pflanzen eingetopft und normal weiterkultiviert.

▶ *Pelargonien (Geranien) vermehren*

Ich habe jedes Jahr schöne Geranienpflanzen (Pelargonien) auf dem Balkon. Ist es möglich, daß ich diese selbst vermehre?

◁ Kein Problem ist es, Geranien durch Stecklinge selbst weiter zu vermehren. Beste Zeit dafür ist der Sommer von Juli bis September. Mit einem scharfen Messer werden Kopfstecklinge in einer Länge von 7–12 cm direkt unter einem Blattknoten geschnitten und das unterste Blattpaar sowie die „Öhrchen“, also die kleinen blattartigen Anhängsel am Stengel entfernt. Anschließend werden die Stecklinge am besten in kleine Töpfchen oder Schalen in ein Torf-Sand-Gemisch gesteckt und an einem hellen, nicht vollsonnigen Standort bei normalen Temperaturen (ca. 20 °C) aufgestellt. Das Substrat wird mäßig feucht gehalten. Nach etwa 4 Wochen haben sich neue Wurzeln gebildet. Sobald die nun bewurzelten Stecklinge mit dem Wachstum beginnen, werden sie vorsichtig aus dem Vermehrungssubstrat genommen und in kleine Töpfchen (6–8 cm Durchmesser) in humose Blumenerde eingetopft. Nun werden sie an geschützter Stelle im Freien oder im Zimmer aufgestellt. Überwinterung der Pflanzen muß am sehr hellen Fenster bei etwa 8–15 °C erfolgen. Im Spätwinter oder zeitigen Frühjahr werden die Pflanzen in größere Töpfe (10 bis 11 cm Durchmesser) umgepflanzt und bei 16–18 °C bis zum Auspflanzen weiterkultiviert.

Mein Zusatztip

Meistens entwickeln sich aus den Stecklingen junge Pflanzen mit einem Haupttrieb. Will man buschige Pflanzen erzielen, werden die Jungpflanzen etwa Ende Februar oder Anfang März gestutzt, also die Triebspitze entfernt. Dadurch wird ein Austrieb aus schlafenden Augen an den Stengelknoten erreicht, so daß die Pflanzen nun mit 2 bis 3 Trieben heranwachsen.

Wußten Sie...

daß die Geranien oder Pelargonien ihre Gattungsnamen nach dem am Blütenstiel angewachsenen Sporn erhalten haben? Die Gattungsnamen Geranium und Pelargonium werden aus dem Griechischen geranus = Kranich bzw. pelargos = Storch abgeleitet. Die Pflanzen gehören zur Familie der Storchschnabelgewächse oder Geraniaceae.

► Pelargonien (Geranien) zurückschneiden

Ich möchte wissen, wann man die Geranien kürzen soll? Ich habe sie im Herbst hereingenommen und will sie überwintern.

◁ Normalerweise kommen die Pflanzen ohne Rückschnitt ins Winterquartier. Höchstens zu lang gewachsene Triebe etwas einkürzen. Es kann immer wieder vorkommen, daß die Triebe im Winter zurücktrocknen. Hat man sie noch nicht zurückgeschnitten, bleiben die unteren Partien frisch, so daß ein Austrieb im Frühjahr immer gewährleistet ist. Schneidet man die Stengel bereits im Herbst zurück, können kurze Stengel im Winter eintrocknen, so daß der Wiederaustrieb gefährdet ist.

Der eigentliche Rückschnitt findet dann Ende Februar oder Anfang März statt, wenn sich neues Wachstum in den Pflanzen regt. Zum Rückschnitt eine gute Gartenschere oder ein scharfes Messer benützen und die vorjährigen Triebe auf eine Länge von etwa 5 – 7 cm einkürzen. Jeder Triebstummel sollte etwa 3 gute, „schlafende" Augen besitzen. Sie befinden sich an den ehemaligen Blattansatzstellen, die durch eine Ringbildung deutlich zu erkennen sind (Blattknoten). Rückschnitt nicht nach einem genauen Schema ausführen, sondern nach dem jeweiligen Zustand der Pflanze. Schwache, eingetrocknete Triebe werden entfernt. Bei normalen Pflanzen reicht es aus, wenn nur die stärksten 3 bis 4 eingekürzten vorjährigen Triebe je Pflanze stehen bleiben.

Wußten Sie...

daß die Botaniker Pflanzen aus der Familie der Storchschnabelgewächse (Geraniaceae) zur Gattung Geranium zählen, wenn sie strahlenförmige, also radiäre Blüten besitzen, während Pflanzen mit längssymmetrischen, also zygomorphen Blüten zur Gattung Pelargonium zählen. Bereits vor über 200 Jahren (1789) hat der Direktor des botanischen Gartens in Kew, London, Aiton, aufgrund dieser Blütenmerkmale die Trennung der beiden Gattungen vorgeschlagen. Trotzdem hat sich im Volksmund bis auf den heutigen Tag der Name Geranie anstelle von Pelargonie erhalten.

► Pelargonien (Geranien) überwintern

Jeden Sommer kultiviere ich auf meinem Balkon viele aufrecht wachsende und hängende Geranien. Kein Problem habe ich mit der Überwinterung und dem Rückschnitt von aufrecht wachsenden Geranien (Pelargonien), während ich mit den Hängegeranien immer Schwierigkeiten habe. Viele Pflanzen gehen mir im Winter ein. Was mache ich falsch, und wie kann ich die Hängegeranien ebenfalls problemlos überwintern und vor allen Dingen richtig zurückschneiden?

◁ Für den Balkon kommen überwiegend die aufrecht wachsenden Geranien (Pelargonium-Zonale-Hybriden) und die Efeu- oder Hängegeranien (P.-Peltatum-Hybriden) in Frage. Beide sind aus verschiedenen Arten entstanden und haben deshalb auch etwas unterschiedliche Ansprüche. Erfahrungsgemäß kann man die Zonale-Pelargonien problemloser überwintern als die „Peltaten". Sie sind etwas empfindlich bzw. anspruchsvoller im Winterquartier. Am besten ist es wohl, wenn man für die Pflanzen dieser Gruppe einen kühlen, sehr hellen Überwinterungsraum zur Verfügung hat. Dort kann man sie nach Möglichkeit im Balkonkistchen überwintern. Damit man nicht so viel Platz benötigt, können die Triebe beim Einräumen um mindestens ein Drittel zurückgenommen werden. Gleichzeitig wird alles welke Laub abgelesen und überflüssige Blütenansätze usw. werden herausgebrochen.

Ende Februar oder Anfang März regt sich meistens bereits das neue Wachstum. Nun können die Triebe weiter zurückgeschnitten werden. Üblich ist ein Rückschnitt auf etwa 5–7 cm Länge. Jeder Triebstummel sollte mindestens 3 gute, „schlafende" Augen besitzen. Sie befinden sich immer an der ehemaligen Blattansatzstelle, die durch eine Ringbildung deutlich zu erkennen ist. Schwache, eingetrocknete Triebe, werden ebenfalls entfernt. Nur die stärksten Triebe bleiben stehen. Durch mäßige Feuchtigkeit werden die Pflanzen zu neuem Austrieb angeregt. Nun kann auch bei Bedarf umgetopft werden.

▶ Pelargonien (Geranien) Jungpflanzen überwintern

Im vergangenen Sommer machte ich von meinen Geranien „Ableger". Sie haben sich gut bewurzelt. Im Herbst stellte ich sie in einem Raum bei 22 °C. Nun bekommen sie alle gelbe Blätter. Auch ein Standort unter einem nach Nordosten ausgerichteten Dachfenster funktionierte nicht. Was fehlt diesen Geranien, wie kann ich sie noch gut durch den Winter bringen?

◁ Zunächst einmal ist die Ursache zu ergründen. Gelbe Blätter können durch Lichtmangel oder auch durch Vernässung des Wurzelballens verursacht werden. In diesem Falle meine ich, daß die Pflanzen unter Lichtmangel leiden. Geranien (Pelargonien) benötigen viel Licht.

Am besten ist ein Standort direkt am Fenster, das möglichst sogar nach Süden ausgerichtet ist. An einem weniger günstigen Platz ist eine kühlere Temperatur besser, da dort die Pflanzen ihr Wachstum weitgehend einstellen. Temperaturen um 15 °C reichen völlig aus.

Außerdem ist darauf zu achten, daß die Pflanzen in größeren Zeitabständen etwas Wasser erhalten, ansonsten aber im kühlen Raum nahezu trocken stehen. Auch die jungen Pflanzen sind in der Lage, in ihren saftigen Stengeln und dicken Blättern etwas Wasser zu speichern, das immer für einige Tage ausreicht.

Mein Zusatztip

Es wäre schade, wenn die gesunden Jungpflanzen nicht gut durch den Winter kommen würden. Ist kein günstiger Standort an einem hellen Fenster im kühlen Raum vorhanden, könnten die Jungpflanzen auch nahe zusammengestellt und zusätzlich belichtet werden. Zu diesem Zweck wäre das Anbringen einer Pflanzenleuchte empfehlenswert, die relativ nieder über den Pflanzen aufgehängt und etwa 12–16 Stunden am Tag eingeschaltet wird. Das Zusatzlicht sollte jeweils in den frühen Morgenstunden bis zum späten Vormittag und vom frühen Nachmittag bis in die späten Abendstunden brennen. Einige Stunden völlige Dunkelheit in der Nacht sind jedoch angebracht. Die Gesamtbeleuchtungsstärke, also Tageslicht und elektrisches Licht, sollten etwa 2000–2500 Lux betragen.

► Petunia (Petunien) blühen nur mit wenigen, großen Blüten

Auf dem Markt habe ich im Frühjahr Petunien-Setzlinge gekauft, die prächtige, große Blüten hatten. Die Pflanzen sind den Sommer über sehr gut gewachsen, hatten aber immer nur wenige, große Blüten angesetzt. Auf den Balkonen und Terrassen in der Umgebung sah ich aber Petunien, die überreich mit Blüten besetzt waren. Habe ich in der Kultur etwas falsch gemacht, obwohl ich immer reichlich gegossen und ab und zu auch gedüngt habe?

◁ Sicher liegt kein Kulturfehler vor. Wahrscheinlich haben Sie Pflanzen aus der Gruppe der sogenannten Petunia-Grandiflora-Hybriden ausgewählt, die sich durch ihre großen, imposanten Blüten auszeichnen. Alle Sorten aus dieser Gruppe sind jedoch nicht so blühwillig wie beispielsweise die Petuniensorten aus der Gruppe der P.-Multiflora-Hybriden. Während „Grandiflora-Petunien“ großblumig sind, sind die Blüten der „Multiflora-Petunien“ kleiner, blühen aber sehr viel reicher. Bei gleicher Pflege kann also mit einem reicheren Blütenflor gerechnet werden, wenn diese Multiflora-Petunien ausgewählt werden.

Im übrigen sollte noch beachtet werden, daß Petunien besonders reich blühen, wenn sie an einem geschützten, vollsonnigen Standort stehen. Je schattiger ihr Standort ist, um so mehr läßt der Blütenflor zu wünschen übrig.

► Plectranthus (Mottenkönig) pflegen und überwintern

Im Frühjahr habe ich einige Pflanzen vom Mottenkönig gekauft. Wie muß ich diese Pflanzen pflegen, kann ich sie auch überwintern, und vertreiben die Blätter tatsächlich die Motten aus dem Kleiderschrank?

◁ Der Mottenkönig (Plectranthus) ist eigentlich schon eine sehr alte Pflanze. Die Gattung ist sehr artenreich und kommt vor allen Dingen in tropischen und subtropischen Gebieten Afrikas, Asiens und Australiens vor. Vor einigen

Jahren hat man vor allen Dingen Plectranthus coleoides 'Marginatus' sozusagen wiederentdeckt, eine Pflanze mit langen Trieben und grünen, gelbpanagierten Blättern. Die Pflanze wird gerne für Balkonkästen und Ampeln verwendet. Unter günstigen Bedingungen kann sie im Laufe des Sommers Ranken von 2 m Länge und mehr ausbilden.
Die Pflegebedingungen sind einfach. Normale Komposterde, etwas mit Sand versetzt, reicht aus. Auch kann jede normale Blumenerde verwendet werden. Während des Sommers ist reichlich zu wässern und zu düngen. Vorsicht, die Pflanze hat einen starken Ausbreitungsdrang und kann schwächere, andere Sommerblumen, die in unmittelbarer Nähe stehen unterdrücken.
Ob eine Überwinterung gelingt, ist vom jeweiligen Standort abhängig. Am besten ist es, wenn man eine solche Pflanze an einem sehr hellen Platz bei kühlen Temperaturen überwintert (ca. 10–12 °C). Ein Platz im Wintergarten oder mäßig temperierten Kleingewächshaus ist natürlich besonders ideal. Jedoch kann man einmal eine andere Möglichkeit ins Auge fassen. Schneidet man im Sommer einige Stecklinge und bewurzelt sie in Torf und Sand, ist es leichter, diese Kleinpflanzen am hellen Fenster eines kühlen Zimmers zu überwintern.
Tatsächlich wird behauptet, daß die stark riechenden Blätter Motten und Fliegen vertreiben sollen. Es gibt jedoch noch eine zweite Art, P. fruticosus, bei der es sich um den eigentlichen Mottenkönig handelt. Die Pflanze hat eine aufrecht wachsende Art mit stark riechenden Blättern. Der Geruch ist nach dem Zerreißen der Blätter noch stärker. Diese Pflanze wird gelegentlich für eine Kultur auf dem Fensterbrett angeboten und hat eine gewisse Ähnlichkeit mit der nahen Verwandten und ähnlich aussehenden Koleus (Coleus-Blumei-Hybriden).

Wußten Sie...

Seit einigen Jahren gibt es eine neue Petunienrasse. Diese Sorten werden unter dem Sammelbegriff Floribunda-Petunien geführt. Diese neuen Sorten sind in der Blüte größer als die Multiflora-Petunien, zeichnen sich aber durch die gleiche Reichblütigkeit aus. Vielleicht sollte im kommenden Jahr einmal ein Versuch mit diesen Floribunda-Petunien gemacht werden.

▶ *Ranunculus im Balkonkasten*

Ich habe Ranunkelzwiebeln (Klauen) im Herbst in den Balkonkasten gelegt. Jetzt haben diese schon einen Austrieb von 5 cm Länge gemacht (Dezember). Der Balkonkasten wurde mit Reißig geschützt. Wie bringe ich die Pflanzen gut durch den Winter, damit sie nicht erfrieren?

◁ Ranunkeln sind, im Gegensatz zu Tulpen und Narzissen usw. in unserem Klima nur an einem sehr geschützten Ort mit zusätzlichem Schutz winterhart. Eigentlich hätten die knolligen Überwinterungsorgane (Klauen) erst im Frühjahr ausgelegt werden sollen. Vielleicht gelingt die Überwinterung, wenn Sie den Balkonkasten an einem geschützten Platz aufstellen und zum Frostschutz mit einer dichten Laubpackung umgeben.

Sollte es sich im Frühjahr zeigen, daß die Überwinterung nicht funktionierte, erwerben Sie am besten neue Knollen (Klauen) und legen sie diese im März oder April in eine humusreiche, feuchte Erde. Vorher legen Sie die Knollen 3–4 Stunden ins Wasser, damit sie schneller austreiben. Nach dem Abblühen und Vergilben der Blätter nehmen Sie Knollen im Herbst wieder aus der Erde, überwintern Sie diese kühl und frostfrei, am besten eingeschlagen in trockenem Torf, der übermäßige Wasserverdunstung verhindert. Auf diese Weise können Knollen und auch Brutknöllchen gut überwintert und im folgenden Jahr wieder verwendet werden.

Wußten Sie…

daß der botanische Name Ranunculus schon von dem römischen Gelehrten Plinius verwendet wurde. Er wird aus dem lateinischen Wort rana, der Frosch, abgeleitet. Ranunculus ist die Verkleinerungsform und weist darauf hin, daß viele Ranunkeln auf feuchten Wiesen oder direkt am Wasser gedeihen.

▶ *Rosenhochstämmchen in Topf überwintern*

Ich habe ein Rosenbäumchen mit hängenden Trieben den Sommer über als Topfpflanze auf dem Balkon gehalten. Das Bäumchen blüht jetzt immer noch (Anfang Dezember) und hat zahlreiche neue Triebe gebildet. Wie kann ich dieses Rosenhochstämmchen am besten überwintern?

◁ Rosen sind eigentlich Freilandpflanzen und überwintern im Garten meistens problemlos. In Gefäßen ist es etwas schwieriger, da bei strengen Frösten die Erde total durchfriert. Bei lang anhaltenden Frösten kann die Pflanze kein Wasser aufnehmen, die Triebe sterben oft von der Spitze aus ab. Die Pflanze erfriert also nicht, sondern vertrocknet!

Trotz dieser Gefahr sollte man versuchen, eine Rose im Gefäß im Freien zu überwintern, da auch das Einräumen in einen geschlossenen Raum oftmals problematisch ist. Es gelingt nur, wenn dieser sehr kühl und trocken ist.

Andererseits gelingt das Überwintern an einer geschützten Stelle auf dem Balkon, der Terrasse oder im Garten. Dort wintert man die Rose aber erst ein, wenn stärkere Fröste von –5 °C und tiefer auftreten. Bis dahin kann die Rosenpflanze ohne Schutz gehalten werden.

Vor dem eigentlichen Einwintern werden alle welken Blätter, aber auch Knospen und Blüten entfernt, der Boden ca. 10 cm hoch mit trockenem Laub aufgeschüttet oder auch mit Stroh belegt. Dann wird das Gefäß mindestens 20 cm dick mit Laub und Stroh eingehüllt und mit einem Netz oder Ballentuch festgehalten. Auch das Einstellen in eine größere Kiste mit Laubfüllung ist möglich. Zum Schluß werden die oberirdischen Triebe mit Holzwolle vorsichtig „eingepackt“ und zum Schutz das ganze Bäumchen mit Fichtenreißig umgeben. Während des Winters sollte einmal die Feuchtigkeit im Wurzelballen kontrolliert werden. Bei Bedarf wird mäßig angefeuchtet.

Nach den strengsten Winterfrösten Ende Februar oder Anfang März kann der Winterschutz in der Regel bereits entfernt werden.

► *Scaevola (Fächerblume) überwintern*

Im vergangenen Sommer hatte ich große Freude an meiner Fächerblume (Scaevola). Ich kultivierte sie als Ampelpflanze, und sie bildete lange, reich mit Blüten besetzte Triebe. Muß ich mich jetzt (Oktober) von der Pflanze trennen oder kann ich sie überwintern?

◁ Normalerweise wird die Fächerblume nicht überwintert. Sie wird üblicherweise als einjährige Pflanze kultiviert, obwohl sie einen strauchigen Charakter hat. Unter günstigen Bedinungen ist aber eine Überwinterung möglich. Zu diesem Zweck benötigt die Pflanze jedoch einen sehr hellen Platz in einem kühlen Raum. Am besten wäre ein Wintergarten oder ein Kleingewächshaus, in dem Temperaturen zwischen 10 und 15 °C gehalten werden können. Es kann nämlich sein, daß bei einer zu warmen Überwinterung die Pflanze nicht oder erst relativ spät zum Blühen kommen. Durch Versuche mit Jungpflanzen hat man festgestellt, daß die Fächerblume reichlich Knospen ansetzt, wenn sie im Winter 4 Wochen lang bei höchstens 10 °C gehalten wurde. Außerdem ist wichtig, daß die Pflanzen dann ins Frühjahr hinein sehr viel Licht bekommen. In manchen Erwerbsgärtnereien werden die Jungpflanzen sogar zusätzlich künstlich belichtet, um einen relativ frühen Blütenflor zu erzielen.

Auf jeden Fall könnte einmal versucht werden, die Pflanze zu überwintern. Ein Rückschnitt der Triebe ist empfehlenswert, damit die Pflanze im Frühjahr aus der Basis wieder austreiben kann.

▶ Tomaten im Balkonkasten

Nach einem Wohnungswechsel kann ich leider keine Tomaten mehr im Garten kultivieren. Jetzt steht mir nur noch eine große Terrasse zur Verfügung. Ich habe gehört, daß man aber auch in einem Pflanzkübel oder im Balkonkasten Tomaten kultivieren kann. Ist das möglich, und welche Sorten soll ich verwenden?

◁ Kein Problem ist es, Tomaten in Gefäßen zu kultivieren. Haben Sie genügend Platz zum Aufstellen einiger größerer Töpfe, können die gleichen Sorten verwendet werden, wie im Garten. Üblich sind dann Stabtomaten, die eben in das große Gefäß in eine humose, lockere und gut gedüngte Erde gepflanzt und normal kultiviert werden. Im Gegensatz zum Garten muß im Topf das Nährstoffbedürfnis der Tomaten berücksichtigt werden. In diesem Falle wird es wohl sinnvoll sein, nach dem Einwurzeln die Pflanze nicht nur regelmäßig zu gießen, sondern mindestens einmal in der Woche mit einem üblichen Blumenvolldünger zu düngen. Ansonsten sind die gleichen Pflegemaßnahmen notwendig, wie im Garten (Ausbrechen der Seitentriebe, Anheften des Stengels am Stab usw.).
Für den Balkonkasten wird die Stabtomate nicht in Frage kommen. Es gibt aber eine ganze Anzahl von Sorten, die in Buschform kultiviert werden können und auch im kleineren Gefäß bzw. Balkonkasten gut gedeihen. Einige Züchter haben sogar schon spezielle Balkontomaten entwickelt. Bekannte und gute Sorten sind z.B. 'Balkonstar' 'Patio' oder auch die meist als Ziertomate angebotene Sorte 'Minibel'. Sie entwickelt nur kirschgroße, aber eßbare Früchte.

Mein Zusatztip

Haben sie eine große Terrasse und nicht den passenden Pflanzkübel, können Tomaten auch nur in einen Sack mit Blumenerde gepflanzt werden. Der Plastikbeutel wird an passender Stelle ausgelegt, je nach Größe mit einem oder mehreren Kreuzschnitten geöffnet und dort nach dem Anfeuchten des Substrats die Pflanzen eingesetzt. Seitlich sollten im unteren Bereich einige Löcher im Folienbeutel angebracht werden, damit überschüssiges Gießwasser abfließen kann. Mit dieser Folienbeutelkultur kann man recht gute Wachstumsergebnisse erzielen.

ZIMMER

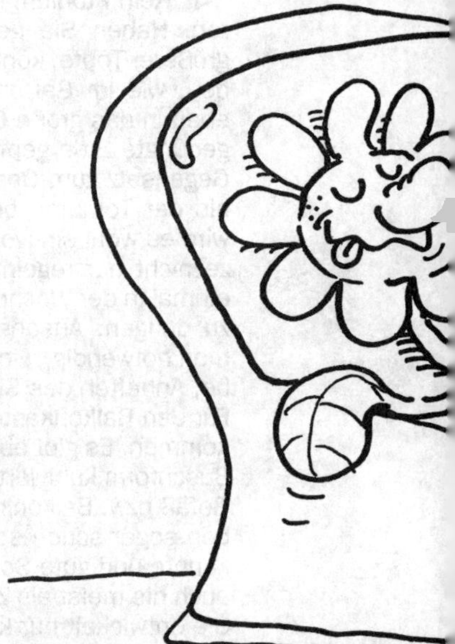

Blumenfreunde im Zimmer

Zimmerpflanzen sind Schmuckelemente von Wohn- und Geschäftsräumen. Sie beeinflussen aber auch das Wohlbefinden der Menschen positiv durch Gestalt, Düfte, Farben und geben der Wohnung eine besondere Note. Selbst Schadstoffe sollen

nach neueren Erkenntnissen absorbiert und verarbeitet werden. Der Umgang mit Pflanzen aus der ganzen Welt ist ein besonderes Hobby vieler Bürger, die bei der Pflege ihre Sorgen vom Alltag vergessen.

▶ Asclepias (Seidenpflanze) kultivieren

Vor einiger Zeit erhielt ich eine Seidenpflanze geschenkt. Dieses Gewächs kannte ich bisher nicht. Auch in meinem Bekanntenkreis konnte mir niemand sagen, wie die Pflanze kultiviert wird. Welche Pflegemaßnahmen sind erforderlich?

◁ Im allgemeinen wird von den etwa 120 verschiedenen Arten Asclepias curassavica als Zimmertopfpflanze angeboten. Sie stammt aus Südamerika und blüht im Sommer mit roten Blütendolden.

Die Pflanze wünscht einen hellen Standort und verträgt in der Regel auch direkte Sonnenbestrahlung. Sie wird normal gegossen und im Abstand von 2–3 Wochen auch mit einem Blumendünger zusätzlich ernährt. Normalerweise hält der Blütenflor bis September an. Nun muß man sich entscheiden, ob die Pflanze weiterkultiviert wird.

Versuchsweise kann die Pflanze in einem kühlen Raum am hellen Fenster aufgestellt werden. Ideale Temperaturen sind 12–15 °C. In dieser Zeit darf die Pflanze jedoch nur mäßig feucht gehalten werden. Gelingt es, die Pflanze gut durch den Winter zu bringen, setzt sie oft schon ab Mai oder Juni Knospen an und kommt wieder zum Blühen. Man hat jedoch die Beobachtung gemacht, daß zweijährige oder gar ältere Pflanzen nicht mehr so willig blühen wie Sämlinge, die Ende Januar im Warmhaus bei 20–25 °C ausgesät und flott herangezogen werden.

Wußten Sie…

daß der botanische Name Asclepias griechischen Ursprungs ist und von Asclepios, dem Gott der Arzneikunst, abgeleitet wurde?

▶ *Asparagus (Zierspargel)*

Ich habe einen „tollen“ Asparagus (Zierspargel). Er ist auf dem Balkon und hat Triebe von 1,5 m Länge. Nun hat er dieses Jahr geblüht. Jetzt hat er lauter runde Kügelchen bekommen. Was kann ich damit machen? Ist es Samen?

◁ In der Tat handelt es sich um die Früchte des Zierspargels. Sie enthalten die Samen. Im reifen Zustand sind sie rot gefärbt. Sie werden dann gepflückt, zur Nachreife noch etwas liegen gelassen und anschließend die Samen „herausgepult“. Sie werden in Wasser ganz vom Fruchtfleisch gesäubert, anschließend getrocknet und bis zur Aussaat trocken gelagert. Saatgut von Asparagus keimt unregelmäßig und langsam. Günstig ist es, wenn es vor der Aussaat 48 Stunden in lauwarmem Wasser vorgequollen wird. Dann wird in eine lockere, humushaltige Blumenerde ausgesät und die Samenkörner nur ca. 0,5 cm hoch abgedeckt. Bis zur Keimung die Samen gleichmäßig feucht halten. Beste Keimtemperatur bei 22–28 ° C. Keimdauer 3–5 Wochen. Zur Weiterkultur der Sämlinge reichen Temperaturen von 18–22 °C.

▶ *Blumenfenster*

In meinem neuen Haus habe ich ein Blumenfenster von 3,50 m Breite eingebaut. Zur Kultur von Zimmerpflanzen ist vorgesehen, einen ca. 50 cm breiten Trog einzubauen, der etwa 20 cm tief ist. Was muß ich noch beachten, daß die Zimmerpflanzen in diesem Fenster gut gedeihen?

◁ Es kommt nun darauf an, was man an in diesem Fenster alles kultivieren will. Sollen übliche blühende und grüne Zimmerpflanzen arrangiert werden, genügt es, wenn der Trog nach dem Einbau mit Hochmoor-Weißtorf gefüllt wird. Es hat sich gezeigt, daß dieses Material zum „Einfüttern“ der Blumentöpfe am besten geeignet ist. In diesem Falle werden die Zimmerpflanzen samt den Töpfen bis zum Topfrand in den Torf eingestellt und der jeweiligen Art entsprechend gepflegt. Sollte einmal eine Pflanze ausgewechselt werden müssen, kann sie problemlos aus dem Trog oder Beet genommen und durch eine neue ersetzt werden. Es empfiehlt sich, das Einfütterungssubstrat im Abstand von 1–2 Jahren auszuwechseln, da oft die Pflanzen aus den Töpfen in das Substrat einwurzeln und so dieses langsam an Qualität verliert. Bei den üblichen Pflegemaßnahmen werden die Zimmerpflanzen einzeln gegossen. Das Einfütterungssubstrat sollte aber auch eine gleichmäßige, jedoch mäßige Feuchtigkeit aufweisen. Besonders stark wachsen die Pflanzen, wenn auch dem Einfütterungssubstrat etwas Blumendünger zugegeben wird. Es kann dann über die ausgewachsenen Wurzeln aufgenommen werden. Es muß noch darauf hingewiesen werden, daß als Einbauwanne ein pflanzen- oder wurzelunschädliches Material verwendet werden muß. Pflanzenwurzeln sind gegen manche Werkstoffe, z.B. Metalle empfindlich. In diesem Fall muß vor dem Einfüllen des Substrats die Wanne mit einem pflanzenunschädlichen Anstrich versehen werden. Sollte die Wanne noch nicht fest installiert sein, kann am tiefsten Punkt noch ein Wasserabzug angebracht werden. Das überschüssige Wasser kann entweder in einer Erdgeschoßwohnung direkt ins Freie abgeleitet werden, ansonsten auch in einen versteckten Behälter im Zimmer selbst. Auf diese Weise wird Staunässe im gesamten Wurzelbereich verhindert. Sollen in dem Blumenfenster tropische Pflanzen, auch Orchideen kultiviert werden, ist eine feste Verglasung mit Schiebefenstern günstig. In einem solchen Fenster kann eine zusätzliche Heizung, Luftbefeuchtung usw. eingebaut werden, um so die idealen klimatischen Voraussetzungen zu erfüllen.

Mein Zusatztip

Mit Ausnahme eines Nordfensters, das praktisch nie von der Sonne getroffen wird, sollte jedes Blumenfenster mit einer verstellbaren Jalousie ausgestattet werden. So kann man je nach Sonnenstand die Pflanzen vor direkter Bestrahlung während der Mittagszeit in den heißen Sommerwochen schützen. Obwohl viele Pflanzen am heimatlichen Standort eine direkte Besonnung vertragen, sind sie bei Zimmerkultur etwas empfindlicher. Es können Blattverbrennungen im Sommer auftreten. Mit einer verstellbaren Jalousie kann jedoch die Sonneneinstrahlung pflanzengerecht gesteuert werden.

▶ Bougainvillea blüht nicht

Ich habe vor 3 Jahren eine Bougainvillea gekauft. Sie steht über Winter im Treppenhaus, den Sommer im Freien auf der Terrasse. Obwohl ich sie sehr gut pflege und sie problemlos gedeiht, hat sie im vergangenen Sommer keine Blüten angesetzt. Was kann die Ursache sein?

◁ Bougainvilleen sind in Südamerika beheimatet und lieben hohe Temperaturen und Sonne. Möglich ist es, daß die Pflanze die Überwinterung im Treppenhaus recht gut übersteht, dort jedoch mangels Licht im Frühjahr nicht zur Induktion, also zur Blütenbildung angeregt wird. Kommt sie erst nach den Eisheiligen Mitte oder Ende Mai ins Freie, reicht meistens der Lichtreiz nicht mehr aus, um bis zum Frühsommer oder Sommer Blüten anzusetzen.

Empfehlenswert wäre es, die Pflanze bereits im Spätwinter oder zeitigen Frühjahr aus dem Überwinterungsquartier zu nehmen und sie an einem sehr hellen, möglichst sonnigen Standort, möglichst direkt am Fenster, aufzustellen. Sobald die Temperaturen im Freien es erlauben, ist auch wieder eine Aufstellung im Garten oder auf der Terrasse zu empfehlen. Vorsicht ist natürlich angebracht, da Bougainvilleen kälteempfindlich sind. Ins Freie kommen sollten die Pflanzen, wenn die Temperaturen nicht mehr unter 12 °C absinken.

Ideal wäre natürlich zur Überwinterung ein kühler Wintergarten oder ein Kleingewächshaus, weil dort beste Lichtverhältnisse herrschen.

► Camellia (Kamelie) weiterpflegen

Viel Glück hatte ich mit meiner Kamelie. Sie hatte im Spätwinter reich geblüht und in diesem Jahr auch keine Knospen abgeworfen. Was muß ich jetzt machen (Mai), um die Pflanze optimal weiterzupflegen?

◁ Die aus Japan stammende Kamelie ist relativ anspruchslos. Sie braucht keine hohe Wärme, nicht unbedingt volle Sonne, jedoch einen sauren, humosen Boden. Jetzt um diese Jahreszeit (Mai) befindet sich die Pflanze bereits im Hauptwachstum, das bis Ende Juni oder Anfang Juli anhält. In dieser Zeit muß regelmäßig gegossen und in einem größeren Abstand bei Bedarf mit einem kalkfreien Blumendünger gedüngt werden. Die Konzentration ist nur schwach zu wählen, höchstens 0,1%ig (1 g oder 1 ml/l Wasser). Dann beginnt bereits der Zeitpunkt des Knospenansatzes. In dieser Zeit wird nicht mehr gedüngt und auch die Wassergaben werden stark reduziert. So benötigen die Pflanzen sowieso nur etwa 18–20 °C, ab der beginnenden Knospenbildung bis zum Herbst 18–15 °C.

Günstig ist es, wenn die Pflanze im Juni oder Juli in den Garten unter einen Baum gestellt wird, wo sie meistens günstige Bedingungen findet. Vor Beginn der herbstlichen Fröste, sollte die Pflanze wieder in einen geschützten Raum kommen. Sie muß an einem sehr hellen Fenster aufgestellt werden. Das Zimmer sollte kühl sein. 12–15 °C reichen völlig aus. Dann ist es auch wichtig, daß die Luftfeuchtigkeit relativ hoch ist. Oft platzen die Knospen ab, wenn die Kamelie in dieser Zeit Temperatur- oder auch Schwankungen der Feuchtigkeit bzw. der Luftfeuchtigkeit ausgesetzt ist. Keinesfalls dürfen die Knospen verhärten, weil sonst nach kurzer Zeit die Knospen abfallen.

Mein Zusatztip

Kamelien gehören zu den sogenannten Moorbeetpflanzen. Muß im Frühjahr umgetopft werden, ist eine saure Erde zu verwenden. Der optimale Reaktionsgrad liegt bei pH 4,5–5,5. Mischungen aus Torf, Moor- und Heideerde mit Rasenerde und Sandzusatz sind günstig. Auch soll immer mit kalkfreiem oder enthärtetem Wasser gegossen werden.

► Camellia (Kamelie) wirft Knospen

Vor einiger Zeit erhielt ich eine wunderschöne Kamelie verehrt. Sie hatte wenige offene Blüten, aber noch eine ganze Anzahl Knospen. Nun wirft sie plötzlich diese Knospen ab. Ich bin untröstlich, was soll ich tun, damit nicht alle Knospen abfallen und sich die wenigen Knospen zu einer schönen Blüte entwickeln?

◁ Kamelien sind als Zimmerpflanzen immer etwas empfindlich. Ganz sicher hängt das Abwerfen der Knospen mit der Umstellung von der Gewächshauskultur auf den neuen Standort im Zimmer zusammen. Meistens wird angenommen, daß durch ein Verstellen der Pflanzen die Knospen abfallen würden. Das mag manchmal der Fall sein, doch ist das sicher nicht der ausschlaggebende Faktor, denn sonst dürfte keine Kamelie nach dem Knospenansatz in der Gärtnerei an einen Kunden verkauft werden.
Kamelienkenner sind vielmehr der Ansicht, daß als Hauptursache eine Verhärtung der Knospenbasis durch eine zu geringe Luftfeuchtigkeit in Frage kommt.
Ideal wäre zunächst einmal ein sehr kühler Standort. Für Kamelien reicht ein heller, luftiger, kühler Raum mit Temperaturen um 10 °C. Kenner sind sogar der Ansicht, daß Temperaturen um 5 °C noch besser wären. Außerdem sollen Kamelien nicht von der direkten Mittagssonne getroffen werden.
Um die Luftfeuchtigkeit zu erhöhen und das Austrocknen der Knospen an der Basis zu verhindern, sollte man die Pflanzen täglich mit Wasser zu besprühen. Das ist vor allen Dingen im warmen Zimmer wichtig. Verwendet werden soll weiches, also kalkfreies Wasser, da Kamelien auf zu viel Kalk empfindlich reagieren.

Wußten Sie...

daß der Schwarztee, also die Teepflanze, eine nahe Verwandte der Kamelie ist. Unsere Zimmerpflanze heißt mit dem botanischen Name Camellia japonica, während der Teestrauch die botanische Bezeichung C. sinensis trägt. Unsere Kamelie ist vorwiegend in Japan und Korea beheimatet. Der Teestrauch in China, Assam und Burma.

▶ *Citrus (Orangenbäumchen) verpflanzen*

Ich besitze ein wunderschönes Orangenbäumchen, das voller Früchte hängt. Jetzt werden aber immer mehr Blätter gelb und fallen ab. Sicher muß ich es einmal umtopfen. Wann ist der günstigste Zeitpunkt zum Verpflanzen?

◁ Normalerweise können Orangenbäumchen (Citrus sinensis) mehrere Jahre ohne Verpflanzen kultiviert werden. Wichtig ist nur, daß sie während der Hauptwachstumszeit im Sommer ausreichend gewässert und gedüngt werden. Meistens reicht es aus, wenn sie alle 3–5 Jahre verpflanzt werden. Es gibt alte Exemplare in großen Kübeln, die sogar bis zu 10 Jahren im gleichen Gefäß stehen bleiben. Sollte umgepflanzt werden, so ist eine günstige Zeit das Frühjahr in den Monaten März oder April.
Zum Verpflanzen nehme man eine mittelschwere Erde. Man kann sie aus Kompost, etwas Sand und Torf selbst zusammenmischen. Der Torf ist günstig, da die Pflanzen ein saures Substrat bevorzugen.

▶ *Clivie nach der Blüte pflegen*

Meine Clivie hat mit 2 Stengeln geblüht. An einem der abgeblühten Stengel sitzen große Knollen. Was mache ich damit, soll ich diese abschneiden, und wie soll ich die Pflanzen weiter pflegen?

◁ Die „Knollen" sind Früchte, die die Blüten nach einer Bestäubung und Befruchtung angesetzt haben. Will man nun nicht selbst Samen ernten, sollten die Fruchtstände abgeschnitten werden, da sie der Pflanze sehr viel Kraft entziehen. Die beiden Blütenstengel können noch stehen bleiben. Sie trocknen langsam ein, und die Nährstoffe werden in andere Pflanzenteile abgeleitet. Stören jedoch die beiden Stengel, können sie auch jetzt schon abgeschnitten werden. Nachdem die Pflanze jetzt abgeblüht hat (Februar) soll sie jedoch nicht beiseite gestellt werden. Mit einem schönen Blütenflor im nächsten Winter ist zu rechnen, wenn die Pflanze jetzt weiter gegossen und gedüngt wird. Im Frühjahr kann auch umgepflanzt werden. Im Sommer ist von Juli oder August bis etwa Oktober eine Ruheperiode einzuhalten. In dieser Zeit wird nur so viel gegossen, daß die Blätter nicht schrumpfen. Erst ab Oktober wird wieder etwas mehr Feuchtigkeit gegeben, damit sich die während der Ruheperiode induzierten Blütentriebe entwickeln und durchschieben können. So behandelt, wird die Pflanze irgendwann zwischen Dezember und Februar wieder zum Blühen kommen.

▶ *Clivie mit Schildläusen*

Meine Clivie ist übersät von Schildläusen. Welche Möglichkeiten gibt es, um diese Pflanze noch zu retten?

◁ Schildläuse zählen zu den hartnäckigsten Schädlingen an Zimmerpflanzen. Da die Anwendung der für Zimmerpflanzen zugelassenen Pflanzenschutzmittel kaum Aussicht auf Erfolg hat, sollte man die Blätter in kürzeren Abständen abwaschen. Dem Wasser kann etwas Schmierseife zugemischt werden.

Angekündigt ist ein neues biologisches Mittel auf der Basis von Rapsöl. Dies soll gegen Schildläuse erfolgreich sein. Sobald es im Handel erscheint, sollte dieses Mittel Naturen auf jeden Fall versuchsweise eingesetzt werden. Da es auf pflanzlichen Wirkstoffen aufgebaut ist, besteht nach Angaben der Herstellers keine Gefahr für Menschen und Haustiere. Versuchsweise kann auch Promanal AF angewandt werden. Das Mittel ist auf Mineralölbasis aufgebaut und soll Schildläuse abtöten. Der Hersteller empfiehlt, 2 Tage nach der Anwendung die toten Schildläuse und den möglichen Rußtaubelag mit einem weichen Papier oder Lappen von den Blättern abzuwischen.

► Cocos (Kokospalme) gedeiht nicht

Vor einigen Monaten erhielt ich eine Kokospalme. Ich habe sie im Wohnzimmer aufgestellt, jedoch will sie nicht richtig gedeihen. Sie bekommt gelbe Blätter mit braunen Flecken und macht einen recht traurigen Eindruck. Wie soll ich die Pflanze pflegen, damit ich auch weiterhin eine Freude daran habe?

◁ Zunächst einmal sollte geklärt werden, ob es sich um eine echte Kokospalme, Cocos nucifera, handelt. Sie wird neuerdings gerne als Zimmertopfpflanze angeboten. Man kann sie auch selbst aus einer Kokosnuß heranziehen. Es gibt nämlich auch eine andere Palme, die früher zur Gattung Cocos gezählt wurde. Es handelt sich dabei um Cocos weddeliana, die heute jedoch den botanischen Gattungsnamen Microcoelum trägt. Diese Palme mit den fein gegliederten Blätten wächst relativ gut, wenn man die allgemeinen Ansprüche an die Wachstumsfaktoren einhält.
Offensichtlich handelt es sich aber bei der erwähnten Pflanze um die echte Kokospalme. Sie ist an der aus dem Blumentopf herausragenden Kokosnuß und den breiten Blättern unverwechselbar zu erkennen.
An sich stammt die Kokosnuß aus tropischen Gebieten. Sie gedeiht vor allen Dingen in Küstennähe. Das bedeutet, daß diese Palmen eine hohe Lichtintensität benötigen sowie gewisse Ansprüche an die Temperatur und die Luftfeuchtigkeit stellen. Gerade jetzt im ausklingenden Winter (Februar) ist es natürlich möglich, daß die Pflanze unter den unwirtlichen Klimabedingungen Mitteleuropas gelitten hat. Zunächst einmal sollte eine Kokospalme immer bei einer Mindesttemperatur von etwa 18–20 °C stehen. Außerdem ist eine hohe Luftfeuchtigkeit notwendig und sehr viel Licht. Aufgrund der bisher gemachten Erfahrungen leiden

Mein Zusatztip

Sollte das natürliche Licht nicht ausreichen, könnte einmal versuchsweise eine Pflanzenleuchte eingesetzt werden. Eine solche Leuchte sollte während der Wintermonate etwa 12 Stunden zusätzlich eingeschaltet werden, um das Lichtbedürfnis der Kokospalme zu decken.

die Kokospalmen im Wohnzimmer während der Wintermonate unter Lichtmangel. Die Pflanze sollte also unbedingt ganz nahe am Fenster, möglichst sogar an einem Südfenster stehen. Dann ist es möglich, daß auch der Winter bei uns gut überstanden wird. Noch besser wäre natürlich eine Kultur in einem heizbaren Kleingewächshaus. Dort hat die Pflanze immer einen vollen Lichtgenuß.

► *Cycas pflegen*

Zum Geburtstag erhielt ich eine Cycas-Palme geschenkt. Wie soll ich diese wunderschöne Pflanze pflegen, damit sie auch weiterhin gut gedeiht?

◁ Bei der Cycas handelt es sich um einen Baum- oder Palmfarn.
Die Pflanze ist schon etwas anspruchsvoll. Sie liebt einen möglichst hellen Standort. Im Sommer sollte die Pflanze jedoch vor direkter und voller Mittagssonne geschützt werden. Zimmertemperaturen sind durchaus verträglich. Selbst mit höheren Sommertemperaturen kommt die Pflanze gut zurecht. Auch im Winter sollen die Temperaturen nicht zu weit absinken. Auch in dieser Jahreszeit liegt das Temperaturoptimum zwischen 15 und 20 °C.
Etwas vorsichtig sollte man mit dem Gießen sein, obwohl der Palmfarn ständig etwas Feuchtigkeit benötigt, ist Staunässe auf jeden Fall zu vermeiden. Das gilt vor allen Dingen für die Wintermonate, in denen die Lichtverhältnisse ein zügiges Weiterwachsen nicht erlauben.
Natürlich braucht ein Palmfarn auch Nährstoffe. Nur sollte man mit mineralischen Düngern vorsichtig sein. Offensichtlich hat sich das Angießen mit Guano flüssig bewährt. Während der Hauptwachstumszeit vom Frühjahr bis zum Herbst kann damit ab und zu gedüngt werden. Verpflanzt werden muß nur in größeren Zeitabständen. Eine lockere, humose Erde ist auszuwählen. Früher hat man für den Palmfarn gerne Laub- oder Heideerde mit Lehm- und Sandzusatz verwendet. Heute wird man zu einer humosen Blumenerde greifen. Beste Zeit zum Umtopfen ist das Frühjahr oder der Frühsommer.

▶ Cyclamen (Alpenveilchen) selber aussäen

Meine Alpenveilchen haben Samen angesetzt. Kann ich die Kapseln abschneiden und die Samen aussäen? Was muß ich dabei beachten?

◁ Kein Problem ist es, Alpenveilchen aus Samen heranzuziehen, wenn man geeignete Klimabedingungen schaffen kann. Zunächst einmal sollten die Kapseln vor dem Aufplatzen gepflückt werden. Sie bleiben dann noch einige Zeit zum Nachreifen und Trocknen in einem temperierten Raum offen liegen. Anschließend werden die Samen aus den Kapseln herausgepult und in einem Glas oder Plastikgefäß kühl und luftig gelagert.

Ausgesät wird im allgemeinen im späten Herbst (Oktober oder November) in Töpfchen, Schalen oder Kistchen in eine humose, lockere, leicht saure Blumenerde. Das beste Keimergebnis erzielt man bei einer möglichst gleichmäßigen Temperatur von 18 °C. Alpenveilchen, die zu den

Mein Zusatztip

Alpenveilchen sind in den Bergregionen im Mittelmeerraum beheimatet. Sie benötigen in der Zeit der kurzen Tage sehr viel Licht, damit sie kurz und gedrungen bleiben, andererseits wünschen sie den Sommer über einen halbschattigen Standort. Die Pflanzen sind dann vor allen Dingen vor direkter Mittagsonne zu schützen. Eine feucht kühle Atmosphäre fördert das Wachstum und den Knospenansatz im Herbst.

Wußten Sie...

daß Sie abgeblühte Alpenveilchen weiterkultivieren können. Sie sollten zunächst im Zimmer weiter gepflegt werden, bis im Frühjahr keine Nachtfröste mehr zu erwarten sind. Dann kommen die Pflanzen an einen halbschattigen Platz im Garten. Von Juli oder August bis Oktober wird eine Ruhepause eingelegt. In dieser Zeit welken die Blätter ab, und die Pflanzen können trocken gehalten werden.

Im Oktober wird in frisches Substrat eingetopft, etwas angegossen und die Knolle zu neuem Leben erweckt. Um Weihnachten kann eine auf diese Weise durchkultivierte Pflanze wieder zum Blühen kommen.

Primelgewächsen gehören, keimen etwas unregelmäßig. Man muß bis zur vollständigen Auskeimung der Samen etwas Geduld haben (dauert oft mehr als 4 Wochen).
Das Jugendwachstum ist relativ langsam. Die Sämlinge stellt man an einem sehr hellen Platz in einem kühlen Raum auf. Es genügen Temperaturen zwischen 16 und 18 °C.
Im Frühjahr, bei stärkerer Lichtintensität, beginnen die Pflanzen kräftiger zu wachsen. Sie werden in kleine Töpfe gepflanzt und später noch einmal umgetopft. Übliche humose, leicht saure Blumenerde ist für Alpenveilchen ideal. Ab Juni können die Pflanzen sogar im Freien aufgestellt werden. Ein luftiger, schattiger Platz unter dem dichten Blätterdach eines Baumes ist besonders günstig. Die Pflanzenentwicklung wird während der Wachstumszeit durch gelegentliche Düngergaben unterstützt. Die Pflanzen vertragen 0,2%ige Lösungen (2 g oder ml Dünger/l Wasser). Vor den ersten Nachtfrösten im Herbst werden die Pflanzen wieder eingeräumt. Sie kommen entweder in einen Frühbeetkasten, ein Kleingewächshaus oder an ein helles Fenster im kühlen Raum. Dort werden die Pflanzen zwischen Oktober und Dezember zum Blühen kommen.

► *Cyclamen (Alpenveilchen) wieder zum Blühen bringen*

Ich hatte in den vergangenen Wochen wunderschöne Alpenveilchen. Sie sind jetzt verblüht (Februar). Wie muß ich sie weiterkultivieren, daß ich sie später wieder zum Blühen bringe? Aufgefallen ist mir, daß bei manchen Pflanzen die Knollen faulen.

◁ Alpenveilchen können viele Jahre alt werden, wenn sie richtig weitergepflegt werden. Zunächst einmal ist es wichtig, daß sie in den nächsten Wochen und Monaten normal mit Feuchtigkeit und Nährstoffen versorgt werden. Sie sollen also jetzt in die vegetative Phase übergehen und reichlich Blätter bilden bzw. die vorhandenen Blätter behalten. Die Pflanzen bleiben bis etwa Ende Mai oder Anfang Juni im Zimmer, eben so lange, bis keine Nachtfröste mehr auftreten. Dann können die Alpenveilchen sogar im Garten unter einem Baum oder eine nicht zu sonnige Stelle auf den Balkon gestellt werden. Im Sommer, etwa ab Juli oder Anfang August, beginnt die Ruheperiode. Schon etwa 3–4 Wochen vorher wird die Nährstoffversorgung eingestellt und die Pflanzen durch trockener halten auf diese Ruheperiode vorbereitet. Die Blätter sterben nun ab, und die Pflanzen können ganz trocken gehalten werden Stehen sie in Töpfen im Garten, sollten diese sogar während feuchter Witterungsperioden umgelegt werden, damit die Knospen nicht austreiben bzw. auch nicht in Fäulnis übergehen.

Erst im Oktober werden die Knollen wieder in Kultur genommen. Entweder werden die Pflanzen in einen kühlen Raum gebracht, ohne vorher umzutopfen, oder aber man pflanzt die Knollen vorsichtig in ein frisches Substrat. Alpenveilchen lieben eine humose, leicht saure Erde, mit einem Reaktionsgrad von pH 6,0.

In den nächsten Wochen muß vorsichtig gegossen werden, da die Pflanzen noch keine Blätter besitzen. Es bilden sich nun neue Wurzeln, und bald wird sich die Blattbildung bemerkbar machen. Die Pflanzen werden dann in einem Raum bei etwa 15 °C gehalten. Viel Licht ist erforderlich, damit die Blattstiele kurz und gedrungen bleiben. Ein zu warmes Zimmer ist ungünstig, da die Pflanzen dort zu lange Blattstiele bilden, die Blätter „vergeilen".

Unter günstigen Bedingungen werden die Alpenveilchen ab November oder Dezember wieder zum Blühen kommen.

Obwohl die Alpenveilchen nicht zu trocken gehalten werden dürfen, sind sie doch behutsam zu gießen, da sonst die fleischigen Wurzeln und Knollen leicht in Fäulnis übergehen. Ein individuelles Gießen der Pflanzen ist erforderlich.

► Cymbidium blüht nicht

Schon seit längerer Zeit kultiviere ich eine Cymbidium. Obwohl mir diese Pflanze als anspruchslose Orchidee empfohlen wurde, kommt sie bei mir nicht zum Blühen. Was ist die Ursache, wie muß ich sie behandeln?

◁ Cymbidien sind attraktive Orchideen, die aus dem asiatischen Raum zu uns gekommen sind. In der Heimat wachsen sie epiphytisch (auf Bäumen) oder terrestrisch (auf dem Boden). In Kultur werden sie sozusagen als halbterrestrische Pflanzen kultiviert, also meistens in einem verhältnismäßig großen Topf in einem lockeren Orchideensubstrat, das aus Kiefernrinde, Osmunda-Wurzeln, Baumfarnfasern oder zerkleinertem Sumpfmoos mit grobkörnigem Sand besteht.

Wichtig ist, daß die Wurzeln genügend Platz haben und das Substrat nicht nur Wasser speichert, sondern auch wasserdurchlässig ist.

Die Hauptwachstumszeit der wichtigsten Pflanzen liegt im Sommer. In dieser Zeit ist viel Feuchtigkeit, auch Luftfeuchtigkeit notwendig. Charakteristisch für die Cymbidien sind die auffallenden Pseudobulben, an deren Spitze sich die riemenförmigen Blätter befinden. Sobald diese Pseudobulben ausgewachsen sind, werden die Pflanzen trockener und kühler gehalten. Die Pflanzen legen nun eine Ruheperiode ein, die mehrere Wochen dauern kann. In dieser Zeite werden die Blütenknospen angelegt. In dieser Zeit werden die Pflanzen nur so feucht gehalten, daß Pseudobulben und Blätter nicht schrumpfen.

Wußten Sie...

daß Cymbidium gelegentlich unter der deutschen Bezeichnung Kahnorche geführt bzw angeboten werden? Diese Bezeichnung wird direkt aus der griechischen Bezeichnung des Gattungsnamens kymbos = Boot oder Kahn, abgeleitet. Die Bezeichnung bezieht sich auf die kahnartig gewölbte Lippe der Einzelblüte.

► *Eucalyptus (Blaugummibaum) Triebe zurückschneiden*

Vor einiger Zeit habe ich mir einen Eucalyptus gekauft. Er wächst sehr gut und wird immer höher. Kann ich die Triebe zurückschneiden? Wann und wie erfolgt dieser Rückschnitt?

◁ Über 500 verschiedene Eucalyptus-Arten sind heute bekannt, die überwiegend in Australien, einige auch in Neuguinea und Malaysia beheimatet sind. In Kultur ist meistens Eucalyptus globulus, der Blaugummi- oder Fieberheilbaum. Es handelt sich dabei um ein außerordentlich rasch wachsendes Gehölz, das in der Heimat bis zu 70 oder 80 m hoch werden kann. Auch als Topfpflanze wächst dieser Eukalyptus bei uns relativ rasch, so daß er oft schon nach kurzer Zeit zu hoch werden kann.
Ob man die Pflanze im natürlichen Wuchs halten oder sie zurückschneiden will, muß man selbst entscheiden. Oft kann durch einen Rückschnitt die natürliche Schönheit verloren gehen. Möglich ist aber ein Entspitzen junger Triebe, um buschigere Pflanzen zu erzielen. Bei einem möglichen Rückschnitt sollte man aber nicht zu weit ins alte Holz zurückgehen, da die dort einmal vorhanden gewesenen „schlafenden Augen" oft nicht mehr austreiben.

► *Euphorbia (Weihnachtsstern)*

Ich habe vor einigen Tagen einen Weihnachtsstern gekauft. Er wirft schon nach wenigen Tagen sämtliche Blätter ab. Was ist dafür die Ursache? Kann ich die Pflanze noch retten? Erworben habe ich die Pflanze in einem örtlichen Geschäft, wo zahlreiche Exemplare vor dem Laden im Eingangsbereich aufgestellt waren.

◁ Weihnachtssterne werden in temperierten Gewächshäusern bei Temperaturen zwischen 17 und 20 °C herangezogen. Da es sich um eine Pflanze aus warmen Gebieten (Mexiko) handelt, müssen die Temperaturansprüche unbedingt beachtet werden. Es kann sein, daß zur Zeit des Einkaufs mildes Vorwinterwetter herrschte. Trotzdem ist es problematisch, Weihnachtssterne im Freien aufzustellen, da bei einem längeren Aufenthalt eine Unterkühlung möglich ist. Durch diese Schockwirkung können die Blätter nach einigen Tagen meistens von unten nach oben rasch gelb werden und abfallen. Oft werfen die Pflanzen die Blätter sogar in grünem Zustand ab. Beim Erwerb und Transport der Pflanzen ist also auf jeden Fall darauf zu achten, daß sie keinen Temperaturschockerleiden und möglichst immer unter etwa gleichmäßigen Temperaturen um oder etwas unter 20 °C gehalten werden.

▶ *Euphorbia (Weihnachtsstern) blüht nicht*

Einige Weihnachtssterne habe ich den Sommer über weiterkultiviert. Sie sind recht gut gewachsen. Nur befürchte ich, daß sie keine Blüten ansetzen. Jetzt, Mitte November, kann ich noch keine Knospen entdecken. Wie muß ich die Pflanzen behandeln, damit sie noch zu Weihnachten blühen?

◁ Der Weihnachtsstern zählt zu den sogenannten Kurztagspflanzen. Zu dieser Kategorie gehören alle die Gewächse, die in der Heimat während der Zeit der kurzen Tage Knospen ansetzen und zum Blühen kommen. Da der Weihnachtsstern in Mexiko beiheimatet ist, setzt er Knospen an, wenn die Tageslänge unter 12 Stunden Licht absinkt. Will man nun Weihnachtssterne sicher zum Blühen bringen, müssen sie über einen längeren Zeitraum pro Tag mindestens 14 Stunden absolute Dunkelheit haben. Sie dürfen also nur 10 Stunden vollem Licht ausgesetzt werden.

Normalerweise haben wir jetzt auch die Zeit der kurzen Tage. Stehen die Pflanzen aber im Zimmer, in dem abends

Wußten Sie...

daß die Weihnachtssterne zur Familie der Wolfsmilchgewächse (Euphorbiaceae) gehören. Der Milchsaft ist giftig. Vorsicht ist mit Kleinkindern geboten, die Blätter der Pflanze in den Mund stecken. Es wurden schon lokale Entzündungserscheinungen beobachtet. Ansonsten kann es bei Einnahme der Blätter zu leichtem Übelsein und Erbrechen kommen.

das Licht brennt, wird die Knospenbildung unterbrochen. Schon ein geringer Lichtschein, z.B. durch eine Straßenlaterne, kann die Knospenbildung unterbinden. Einen sicheren Knospenansatz erhält man also nur, wenn die Pflanzen z.B. von 18.00 bis 8.00 Uhr oder von 17.00 bis 7.00 Uhr absoluter Dunkelheit ausgesetzt sind. Ist das auf natürlichem Wege nicht möglich, muß die Pflanze künstlich verdunkelt werden. Zu diesem Zweck stülpt man über die Pflanze eine schwarze Folie oder bringt sie in einen völlig abgedunkelten Raum. Diese Dunkelperiode muß mindestens 30 Tage anhalten. Dann blühen die Pflanzen etwa 9–10 Wochen nach Beginn der Dunkelphase.

Mein Zusatztip

Zu Hause werden Weihnachtssterne gerne am Fenster aufgestellt. Auch beim Lüften der Räume ist darauf zu achten, daß sie nicht von kalter Außenluft getroffen werden. Es kann nämlich auch dann nach einigen Tagen zum Abwerfen der Blätter kommen. Übrigens reagieren Weihnachtssterne in ähnlicher Weise auf Staunässe im Boden und auf zu hohe Temperaturen, wenn die Pflanzen auf dem Fenstersimsen über einem Heizkörper stehen.

► Fatsia (Aralie) wirft Blätter ab

Meine Aralie (Zimmeraralie, Fatsia japonica) ist im Sommer sehr gut gewachsen. Jetzt im Winter stellte sie ihr Wachstum nahezu ein und hat auch einige Blätter im unteren Bereich verloren, obwohl ich sie sofort düngte, nach dem das erste Blatt gelb geworden ist. Was soll ich tun, um die Pflanze zu retten?

◁ Zwei Ursachen können für den Schaden in Frage kommen. Einmal ist es möglich, daß die Aralie den Winter über zu naß gehalten wurde und durch Staunässe im Wurzelballen Störungen aufgetreten sind. Die Pflanze äußert einen solchen Schaden durch Gelbwerden der Blätter und Blattabwurf.

Wahrscheinlicher ist jedoch, daß die Pflanze während der Winterwoche zu dunkel gestanden hat. Dafür spricht das in diesem Falle typische Gelbwerden der Blätter von unten

nach oben. Im warmen Zimmer wächst nämlich die Pflanze auch im Winter weiter, kann aber wegen fehlender Strahlungsintensität nicht assimilieren, das heißt über die Wurzeln aufgenommene Nährstoffe in organische Baustoffe umwandeln.
In diesem Falle hilft auch eine zusätzliche Düngung nicht, da die Pflanze die verabreichten Nährstoffe ebenfalls nicht umwandeln kann.
Auf jeden Fall sollte einmal der Wurzelbereich kontrolliert werden. Sind die Wurzelspitzen weiß, kann der Schaden nicht durch Staunässe verursacht worden sein. In diesem Falle kommt sicher der Lichtmangel in Frage. Auf jeden Fall sollte die Pflanze ganz nahe an ein Fenster gestellt werden. Da die Zimmeraralie relativ anspruchslos ist, könnte man sie in einem kühlen Raum aufstellen, um das vegetative Wachstum während der Winterwochen zu bremsen. Die Pflanze übersteht nämlich Temperaturen zwischen 8 und 12 °C recht gut. In diesem Falle muß sehr vorsichtig gegossen werden, es werden aber kaum Nährstoffe für ein weiteres Wachstum benötigt.
Den Sommer über kann die Pflanze sogar an einem nicht vollsonnigen, etwas geschützten Standort im Freien aufgestellt werden. Dort fühlt sie sich unter unseren Klimabedingungen meistens am wohlsten.

► *Ficus benjamina wirft Blätter ab*

Mein „Benjamina“ wirft seit einiger Zeit die Blätter ab. Ich bin sehr in Sorge, daß er bald völlig entlaubt ist. Was ist die Ursache dieses Schadens, und was kann ich dagegen tun?

◁ Für das Abwerfen der Blätter bei Ficus benjamina können die verschiedensten Ursachen in Frage kommen:
Normalerweise ist diese Ficusart robust und kann problemlos im Zimmer kultiviert werden. Ein heller Standort in einem gleichmäßig temperierten Raum ist für eine gute Kultur Voraussetzung. Im Laufe der Zeit stellt die Pflanze ihre Blätter zum Licht, da sich die assimilierende Fläche auf der Blattoberseite befindet. Da nun sozusagen das Gesicht der Pflanze zum Fenster hinausschaut, wird dieser

Ficus, aber auch andere Zimmerpflanzen, gelegentlich um 180 Grad gedreht. Diese Maßnahme überstehen meistens nur die jungen Blätter, die sich nach einiger Zeit wieder zum Licht hin ausrichten. Die alten Blätter können diese Drehbewegung nicht mehr ausführen, „fühlen“ sich überflüssig und werden abgeworfen. Dieser Blattabwurf findet in der Regel von unten nach oben statt. Aus diesem Grunde ist es problematisch einen „Benjamina“ immer wieder zu drehen.

Diese Ficusart ist auch empfindlich gegen kalte Zugluft, Staunässe im Boden usw. Fühlt sich die Pflanze aus physiologischen Gründen unwohl, äußert sie ihr Mißfallen durch Abwerfen der Blätter. In diesem Falle werden aber meistens die Blätter aus verschiedenen Regionen der Pflanze abgeworfen, also nicht von unten nach oben.

Noch eine Ursache ist für das Abwerfen der Blätter von unteren nach oben möglich. Sie tritt jedoch nur während der Wintermonate auf. Steht der Ficus benjamina in einem dunklen, relativ warmen Raum, wächst die Pflanze problemlos weiter. Da sie aber nicht mehr genügend Licht zum Assimilieren hat, entzieht sie den unteren Blättern die Nährstoffe und verwendet diese zum Weiterwachsen in den oberen Bereichen. Die so „ausgelaugten“ unteren Blätter werden nacheinander abgeworfen.

Für einen Blattfall kommen möglicherweise auch tierische Schädlinge in Frage. Blattläuse, Spinnmilben, Schildläuse treten häufiger auf. Sollten solche Insekten festgestellt werden, müssen entsprechende Maßnahmen zur Bekämpfung durchgeführt werden.

Letztendlich muß noch darauf hingewiesen werden, daß ältere Pflanzen ab und zu ohne ersichtlichen Grund die Blätter abwerfen. Das ist eine Erscheinung, die gerade bei dieser Ficusart sehr häufig vorkommt. Eine betimmt Gegenmaßnahme ist nicht bekannt.

Wußten Sie...

daß sich der Ficus benjamina in den tropischen Gebieten Indiens und Ceylons zu prächtigen Bäumen entwickeln. Im botanischen Garten in Kandy (Sri Lanka) steht ein Prachtexemplar mit einem Kronendurchmesser von über 45 m.

► *Ficus (Gummibaum) hat kleine Blätter*

Seit vielen Jahren kultiviere ich einen prächtigen Gummibaum. Er hat mehrere Triebe und ist recht schön in die Höhe gewachsen. Nun stelle ich fest, daß alle neuen Blätter immer kleiner werden, obwohl ich die Pflanze erst vor einiger Zeit umgetopft habe. Was ist die Ursache und was soll ich tun, damit die Blätter größer werden?

◁ Der Gummibaum (Ficus elastica 'Decora') ist eine sehr dankbare und anspruchslose Grünpflanze für die Zimmerkultur. Sie benötigt jedoch immer viel Licht und reichlich Nährstoffe. Zwei Möglichkeiten kommen für das Kleinerwerden der Blätter in Frage. Einmal kann es sich um einen Nährstoffmangel handeln. Sehr oft stellt man fest, daß Gummibäume größere und kleinere Blätter bilden und zwar werden die Blätter immer kleiner, wenn nicht genügend Nährstoffe zur Verfügung stehen. Düngt man die Pflanze dann wieder stärker, werden die neuen Blätter wieder größer. Die ausgewachsenen kleinen Blätter kann man in der Größe jedoch nicht mehr verändern.

Da die Pflanze offensichtlich durch die lange Kulturzeit schon eine gewisse Höhe erreicht hat, kann auch Lichtmangel in Frage kommen. So lange die Triebe vom Licht der Fenster voll getroffen werden, können sie optimal assimilieren, also die aufgenommenen Nährstoffe in Baustoffe umwandeln. Wenn die Triebe über die Höhe des Zimmerfensters hinauswachsen, ist eine eigenständige Assimilation kaum mehr möglich, so daß sie von den zugelieferten Baustoffen leben müssen. In diesem Falle kann es vorkommen, daß auch bei normaler Ernährung neue Blätter wieder kleiner werden.

Kommt für das Kleinerwerden der Blätter diese Ursache in Frage, kann durch eine stärkere Düngung nichts erreicht werden. Vielleicht sollte man überlegen, die Pflanze einmal zu verjüngen, also die Triebe einzukürzen. Nur verliert der Gummibaum dann oft seine schöne Gestalt, so daß man lieber darauf verzichtet. Im anderen Falle kann man wieder größere Blätter erreichen, wenn der Gummibaum ausreichend ernährt wird. Oft reicht ein Umpflanzen wohl momentan aus. Doch sind die Nährstoffe bei dieser stark zehrenden Pflanze oft schon nach wenigen Wochen wieder aufgebraucht. Deshalb sollte schon einige Zeit nach dem Umtopfen, wenn die Pflanze schon im neuen Topf Wurzeln gefaßt hat, mit Blumenvolldüngern nachgeholfen werden. Während der Vegetationszeit von etwa April bis September ist es durchaus möglich, alle 2–3 Wochen eine zusätzliche Ernährung zu verabreichen. Übliche Konzentrationen sind 0,2%, also 2 g oder 2 ml Dünger/l Wasser.

► *Hibiscus (Roseneibisch)*

Den Sommer über hatte ich meinen Hibiscus im Garten stehen. Nun habe ich ihn vor einiger Zeit hereingenommen. Er steht im Treppenhaus und soll dort überwintern. Nun stelle ich fest, daß er die Blätter abwirft. Was ist die Ursache, wie kann der Blattfall verhindert werden?

◁ Mit größter Wahrscheinlichkeit fehlt dem Hibiscus im Treppenhaus das notwendige Licht. Diese Pflanze stammt in seiner Urform aus dem subtropischen und tropischen Asien und liebt deshalb wohl im Sommer sonnige bis leicht halbschattige Standorte, im Winter ist volles Licht erforderlich. Deshalb sollte der Hibiscus wohl in einem kühleren Raum aufgestellt werden, jedoch möglichst am Südfenster. Besser wäre noch ein Wintergarten. Dort werden die Ansprüche an das Licht meistens erfüllt.
Die Überwinterungstemperatur ist den Lichtverhältnissen anzupassen. Im allgemeinen fühlt sich der Hibiscus bei etwa 10–15 °C recht wohl.
An sich ist der Roseneibisch keine sehr robuste Zimmer- oder Kübelpflanze. Manchmal reagiert er nicht nur auf das

Licht, sondern auch auf andere physiologische Störungen wie Wassermangel oder veränderte Luftfeuchtigkeit mit dem Abwerfen von Blättern und Knospen. Deshalb ist gerade der Übergang vom sommerlichen Standort im Freien auf den Überwinterungsraum immer etwas schwierig.
Im übrigen sollte noch beachtet werden, daß gerade jetzt in dieser Jahreszeit (November) Staunässe im Wurzelbereich gefährlich werden kann. Auch hier sind ähnliche Reaktionen der Pflanze möglich.

▶ *Hippeastrum (Amaryllis)*

Ich habe eine blühende Amaryllispflanze gekauft. Der Gärtner hat mir empfohlen, die Pflanze später weiterzukultivieren. Wie soll ich die Pflanze pflegen, damit sie in einem Jahr wieder zum Blühen kommt?

◁ Amaryllis (Hippeastrum) sind typische Zwiebelgewächse, die für eine mehrjährige Kultur gut geeignet sind. Voraussetzung für ein weiteres Blühen ist jedoch, das der Wachstumsrhythmus genau eingehalten wird.
Nach dem Verblühen darf die Pflanze nicht zur Seite gestellt werden. Sie benötigt auch weiterhin einen hellen Standort, möglichst nahe am Fenster und übliche Raumtemperaturen. Die verwelkten Blütenteile werden abgeschnitten, die Pflanze aber nun normal weitergegegossen. Sie sollte sogar zusätzlich im Abstand von etwa 2–3 Wochen mit einem Blumendünger versorgt werden. Die Konzentration beträgt etwa 0,2% (2 g Dünger/l Wasser). Die Düngung stellt man etwa ab Juli ein, um die Pflanze auf die Ruheperiode vorzubereiten. Sie beginnt ab etwa Anfang

Mein Zusatztip

Die absolute Ruheperiode im Sommer ist unbedingt einzuhalten. Ansonsten werden keine Blütenknospen angesetzt. Wichtig ist auch bei der Kultur nach der Blüte die ausreichende Nährstoffversorgung. Davon hängt nämlich die Bildung von „Baustoffen“ ab, die in der Zwiebel gespeichert werden. Sie sind die Nährstoffreserven zur Knospenbildung und für die Wachstumsphase beim Antreiben.

August. Nun wird die Pflanze 2–3 Monate nicht mehr gegossen und gedüngt. Die Blätter ziehen vollständig ein und sterben ab. Während der Ruheperiode werden bereits die Blütenknospen in der Zwiebel angelegt. Wird die Ruheperiode nicht eingehalten, wachsen die Pflanzen immer weiter und setzen keine Blütenknospen an.
Erst ab November oder Dezember wird die Pflanze wieder in Kultur genommen. Durch etwas Feuchtigkeit werden die Nährstoffe in der Zwiebel mobilisiert, sie beginnt durchzutreiben. Entsprechend dem Austrieb wird immer etwas mehr Wasser gegeben, gleichzeitig die Pflanze an einem hellen, normalen Platz am Fenster aufgestellt. Abhängig von der Temperatur und den sonstigen Bedingungen kann die Pflanze nach etwa 6–8 Wochen blühen.
Umgepflanzt wird am besten, wenn die Zwiebel eben angetrieben hat oder aber auch nach der Blüte. Auch vor dem Antreiben kann man die Zwiebel in frische Erde pflanzen. Nur muß man dabei beachten, daß die vorhandenen Wurzeln möglichst wenig beschädigt werden.

► *Hippeastrum (Amaryllis) vermehren*

Schon seit einigen Jahren kultiviere ich mehrere Amaryllis. Von Zeit zu Zeit pflanze ich um. Dabei habe ich festgestellt, daß sich immer kleine Zwiebeln an der Basis gebildet haben. Kann ich diese abnehmen und daraus neue, blühfähige Pflanzen heranziehen?

◁ Früher hat man die echten Amaryllis-Sorten durch diese Nebenzwiebeln vermehrt. Heute hat man auch andere vegetative Vermehrungsarten gefunden. Es ist also durchaus möglich, aus diesen Brut- oder Nebenzwiebeln neue Pflanzen heranzuziehen.
Normalerweise werden die Nebenzwiebeln bzw. die sich daraus oft schon entwickelten kleinen Pflanzen beim Umtopfen vorsichtig von der Zwiebel abgetrennt und in kleine Töpfchen gepflanzt. Am besten kommen sie gleich in eine nahrhafte Blumenerde und werden wie die großen Zwiebeln und Pflanzen weiterkultiviert. Da sich aus diesen Nebenzwiebeln erst blühfähige Pflanzen bilden müssen, braucht man hier anfänglich keine Ruheperiode im Som-

mer einzuhalten. Die Pflanzen werden also immer gleichmäßig gegossen und bei Bedarf gedüngt. Gut gepflegte Pflanzen aus Nebenzwiebeln blühen etwa nach 2–4 Jahren. Vorher müssen sie natürlich, wie die großen Zwiebeln, im Sommer eine Ruheperiode durchmachen, damit sie während dieser Zeit Knospen ansetzen können.

▶ *Hoya (Wachsblume) vermehren*

Viel Freude bereitet mir meine Wachsblume. Sie blüht alljährlich im Frühjahr oder Frühsommer und hat sich zu einer mächtigen Pflanze entwickelt. Nun möchte ich gerne Ableger machen. Kann ich diese Pflanze selbst vermehren?

◁ Die Vermehrung der Wachsblume ist relativ einfach. Am besten werden Kopfstecklinge geschnitten. Will man aber nicht so viele Triebspitzen dafür verwenden, können auch sogenannte Triebstecklinge geschnitten werden. Darunter versteht man Stengelstücke mit 2–3 Augen (Blattansätze), die wie die Kopfstecklinge behandelt werden.

Der günstigste Vermehrungszeitpunkt ist das Frühjahr. Die Stecklinge werden geschnitten und in ein Torf-Sand-Gemisch (Verhältnis 1:1) zu mehreren in einen kleinen Topf gesteckt. Anschließend wird angegossen und am besten darüber eine Folientüte gestülpt, damit die Pflanzen eine hohe Luftfeuchtigkeit haben und nicht so viel Wasser verdunsten.

Aufgestellt wird das Töpfchen an einem hellen, jedoch nicht sonnigen Platz am Fenster. Die Temperatur soll zwischen 20 und 25 °C liegen. Ideal ist es, wenn sich unter dem Fenstersims eine Heizung befindet, damit etwas Bodenwärme entstehen kann. Sofern man ein Zimmergewächshaus mit einer elektrischen Heizung hat, kann man auch darin recht gut vermehren.

Sobald sich der Trieb regt, wird die Folie abgenommen und die Pflänzchen normal weitergepflegt. Es sollte jedoch kontrolliert werden, ob die Stecklinge auch Wurzeln gezogen haben. Nach einiger Zeit muß in eine nährstoffhaltige Erde umgepflanzt und normal weiterkultiviert werden.

► Blaue Hydrangea (Hortensie), blüht im Garten rot

Im vergangenen Jahr erhielt ich eine wunderschön blau blühende Hortensie. Nach dem Verblühen pflanzte ich sie in den Garten. Jetzt hat sie einige neue Blütenstände ausgebildet, die aber nicht mehr blau, sondern rötliche Blüten ausbildet. Warum blüht diese „blaue" Hortensie jetzt plötzlich rot? Kann ich die Pflanze anregen, im nächsten Jahr wieder blau zu blühen?

◁ Die blaue Farbe der Hortensienblüten (es handelt sich um Hochblätter oder Brakteen) wird durch die Farbintensität des Anthocyans, ausgelöst. Es handelt sich dabei um einen roten Farbstoff im Zellsaft, der unter gewissen Bedingungen seine Farbe verändert. Dafür verantwortlich sind Aluminiumionen, die eine Koagulation (Zusammenballung) verursachen. Aufgrund dieser Reaktion erscheint dann plötzlich der rote bzw. rosa Farbstoff blau. Aluminiumionen sind in saurem Boden in Lösung, während sie bei alkalischer Reaktion durch Kalk abgebunden werden. Deshalb blühen manche Hortensiensorten in stark saurem Boden blau, in weniger stark saurem Boden rot oder rosa. Weiße Hortensien können ihre Farbe nicht verändern. Nun war es sicher so, daß sie eine blau blühende Hortensie als Topfpflanze bekommen haben, die in einem stark sauren Boden wurzelte. Ihr Gartenboden hat jedoch eine andere Bodenreaktion, so daß die Wirkung der Aluminiumionen ausblieb. Der mehr rote bzw. rosa Farbton ist die natürliche Farbe dieser Hortensiensorte. Es wird sich wohl kaum lohnen, die Hortensie im Garten wieder auszugraben und den Boden durch stark saures Material (saurer Hochmoor-Weißtorf) im

Mein Zusatztip

Will man einmal mit der Farbe der Hortensien experimentieren, kann man neben der Absenkung des Reaktionsgrades die Pflanze im Garten, aber auch im Blumentopf, mit Kalialaun oder Aluminium-Sulfat angießen. Die Konzentration beträgt 0,2% (2 g/l Wasser). Die in diesen Chemikalien enthaltenen Aluminiumionen können den Farbumschlag der Hochblätter bewirken.

Reaktionsgrad zu verändern. Fühlt sich die Hortensie an ihrem neuen Platz im Garten wohl, wird sie auch in nächsten Jahren immer wider kräftig wachsen und rote oder rosafarbene Blütenstände ausbilden. Immer sollte man jedoch darauf bedacht sei, daß der Boden einen gewissen Säurewert aufweist.

► *Impatiens (Fleißiges Lieschen) hat gelbe Blätter*

Als Zimmerpflanze kultiviere ich Fleißige Lieschen. Sie stehen am Westfenster in schönen Übertöpfen. Jetzt beobachte ich, daß die Pflanzen gelbe Blätter bekommen. Was ist die Ursache?

◁ Gelbe Blätter können verschiedene Ursachen haben. In diesem Fall bin ich der Meinung, daß die Pflanzen unter Staunässe leiden. Oft kommt es vor, daß man die Pflanzen in Übertöpfen zu häufig gießt und sich am Boden des Übertopfes das Überschußwasser ansammelt. Dadurch kommt es zu einer Vernässung im Wurzelballen. Die Folge ist, daß die Wurzeln abfaulen und kein Wasser bzw. Nährstoffe aufgenommen werden können. Auf jeden Fall sollten die Pflanzen einmal ausgetopft und der Wurzelballen kontrolliert werden. Sind die Wurzelspitzen schwarz und abgestorben, ist dafür Staunässe verantwortlich. In diesem Falle müssen die Pflanzen trockener gehalten werden.
Kommt Staunässe eindeutig nicht in Frage, können gelbe Blätter auch durch Hunger ausgelöst werden. In diesem Falle müssen die Pflanzen im Abstand von 10–14 Tagen mit einem üblichen Blumenvolldünger gedüngt werden.

Wußten Sie...

daß die ersten Fleißigen Lieschen schon vor 350 Jahren aus dem tropischen Afrika nach Europa eingeführt wurden. Hier haben sie sich rasch zu einer beliebten Zimmerpflanze entwickelt, die unter günstigen Bedingungen ganzjährig Blüten ausbildet. Sicher hat sie nach dieser besonderen Eigenschaft ihren volkstümlichen Namen erhalten.

▶ Jasminum blüht nicht

Mein Zimmerjasmin, den ich im letzten Jahr erworben habe, hat viele neue Triebe gebildet. Sie sehen gesund aus, doch setzt die Pflanze keine Blüten an. Was muß ich tun, damit ich diese Pflanze wieder zum Blühen bringe?

◁ Wahrscheinlich handelt es sich um den bei uns meistens kultivierten, weiß blühenden und duftenden Jasmin (Jasminum officinale). Diese Art blüht bei uns normalerweise von Juni bis September, kann aber auch zu anderen Jahreszeiten zum Blühen gebracht werden. Die Kulturbedingungen entsprechen einer Kalthauspflanze.

Am besten ist es, wenn die blühende Pflanze an einem hellen Platz aufgestellt wird. Sie ist jedoch vor direkter Sonnenbestrahlung um die Mittagszeit zu schützen. Die Pflanze kann sogar den Sommer über im Garten an einem geschützten Platz stehen.

Wichtig ist der richtige Standort im Winter. Die Pflanzen benötigen während der kalten Jahreszeit nur eine Temperatur von 5–10 °C. Während im Sommer der Wurzelballen gleichmäßig feucht gehalten werden muß, sollte bei kühler Überwinterung nur dann gegossen werden, wenn die Erde oberflächlich etwas abgetrocknet ist.

Sobald sich im Frühjahr der neue Austrieb regt, kann die Temperatur etwa bei 18 °C gehalten werden. So behandelt, müßte die Pflanze im Sommer wieder blühen.

Wußten Sie…

daß der Zimmerjasmin mit Jasminum nudiflorum, unserem Winterjasmin eng verwandt ist? Auch dieser Jasmin ist sehr anspruchslos und öffnet seine gelben Blüten im Freien oft schon mitten im Winter. Andererseits handelt es sich bei dem oft im Garten im Sommer blühenden „Jasmin“ um den sogenannten Falschen Jasmin, der zur Gattung Philadelphus gehört.

▶ *Krankenzimmer mit Topfpflanzen*

Im Zimmer eines Patienten stehen übliche Topfpflanzen. Ich habe gehört, daß diese eine Infektionsquelle für den Kranken darstellen. Muß ich diese blühenden und grünen Zimmerpflanzen aus dem Krankenzimmer entfernen?

◁ Es gibt Hinweise, daß sich in der Blumenerde Schimmelpilze, vor allen Dingen Aspergillus-Arten entwickeln können. Es ist bekannt, daß Sporen dieser Pilze durch wiederholtes Einatmen allergische Erscheinungen verursachen können. Auch bei schwerkranken Patienten (z.B. bösartigen Erkrankungen des Blutes und des Knochenmarkes, Leukämie usw.) können Infektionen verursacht werden. Ansonsten sind schädliche Auswirkungen nicht bekannt.

Spitalhygieniker haben festgestellt, daß Gefahren durch diese Pilze nur für sogenannte Risikopatienten bestehen. Eine Rückfrage beim behandelnden Arzt wegen möglicher Gefahren ist empfehlenswert. Andererseits können Zimmerpflanzen auch im Krankenzimmer verbleiben, wenn sie in Hydrokultur stehen. Eines ist dabei zu beachten. Auch auf den Blähtonkügelchen älterer Hydrokulturpflanzen können sich Schimmelpilze ansiedeln. Deshalb sollte im Krankenzimmer die Oberfläche mit frischen Blähtonkügelchen abgedeckt werden.

▶ *Kunststoff- oder Tontöpfe*

Ich habe beobachtet, daß die Gärtner Zimmerpflanzen in Kunststoff- und Tontöpfen kultivieren. Dabei scheint es keine Regel zu geben, welche Pflanzen im einen oder im anderen Topf kultiviert werden müssen. Warum gibt es diese Unterschiede, und welche Auswirkungen haben die Töpfe auf die weitere Pflege im Zimmer?

◁ Für den Kultivateur, also den Gärtner, spielt die Art des Topfes heute keine Rolle mehr. Er kann praktisch alle Zimmerpflanzen sowohl im Kunststoff als auch im Tontopf kultivieren. Für die Auswahl der Töpfe spielen meistens innerbetriebliche Besonderheiten eine Rolle, manchmal aber auch Probleme im Zusammenhang mit den Pflanzen. Während früher Zimmerpflanzen ausschließlich in Tontöpfen kultiviert wurden, sind viele Gärtner heute auf den Kunststofftopf übergegangen. Das hängt vielfach mit Transportproblemen zusammen, denn der Kunststofftopf ist sehr viel leichter als der Tontopf. Andererseits ziehen manche Gärtner für bestimmte Kulturen nach wie vor den Tontopf vor, da er gerade durch sein Gewicht die Pflanze „standfester" macht. Hinsichtlich der Pflege von Zimmerpflanzen in den Töpfen gibt es jedoch einige Unterschiede. So hat ein Tontopf meistens eine poröse Wandung, durch die er Wasser nach außen abgeben wird, andererseits auch Sauerstoff an den Wurzelballen gelangen kann. Deshalb ist für den Pflanzenliebhaber die Kultur von Pflanzen im Tontopf meistens relativ problemlos, da ein gewisser Ausgleich von ungünstigen Pflegemaßnahmen stattfinden kann. Beim Kunststofftopf findet ein solcher Austausch durch die Topfwand nicht statt. Überschüssiges Wasser kann nur durch die Öffnungen am Topfboden abfließen oder an der Ballenoberfläche verdunsten. Daraus resultiert meistens der Pflegehinweis, daß Pflanzen in Kunststofftöpfen nicht so oft gegossen werden müssen, wie Pflanzen in Tontöpfen. Man kann auch einfacher sagen, daß Pflanzen in Kunststofftöpfen etwas aufmerksamer bewässert werden müssen als solche in Tontöpfen. Ansonsten sind die anderen Pflegemaßnahmen im wesentlichen die gleichen.

Wußten Sie...

daß man die Topfgröße sehr leicht erkennen kann. Töpfe werden immer nach dem Durchmesser gerechnet. So hat z.B. ein 11-cm-Topf immer einen Durchmesser von 11 cm. Bei den Kunststofftöpfen ist der Durchmesser im allgemeinen im Topfboden eingraviert, während bei den Tontöpfen eine andere Kennzeichnung üblich ist. So haben alle Töpfe mit geradem Durchmesser, also 8, 10, 12 cm Durchmesser einen glatten Topfboden, während alle Töpfe mit einem ungeraden Durchmesser, also 9, 11, 13 cm einen zusätzlichen Ring am Topfboden besitzen. Mit etwas Augenmaß und der entsprechenden Kennung am Topfboden kann man auf Anhieb feststellen, wie groß der jeweilige Tontopf ist.

▶ Monstera (Philodendron)

Mein Philodendron ist bisher immer problemlos gewachsen. Auch hatte er immer tief dunkelgrüne Blätter. Seit einiger Zeit beobachte ich, daß manche Blätter die Farbe verlieren und gelb werden. Was mache ich falsch, und was kann ich tun, daß die Blätter wieder grün werden?

◁ Die Ursache für gelbe Blätter kann vielschichtig sein. Eine Zimmerpflanze zeigt meistens ein „Unwohlsein" durch eine Gelb- oder Braunverfärbung der Blätter.

Als mögliche Ursache kommt Staunässe im Wurzelbereich, Hunger, Krankheitsbefall oder Lichtmangel in Frage. Um diese Jahreszeit (Dezember) ist häufig Staunässe im Wurzelbereich und Lichtmangel die Ursache.

Im Winter müssen Zimmerpflanzen viel vorsichtiger gegossen werden als im Sommer. Werden die Wurzeln zu naß gehalten, kann Sauerstoffmangel auftreten, so daß die Wurzelspitzen absterben. In diesem Fall gibt es Störungen in der Wasseraufnahme, was sich an der Gelbverfärbung der Blätter zeigt.

Gravierender ist Lichtmangel. Stehen die Pflanzen nicht direkt am Fenster, können sie nicht mehr assimilieren, also die aufgenommenen Nährstoffe in Baustoffe umwandeln. Da sie in der Wärme des Wohnzimmers jedoch weiter wachsen, werden die Nährstoffe aus älteren Blättern abgezogen und in die Vegetationsspitzen verlagert. Dadurch kann es zu einem Nahrungsmangel in älteren Blättern kommen, die sich gelb verfärben und später abfallen. Um diese Schäden zu beheben, muß auf jeden Fall um diese Jahreszeit sehr vorsichtig gegossen werden. Gewässert wird erst, wenn die oberste Erdschicht etwas abgetrocknet ist. Völliges Austrocknen ist natürlich ebenfalls nicht richtig. Ansonsten muß der Philodendron ganz nahe ans Licht gestellt werden, damit er assimilieren kann und auch den Winter über körpereigene Baustoffe aus der mit dem Wasser aufgenommenen Nährstoffe produzieren kann (Assimilation, Photosynthese).

▶ Monstera (Philodendron) wurzelt „in der Luft"

Vor Jahren erhielt ich einen Philodendron (Monstera, Fensterblatt). Die Pflanze wurde in der Zwischenzeit riesengroß, ist völlig gesund, bildet jedoch „fürchterliche" Luftwurzeln. Kann man diese einfach abschneiden?

◁ Der Philodendron ist in der Heimat ein Lianengewächs. Er rankt sich an den Urwaldbäumen empor und sucht sozusagen unter dem Blätterdach das Licht. Mit seinen Luftwurzeln faßt er an den uralten Stämmen Fuß, die ihm Halt geben, und gleichzeitig nimmt er aus dem modrigen Substrat Wasser und Nährstoffe auf. In der Zimmerpflanzenkultur haben die Luftwurzeln wenig Bedeutung. Sie sehen exotisch aus und können, wenn sie eine entsprechende Länge haben, durchaus in das Substrat des Pflanzgefäßes eingeleitet werden. Dort bilden sie dann ebenfalls echte Wurzeln und tragen zur zusätzlichen Wasserversorgung und Ernährung der Pflanze bei. Sollte die eine oder andere Luftwurzel als störend empfunden werden, kann sie an der Ansatzstelle abgeschnitten werden. Daraus erwächst der Pflanze und ihrer weiteren Entwicklung keinerlei Schaden.

Wußten Sie...

daß der volkstümliche Name „Fensterblatt" durch die zahlreichen Löcher in den großen Blätter des Philodendron herrührt. Manchmal entwickelt aber ein Philodendron keine Löcher und gelappte Blätter mehr, sie sind ganzrandig und sozusagen ganz verwachsen. Ursache für diese untypischen Blätter ist Lichtmangel. Wird ein solcher Philodendron an einen helleren Platz gestellt, entwickeln sich die neuen Blätter wieder in der ursprünglichen gelappten und durchlöcherten Form.

► Monstera (Philodendron) verjüngen

Mein Philodendron (Monstera) ist im Laufe der Jahre sehr groß geworden. Er stößt schon oben der Decke des Zimmers an. Ist es möglich, diese prächtige Pflanze zu verjüngen?

◁ Es ist kein Problem, den Philodendron zurückzuschneiden. Jedoch muß man sich überlegen, ob die Pflanze nach dem Abschneiden der Triebspitze noch dekorativ aussieht. Es ist durchaus möglich, daß die Pflanze nach dem Abschneiden des oberen Teils aus schlafenden Augen wieder austreibt. Normalerweise entwickeln sich aus den 2 oder 3 obersten, in den Blattachseln sitzenden Knospen neue Triebe. Auf jeden Fall sollte aber etwas zusätzlich gemacht werden. Sicher hat die Pflanze im oberen Bereich Luftwurzeln gebildet. Wird nun der „Kopf" der Pflanze samt den Luftwurzeln abgeschnitten, kann daraus eine neue Pflanze gewonnen werden. Am besten läßt man die Schnittfläche durch kurzfristige Lagerung etwas eintrocknen und pflanzt sie dann, samt den Luftwurzeln, in einen Topf mit nährstoffarmer Erde. Es wird nur mäßig gegossen, damit die Schnittfläche nicht in Fäulnis übergeht. Die Luftwurzeln werden im neuen Substrat bald „Erdwurzeln" bilden. Vielleicht entwickeln sich aus der Schnittfläche zusätzlich neue Wurzeln. So kann aus diesem Ableger zusätzlich eine junge Pflanze gewonnen werden. Eine gute Hilfe zum sicheren Anwachsen sind dabei die Luftwurzeln, die schon bald die Wasserversorgung und Ernährung dieses Kopfstecklings

Mein Zusatztip

Man kann natürlich einen „Kopfsteckling" auch von einer Triebspitze ohne Luftwurzeln schneiden. In diesem Falle erfolgt die Bewurzelung am besten in einem völlig nährstoffarmen Torf-Sand-Gemisch (Verhältnis 1:1). Da die Pflanze in diesem Falle keinerlei Wurzeln besitzt, muß sie vor zu großer Verdunstung geschützt werden. Am besten stülpt man deshalb über den Steckling einen Plastiksack, damit wohl das Licht hindurchdringen, die Luftfeuchtigkeit aber nicht entweichen kann. Durch die höhere Wasserdampfspannung bleibt der Kopfsteckling frisch und bewurzelt sich bei Temperaturen um 20–25 °C in etwa 3 Wochen.

übernehmen. Nach etwa 2–3 Wochen ist der Ableger normalerweise eingewachsen und kann ganz normal weiterkultiviert werden. Sobald sich neues Wachstum zeigt, sollte die Pflanze zusätzlich gedüngt werden. Hat man den Kopfsteckling in einen kleinen Topf gepflanzt, kann nach 1–2 Monaten in einen größeren Topf mit nährstoffreicher Erde umgepflanzt werden. Die Weiterkultur erfolgt dann völlig normal.

▶ *Monstera-Blätter (Philodendron) werden schwarz (Rußtau)*

Schon seit längerer Zeit kultiviere ich einen Philodendron in Hydrokultur. Die Pflanze ist schön gewachsen. Jetzt stelle ich jedoch fest, daß die Blätter mit einem schwarzen, oft klebrigen Belag überzogen sind. Ich habe die Blätter schon einige Mal abgewaschen. Der Belag kommt aber nach einiger Zeit immer wieder. Was ist die Ursache, und was kann ich dagegen tun?

◁ Ganz sicher handelt es sich um den sogenannten Rußtaupilz. Dieser Rußtau- oder Schwärzepilz siedelt sich immer dort an, wo sich Läuse, also Blatt-, Schild-, Woll- oder Schmierläuse angesiedelt haben. Wahrscheinlich ist der Philodendron auf der Blattunterseite mit Schildläusen dicht besiedelt, die sehr hartnäckig sind und oft durch einfaches Abwaschen mit Wasser nicht beseitigt werden. Diese Läuse scheiden einen süßen Saft aus, den sogenannten Honigtau, der die ganze Blattfläche mit einem klebrigen Belag überzieht. Oft ist die Honigtaubildung so stark, daß Flüssigkeit auf darunter befindliche Blätter abtropft. Gerade dort siedeln sich dann die Rußtaupilze an. Schädlich sind natürlich einmal die Blattläuse, andererseits können die Blätter, sind sie von dem schwarzen Belag überzogen, nicht mehr assimilieren. Dadurch sind Wachstumshemmungen durchaus möglich. Es sollte also zunächst einmal kontrolliert werden, ob und welche Läuse sich auf dem Philodendron befinden, um diese mit einer geeigneten Maßnahme zu beseitigen. Anschließend sollten die Blätter noch einmal gründlich abgewaschen werden, damit sie wieder atmen und assimilieren können.

▶ *Myrtus (Myrte) wirft Blüten ab*

Meine sehr schön gewachsene Myrte hat immer reichlich geblüht. Nun hat sie wiederum Blüten angesetzt, die jedoch plötzlich alle abgefallen sind. Was ist die Ursache für diese eigenartige Reaktion der Pflanze?

◁ Mit größter Wahrscheinlichkeit liegt ein Pflegefehler vor. Zunächst einmal wollen Myrten immer in einem relativ kühlen Raum kultiviert werden. Ein heller, luftiger Stand ist ebenfalls wichtig. Den Sommer über kann man eine Myrte sogar an einer geschützten Stelle im Garten, auf der Terrasse oder auf dem Balkon halten. Im Winter reichen Temperaturen zwischen 5 und 8 °C völlig aus.

Schwierigkeiten gibt es oft mit dem Gießen. Der Wurzelballen sollte nie ganz austrocknen, aber auch nicht vernässen. Nun besteht die Möglichkeit, daß im vorliegenden Falle die Pflanze einmal relativ trocken gehalten wurde und anschließend stark gewässert wurde. Dadurch kann es zu einer Schockwirkung kommen, die sich im Abwerfen der Blüten äußerte.

Es sollte auch beachtet werden, daß Myrten am liebsten in einer mittelschweren, humosen Erde mit einem leicht sauren Reaktionsgrad wachsen. Deshalb kann die Pflanze auch ungünstig reagieren, wenn immer mit kalkhaltigem Wasser gegossen wird.

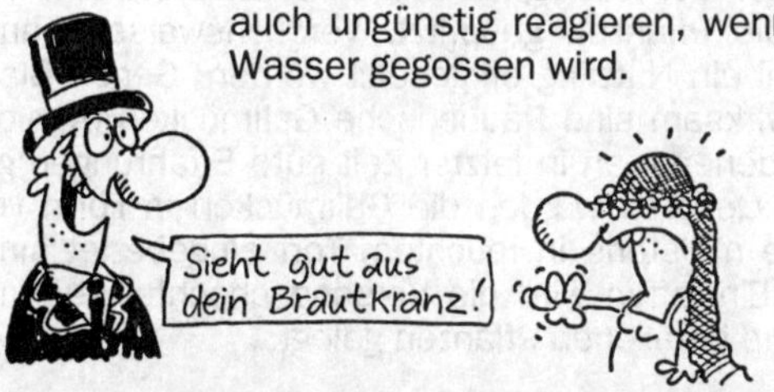

Wußten Sie...

daß die Myrte schon im Altertum in ihrer Heimat, dem Mittelmeergebiet und Vorderasien, in großem Ansehen stand. Sie spielte bei kultischen Handlungen eine wichtige Rolle. Als Brautkranz soll sie in Deutschland zum erstenmal 1583 von einer Tochter aus der Familie Fugger getragen worden sein. Nicht umsonst heißt diese Pflanze im Volksmund häufig auch Brautmyrte.

► Orchidaceae (Orchideen) mit Blattläusen

Schon vor einiger Zeit habe ich beobachtet, daß meine Orchideen klebrige Blätter haben. Nun habe ich beim genauen Untersuchen festgestellt, daß sie zum Teil stark von Blattläusen befallen sind. Diese müssen die klebrige Flüssigkeit ausscheiden. Eigentlich habe ich bisher recht gute Erfahrungen mit Orchideen auf der Fensterbank gemacht. Was kann ich tun, um die Blattläuse zu beseitigen, ohne die Orchideen zu schädigen?

◁ Es kommt immer wieder vor, daß Orchideen von Blattläusen befallen werden. Sie können sich im günstigen Klima des Zimmers stark vermehren. Bei der klebrigen Flüssigkeit handelt es sich um sogenannten Honigtau, eine Ausscheidung der Läuse. Sollte der Befall noch nicht so stark sein, kann zunächst einmal eine mechanische Bekämpfung Vorrang haben. Mit Hilfe einer Handbrause wasche man die Blätter vorsichtig mit zimmerwarmem Wasser ab. Die Blätter kann man dann zusätzlich mit Hand abstreifen, um so die Blattläuse zu beseitigen. Gute Erfahrungen wurden auch schon mit Rainfarn-Tee gemacht. Hergestellt wird dieser aus 30 g getrockneten Blüten, die mit einem Liter kochendem Wasser übergossen werden. Nach dem Abkühlen der Flüssigkeit wird diese 1:3 verdünnt und dann auf die Pflanzen gespritzt. Versuchsweise könnte auch einmal ein Nützling eingesetzt werden. Gegen Blattläuse gut wirksam sind Räuberische Gallmücken (Aphidoletes), mit denen man in letzter Zeit gute Erfahrungen gemacht hat. Geliefert werden die Gallmücken in Form von Puppen, die meistens in feuchtem Torf eingebettet sind. Nach dem Eintreffen wird die Versandschachtel geöffnet und unter die befallenen Pflanzen gelegt.

Wußten Sie...

daß der von den Blattläusen ausgeschiedene Honigtau oft in der freien Natur von Bienen gesammelt und bei der Honigproduktion mitverarbeitet wird? Wenn der Wald honigt, dann sind die Nadeln ebenfalls von Honigtau dicht überzogen, so daß die klebrige Flüssigkeit sogar auf den Erdboden herabtropft. Sie gibt dann über die Organe der Biene den begehrten Waldhonig.

▶ *Orchidaceae (Orchideen) bilden Luftwurzeln*

Ich besitze einige Orchideen, die über der Erde Luftwurzeln bilden. Soll ich diese abschneiden oder einfach wachsen lassen?

◁ Viele Orchideen, vor allen Dingen epiphytisch wachsende Gattungen bilden immer wieder neue Luftwurzeln, die normalerweise in der Natur nach Halt suchen und sich oft an der Rinde der Bäume fest anschmiegen. Meistens haben die Wurzeln ein besonderes Gewebe, das der Fachmann Velamen bezeichnet. Es kann Wasser und auch bestimmte Nährstoffe aufnehmen. So können die Wurzeln nach Regen nährsalzreiches Wasser aufnehmen und an die Pflanzen weiterleiten.

Obwohl die Orchideen bei uns unter anderen Bedingungen wachsen, sollten die Luftwurzeln als natürliches Organ erhalten bleiben, da sie immer zur Ausführung dieser Lebensvorgänge notwendig sind. Manche Orchideen bilden sogar sehr viele Luftwurzeln aus, die sich dann „nesterartig" verbinden. Darin sammeln Orchideen organische Substanzen, die sich zersetzen. Die dabei frei werdenden Nährstoffe tragen zur Ernährung der Orchideen bei.

Bei manchen Erdorchideen entwickeln sich an der Wurzelspitze später Wurzelhaare, die der Wasser- und Nährstoffaufnahme dienen.

▶ *Palmen mit braunen Spitzen*

Ich bin ein Freund von Palmen. Verschiedene Arten kultiviere ich mit recht gutem Erfolg im Zimmer. Doch bekommen die Pflanzen immer wieder, gerade jetzt im Winter (Januar) braune Blattspitzen. Ich bin der Meinung, daß ich ausreichend gieße, die Pflanzen leiden also nicht unter Feuchtigkeitsmangel. Woher kommen diese braunen Spitzen, und was kann ich tun, damit die Blätter frisch grün bleiben?

◁ Die braunen Spitzen an Palmen treten immer wieder auf, besonders während der Wintermonate. Es ist ein Zeichen, daß die Pflanzen unter trockener Zimmerluft leiden.

Sie sind wohl ausreichend mit Feuchtigkeit versorgt, können jedoch nicht so viel Wasser nach oben transportieren, daß die ganze Blattbreite mit genügend Feuchtigkeit zur Verdunstung versorgt wird. In der Heimat wachsen Palmen oft in der Nähe des Meeres und unter mehr tropischen Klimaverhältnissen. Dort ist die Luftfeuchtigkeit in der Regel höher als bei uns im Wohnzimmer.
Auf jeden Fall können durch mehr gießen die braunen Blattspitzen nicht verhindert werden. Es könnte dann sogar zu einer Vernässung des Wurzelballens kommen, so daß die Wurzeln sogar abfaulen. Einzige Möglichkeit wäre eine Erhöhung der Luftfeuchtigkeit. Auf einfache Weise ist das möglich, wenn die Palmen täglich ein- oder sogar mehrmals mit Wasser fein besprüht werden. Unter Umständen hilft auch die Verwendung eines automatischen Luftbefeuchters, die im Fachhandel angeboten werden. Eine einfache Methode ist auch, am Heizkörper Verdunstergefäße anzubringen. Nur müssen sie natürlich regelmäßig auch wieder mit Wasser gefüllt werden.

► *Paphiopedilum (Frauenschuh-Orchidee)*

Ich besitze einen Frauenschuh, der immer wieder zum Blühen kommt. Sicher muß ich die Pflanze auch einmal umtopfen. Wann ist der günstigste Zeitpunkt?

◁ Rund 50 verschiedene Paphiopedilum-Arten sind bekannt, die vor allen Dingen in Asien, von Indien über den malaiischen Archipel bis nach Neu-Guinea und China verbreitet sind. In den einzelnen Ländern sind die Standortbedingungen sehr unterschiedlich. Dem entsprechend ha-

Mein Zusatztip

Während manche Orchideenarten relativ fest eingetopft werden, sollen Frauenschuh-Orchideen locker gepflanzt werden. Im allgemeinen gilt der Rat, sie nur so fest in das Substrat einzusetzen, daß sie aufrecht stehen bleiben. Beobachtet hat man, daß bei einem zu festen Andrücken der Pflanzen das Substrat verfestigt wird und die Wurzeln in Fäulnis übergehen.

ben sich die verschiedenen Arten an die heimatlichen Bedingungen angepaßt.
Grundsätzlich unterscheidet man Arten und Sorten, die relativ kühl kultiviert werden können, andere wieder, die etwas mehr Wärme benötigen. Handelt es sich nun um einen Frauenschuh, der relativ kühl kultiviert werden kann, so ist die beste Zeit für das Verpflanzen in den Monaten März und April. Arten, die etwas mehr Wärme benötigen, sollten unmittelbar nach der Blüte umgetopft werden.
Umgepflanzt wird im allgemeinen alle 2–4 Jahre in ein Orchideensubstrat mit etwas mineralischem Erdeanteil. Dies gilt vor allen Dingen für Arten, die terrestrisch, also auf dem Boden gedeihen. Wichtig ist, daß das Substrat durchlässig ist, damit keine Staunässe entsteht.

► *Phalaenopsis (Malaienblume)*

Seit kurzer Zeit besitze ich eine Malaienblume (Phalaenopsis), die sehr reich blühte. Kann ich die Pflanze weiterkultivieren. Augenblicklich steht sie auf dem Fenstersims im Wohnzimmer über einem Heizkörper. Ich habe fast den Eindruck, daß sie dort zu warm steht. Soll ich sie an einen anderen Platz stellen und wie soll ich sie behandeln?

◁ Es sind etwa 70 verschiedene Arten bekannt, die epiphytisch auf Bäumen wachsen und überwiegend auf den Malaiischen Inseln und auf den Philippinen zu Hause sind. Kultiviert werden heute meistens Hybriden, die etwas widerstandsfähiger und für die Zimmerkultur geeignet sind. Heimatbedingt sind Phalaenopsis gegen Trockenheit und zu niedere Temperaturen empfindlich. Andererseits ist wohl ein Standort direkt über dem Heizkörper auch nicht gerade

Wußten Sie...

Ursprünglich stand wohl für den botanischen Namen Phalaenopsis die hübsche Blütenform dieser Orchidee Pate. Er wird vom griechischen phalaina = Motte, Nachtfalter und opsis = ähnlich abgeleitet. Diese treffende Bezeichnung fand der holländische Botaniker C. L. Blume 1825.

geeignet. Ein guter Standort ist ein Ost- oder Westfenster. Ein Südfenster kommt in Frage, wenn es im Sommer ausreichend schattiert werden kann. Die heutigen Hybriden wird man am ehesten der Gruppe der Orchideen für eine temperierte Kultur zuordnen können. Sie vertragen 14–17 °C im Winter und 18–24 °C im Sommer. Über Nacht kann die Temperatur problemlos um 4–6 Grad absinken. Je nach Temperatur sollte das Gießen eingestellt werden. Bei höheren Temperaturen wird das Substrat etwas feuchter, bei kühler Temperatur trockener gehalten. Obwohl die Orchideen eine gewisse Wärme lieben, ist vielleicht ein Standort direkt über dem Radiator nicht günstig, es sei denn, daß er auf die Bedürfnisse der Orchideenpflanzen eingestellt und nur mit gedrosselter Temperatur betrieben werden kann.

▶ *Pflege der Phalaenopsis (Malaienblume)*

Recht gute Erfahrungen habe ich in den letzten Monaten mit einer Phalaenopsis-Orchidee gemacht. Sie hat viele Wochen geblüht. Wie muß ich sie weiterbehandeln, damit ich sie wieder zum Blühen bringe. Muß ich eine Ruheperiode einschalten?

◁ Eigentlich ist es nur notwendig, die Pflanze in einem temperierten Raum weiterzukultivieren. Den Winter über vertragen sie relativ kühle Temperaturen. In diesem Falle darf der Wurzelballen nur mäßig feucht gehalten werden. Es muß immer ein gewisses Verhältnis zwischen Raumtemperatur und Substratfeuchtigkeit herrschen. Temperaturen um 14–17 °C reichen im Winter in der Regel völlig aus. Bei wärmeren Temperaturen muß etwas feuchter gehalten werden. Ab etwa März beginnt die Vegetation. Dann kann die Temperatur etwas erhöht werden, ebenfalls die Feuchtigkeit. Während der Hauptwachstumszeit im Frühjahr und Sommer kann sogar mit einer schwachen Volldüngerlösung gedüngt werden. Eine Konzentration von 0,05% (0,5 g Volldünger/l Wasser) ist ausreichend. Günstigste Verpflanzzeit ist das späte Frühjahr. Es muß jedoch nicht jedes Jahr umgepflanzt werden. Da Phalaenopsis in der Heimat als Epiphyten (Baumaufsitzer) wachsen, ist ein spezielles Orchideensubstrat zu verwenden.

▶ Rhododendron (Azalee) hat gelbe Blätter

Ich habe eine Azalee nach der Blüte im Frühjahr weiterkultiviert. Sie stand draußen im Garten und hat sich prächtig entwickelt. Auch Knöpfe (Blütenknospen) sind schon vorhanden (Oktober). Nun habe ich die Pflanze vor einiger Zeit ins Zimmer geholt und in einem Übertopf am Fenster aufgestellt. Auf einmal bekommt sie gelbe Blätter, was ist die Ursache?

◁ Zwei Möglichkeiten, kommt für die Gelbverfärbung der Blätter in Frage. Azaleen sollten nach dem Einräumen ins Zimmer an einem kühlen, hellen Standort aufgestellt werden. Es reichen in den Herbstmonaten Temperaturen zwischen 12 und 15 °C völlig aus. Erst mit Blühbeginn ab Dezember oder Januar können die Pflanzen etwas wärmer stehen. Bei einem zu warmen Standort ist Blattfall möglich.

Eine andere Möglichkeit kommt ebenfalls in Frage. Im Übertopf wird meistens der Wasserstand nach dem Gießen nicht kontrolliert. So sammelt sich oft mehrere Zentimeter hoch Wasser an. Wasser verdrängt Sauerstoff im Wurzelballen, die Wurzelspitzen gehen in Fäulnis über. Dadurch kommt es zu einer Schockwirkung, die Blätter werden gelb und fallen ab. Deshalb Pflanzen im Übertopf ständig kontrollieren und überschüssiges Wasser nach dem Gießen entleeren. Der Wurzelballen darf nur mäßig feucht gehalten werden.

▶ Rhododendron (Azalee) blüht im Sommer

Ich habe eine Azalee weiterkultiviert. Sie sollte, soweit mir bekannt ist, nach einem Jahr, also im Spätwinter oder Frühling wieder blühen. Zu diesem Zeitpunkt blühte sie nicht, während sie jetzt im Sommer Knospen ausbildete und zum Blühen kam. Ist das normal, oder was ist die Ursache für dieses nicht termingerechte Blühen?

◁ Azaleen blühen unter unseren Klimaverhältnissen und je nach Kulturweise zwischen Weihnachten und Ostern. Nach der Blüte beginnt die vegetative Phase, in der sich Blätter und Triebe bilden. Diese Entwicklung ist normalerweise im Sommer beendet. Zu diesem Zeitpunkt werden bereits die Knospen für den nächsten Blühtermin gebildet. Im Oktober sind die Knospen völlig ausgebildet. Die Pflanzen machen dann bis zum Blühbeginn eine Ruheperiode durch.

Die Knospenbildung im Sommer wird durch die Witterung begünstigt, vor allen Dingen durch eine gewisse Trockenheit.

Normalerweise sollten also Azaleen bis zum späten Herbst Knospen gebildet haben, die sie dann wieder im Winter bzw. Frühjahr öffnen.

In Ihrem Falle kann es nun vorgekommen sein, daß diese Azalee ihre „Trockenperiode“ nicht im Sommer erhalten hat, sondern 3–5 Monate vor dem jetzigen Blühbeginn. Ursache dafür sind in vielen Fällen ein längerer Urlaub, Abwesenheit von zu Hause, Pflege durch andere Personen usw. Durch eine solche Trockenperiode kann die Pflanze auch zur „Unzeit“ Knospen ansetzen und zum Blühen kommen.

Nun kann man diese Pflanze durchaus normal abblühen lassen und sie anschließend wieder in den normalen Rhythmus zurückführen. Nicht sinnvoll ist es, die Pflanze in den Sommermonaten gleich wieder in eine Trockenperiode zu überführen, um einen Knospenansatz zu erzwingen. Besser ist es, die Pflanze zunächst wieder in den normalen Wachstumsrhythmus zu bringen und sie erst im nächsten Jahr wieder im Spätsommer zur Knospenbildung anzuregen.

▶ Rhododendron (Azaleen) weiterkultivieren

Bei mir stehen noch einige Azaleen auf der Fensterbank. Sie haben im Winter und Frühjahr reichlich geblüht. Es ist mir fast zu schade, die Pflanzen wegzuwerfen. Kann ich sie denn weiterkultivieren?

◁ Azaleen (Rhododendron simsii) sind Sträucher, die in ihrer asiatischen Heimat Jahrzehnte alt werden. Unter günstigen Bedingungen können sie auch bei uns ein stattliches Alter erreichen, davon zeugen die oft auf Ausstellungen gezeigten Großexemplare von Spezialgärtnereien. An sich müssen die Pflanzen noch einige Zeit am Wohnzimmerfenster verbleiben, und zwar so lange, bis im Freien keine Nachtfröste mehr zu erwarten sind. Am besten ist es, wenn die Pflanzen erst etwa Anfang bis Mitte Juni an einen schattigen Platz in den Garten kommen. Sie können natürlich auch an einem ähnlichen Platz auf der Terrasse oder dem Balkon aufgestellt werden. Sie brauchen während der im Frühjahr einsetzenden Hauptwachstumszeit reichlich Wasser und etwas Nährstoffe. Gedüngt werden sie mit einem üblichen Blumendünger, jedoch in schwacher Konzentration. Als sogenannte Moorbeetpflanzen sind sie salzempfindlich. Umgepflanzt wird nur bei Bedarf. Dann ist jedoch eine Spezialerde für Azaleen zu verwenden. Sie gibt es gelegentlich in Fachgeschäften. Ansonsten pflanzt man in sauren Hochmoorweißtorf. Azaleen sind kalkfliehend und brauchen ein saures Substrat. Der günstigste Reaktionsgrad liegt um pH 5.
Günstig ist auch, wenn die Pflanzen an warmen Sommertagen mehrmals mit Wasser besprüht werden. Übrigens soll das Wasser, auch zum Gießen, möglichst kalkfrei sein.

Wußten Sie...

daß die Azalee entfernt verwandt ist mit unserer heimischen Alpenrose (Rhododendron ferrugineum)? Beide tragen den gleichen botanischen Gattungsname und sind nur in der Art verschieden. Vielleicht ist jetzt verständlich, warum Azaleen gerne an einem kühlen Standort stehen und sehr warme, trockene Zimmerluft nicht so gut vertragen.

Im Spätsommer bilden sich bereits die Blütenknospen. Nun wird das Wachstum durch geringere Wassergaben gebremst, damit die Triebe ausreifen und die Knospen ansetzen können. Ab etwa Mitte September bringt man die Pflanzen wieder in einen kühlen Raum bei Temperaturen um 10 °C. Nun reifen die Knospen aus, so daß die Pflanzen im Winter im normal temperierten Zimmer aufblühen. Die Hauptblütezeit der Azaleen liegt etwa zwischen Weihnachten und Ostern.

▶ *Rußtau an Zimmerpflanzen*

Ich besitze viele Zimmerpflanzen, vor allen Dingen Grünpflanzen. Sie sind seit einiger Zeit mit einem schwarzen, klebrigen Belag überzogen. Außerdem habe ich festgestellt, daß sich auf der Blattunterseite und zum Teil auch an den Stengeln ovale oder runde, braune höckerförmige Tiere befinden. Woher kommt der Belag, und handelt es sich bei den Tieren um Schildläuse? Was soll ich tun, um wieder gesunde Pflanzen zu erhalten?

◁ Zunächst einmal sind die Übeltäter mit größter Wahrscheinlichkeit die entdeckten Schildläuse. Sie gehören zur Gruppe der Läuse und saugen aus den Blättern ihre Pflanzennahrung heraus. Dadurch werden die Pflanzen natürlich bei einem starken Befall empfindlich geschädigt. Alle Läuse, also auch die Schildläuse, sondern süße, flüssige Kotausscheidungen ab. Diese werden als Honigtau bezeichnet. Manchmal ist die Honigtaubildung so stark, daß die Flüssigkeit auf tiefer gelegene Blätter abtropft. Auf dem Honigtau können sich nach einiger Zeit Pilze ansiedeln und den geschilderten schwarzen Belag bilden. Sie werden deshalb auch als Schwärzepilze oder Rußtaupilze bezeichnet. Diese Pilze leben von den süßen Säften, ohne direkt die Pflanzen zu schädigen. Andererseits wird natürlich den Pflanzen durch den schwarzen Belag das Licht entzogen, so daß die Assimilationsleistung gehemmt wird. Zunächst einmal ist es wichtig, möglichst rasch die Schildläuse zu beseitigen. Manchmal wirkt schon bei einem nicht so starken Befall das Abwaschen mit zimmerwarmem Wasser, dem etwas Schmierseife und ein Schuß Spiritus zugesetzt wurde. Ansonsten können auch Pflanzenschutzmittel eingesetzt werden, die für die Anwendung bei Zimmerpflanzen zugelassen sind. Meistens müssen diese auf Pflanzenbasis aufgebaute Präparate (sogenannte Pyrethrine) mehrmals eingesetzt werden. Auf Paraffinöl-Basis aufgebaut ist Promanal AF, das einen öligen Spritzbelag hinterlässt, unter dem die Schädlinge ersticken. In ähnlicher Weise wirkt ein neues Mittel, das unter der Bezeichnung Naturen in den Handel kommt. Dieses Mittel ist auf Rapsölbasis aufgebaut und wird den biologischen Pflanzenschutzmitteln zugerechnet.

► Schefflera

Den Sommer über hatte ich eine Schefflera im Freien stehen. Sie entwickelte sich prächtig. Vor einigen Wochen brachte ich sie ins Schlafzimmer. Jetzt wirft sie die Blätter von unten nach oben ab. Was ist die Ursache?

◁ Schefflera gehören zu den relativ robusten, immergrünen Zimmerpflanzen. Sie können durchaus im Sommer an einem geschützten Standort im Freien gehalten werden. Den Winter über muß die Pflanze aber unbedingt in einen beheizten Raum gebracht werden. Die geschilderte Erscheinung ist symptomatisch für Lichtmangel. Kommt eine Pflanze, die auch im Winter weiterwachsen will, in einen Raum mit ungenügenden Lichtverhältnissen, wächst sie wohl weiter, entzieht aber den älteren Blättern an der Basis der Triebe die Nährstoffe, da sie wegen Lichtmangel selber nicht mehr assimilieren kann. So sterben die Blätter von unten nach oben und fallen ab. Auf jeden Fall sollte der Schefflera ein sehr heller Platz am Fenster eingeräumt werden. Außerdem muß sie während des ganzen Winters mäßig feucht gehalten werden.

Mein Zusatztip

Es wurde auch schon beobachtet, daß Schefflera empfindlich sind gegen kalte Zugluft. Deshalb besonders während frostiger Witterungsperioden beim Lüften der Räume vorsichtig sein. Kalte Luft kann ebenfalls Blattfall zur Folge haben.

► *Blätter an Schlumbergera (Weihnachtskaktus) sterben ab*

Schon seit einigen Jahren kultiviere ich einen Weihnachtskaktus (Schlumbergera) mit gutem Erfolg. Auch jetzt steht die Pflanze wieder in Blüte. Doch stelle ich fest, daß die Blätter „einschnurren", absterben und abfallen. Was habe ich falsch gemacht? Kann ich die Pflanze noch retten?

◁ Das Eintrocknen von Blättern des Weihnachtskaktus ist ungewöhnlich. Vor allen Dingen dann, wenn normal gepflegt wurde. Eigentlich gibt es nur eine Möglichkeit, die auf jeden Fall geprüft werden sollte. Alle Kakteen und andere Sukkulenten benötigen während ihrer Hauptwachstumsphase wohl ausreichend Wasser. Sie sind aber gegen Staunässe oft sehr empfindlich. Es kann also in diesem Falle zu viel Feuchtigkeit im Wurzelballen die Ursache für den Schaden sein. Oft steht die Pflanze in einem schönen Übertopf, in dem man den Wasserstand nicht genügend kontrollieren kann. Wird nun zu viel Wasser verabreicht, sammelt sich das Überschußwasser am Topfboden an und führt zu einer Vernässung des Wurzelballens. Dadurch faulen die Wurzeln ab, die Pflanze kann kein Wasser mehr aufnehmen, und die Blätter trocknen, obwohl Wasser im Überschuß vorhanden ist.

Auf jeden Fall sollte zunächst einmal die Pflanze aus dem Übertopf herausgenommen und der Wasserstand kontrolliert werden. Außerdem empfiehlt sich eine Kontrolle des Wurzelballens. Sind die Wurzelspitzen weiß und gesund, hängt es nicht mit dem vermuteten Wasserüberschuß zusammen. Sind sie jedoch braun und abgefault, hängt der Schaden mit dem Wasserüberschuß zusammen. In diesem Falle könnte höchstens versucht werden, durch vorsichtiges Abballieren die Pflanze von dem alten Substrat und den verfaulten Wurzel zu trennen und durch vorsichtiges Eintopfen in frisches Substrat und mäßiges Gießen die Pflanze zu retten. Ob dies gelingt, hängt vom Grad der Beschädigung ab.

▶ Schlumbergera blüht im Sommer

Seit einiger Zeit besitze ich einen Weihnachtskaktus. In diesem Jahr blühte die Pflanze plötzlich im Sommer. Was ist die Ursache und kommt die Pflanze an Weihnachten wieder zum Blühen?

◁ Der Weihnachtskaktus (Schlumbergera) ist eine Pflanze, die durch Einflüsse des Klimas zum Knospenansatz bzw. zur Blüte angeregt werden kann. Einmal handelt es sich um eine sogenannte Kurztagpflanze, die erst dann Knospen ansetzt, wenn die Tage im Herbst kürzer werden. Sinkt die Tageslänge unter 12 Stunden, wird die Knospenbildung angeregt. Aus diesem Grunde blüht der Weihnachtskaktus normalerweise während der kurzen Tage, also ab Advent bis etwa Weihnachten.
Ein zweiter Auslösungsfaktor für eine sogenannte Induktion (Knospenbildung) ist Trockenheit. Wird der Weihnachtskaktus zu einer bestimmten Zeit nicht oder nur sehr wenig gegossen, kann ebenfalls ein Knospenansatz ausgelöst werden.

Mein Zusatztip

Hat ein Weihnachtskaktus normalerweise im Winter geblüht, wird nach der Blüte eine kurze Ruheperiode eingehalten, in der die Pflanze nur sehr mäßig gegossen wird. Ab Frühjahr beginnt die Hauptwachstumszeit, die etwa Ende Juli oder im August endet. Nun kann der Weihnachtskaktus über mehrere Wochen recht trocken gehalten werden, um den Knospenansatz bis zum Spätsommer oder Herbst anzuregen. Etwa ab Oktober wird die Pflanze wieder feuchter gehalten. Staunässe ist auf jeden Fall zu vermeiden. So behandelt, wird der Weihnachtskaktus im Dezember zum Blühen kommen.

Nun kann es sein, daß aus irgendeinem Grund der Weihnachtskaktus im Frühjahr über einen gewissen Zeitraum hinweg wenig oder nicht gegossen wurde. Häufig ist das der Fall, wenn ein längerer Urlaub gemacht wird. Durch diese zur Unzeit eingeschobenen Trockenperiode kann nun die Pflanze Knospen ansetzen und einige Wochen später, z.B. im Sommer plötzlich blühen. Nun ist der Rhythmus der Pflanze einmal gestört und es ist selbst zu entscheiden, wie sie weiter gepflegt werden soll. Empfehlenswert wäre, die Pflanze nunmehr in den nächsten Wochen und Monaten im Wachstum zu halten und erst im Sommer des folgenden Jahres wiederum eine Ruheperiode einzuhalten, damit der Weihnachtskaktus dann termingerecht während der kurzen Tage blüht. Wird jetzt im Sommer sofort wieder nach diese Blüte die Pflanze auf eine Weihnachtsblüte eingestellt, kann unter Umständen der Erfolg ausbleiben.

► *Blütenknospen an Schlumbergera (Weihnachtskaktus) fallen ab*

Mein Weihnachtskaktus hat wunderschöne Knospen angesetzt. Schon vor einigen Tagen habe ich festgestellt, daß einige Knospen abfallen. Auch heute morgen lagen wieder einige Knospen auf dem Boden. Was ist die Ursache und was muß ich machen, damit der Kaktus nicht alle Knospen verliert und die restlichen möglichst aufblühen?

◁ Das Abwerfen von Blütenknospen kann verschiedene Ursachen haben. Immer deutet es auf irgendwelche Störungen hin. So kann es sein, daß der Weihnachtskaktus einige Zeit trocken gehalten wurde und anschließend durch kräftigeres Gießen ein stärkerer Druck im Zellgewebe entsteht, so daß die Knospen abplatzen.
Möglich ist aber auch, daß der Kaktus zu feucht gehalten wird, das kann vorkommen, wenn er im Übertopf steht. Bei Staunässe faulen die Wurzelhaare ab, die Pflanze kann nicht mehr genügend Feuchtigkeit aufnehmen, so daß die

Knospen abgeworfen werden. Eine weitere Möglichkeit wäre auch noch Lichtmangel oder Lufttrockenheit.
Nun muß selbst einmal versucht werden, die Ursache zu finden und abzustellen. Ob die restlichen Knospen noch gerettet werden können, hängt vom Zustand der Pflanze und von den jetzt noch eingeleiteten Maßnahmen ab. Auf jeden Fall sollte der Pflanze ein heller Platz am Fenster gegeben und der Wurzelballen nur mäßig, jedoch gleichmäßig feucht gehalten werden.

► *Schlumbergera (Weihnachtskaktus) umtopfen?*

Ich besitze einige Weihnachtskakteen, an denen ich eine große Freude habe. Sie blühen alljährlich zum richtigen Zeitpunkt mitten im Winter. Jetzt bin ich aber unsicher, wann ich diese Pflanzen umtopfen soll?

◁ Am besten ist es wohl, wenn der Weihnachtskaktus im Frühjahr vor Beginn der Hauptwachstumszeit umgepflanzt wird. Man läßt die Pflanzen zunächst einmal normal abblühen und kultiviert sie im temperierten Raum weiter. Im Frühjahr (März, April) beginnt das Hauptwachstum. Zu diesem Zeitpunkt kann man auch am besten umtopfen. Der Weihnachtskaktus liebt ein mäßig saures, humoses und durchlässiges Substrat. Der Reaktionsgrad sollte bei pH 5–6 liegen. Um Staunässe zu vermeiden, kann man der Erde noch zusätzlich etwa 25–30% groben Sand beimischen.

Wußten Sie...

daß der Weihnachtskaktus schon verschiedene botanischen Namen getragen hat? Heute heißt der richtige Gattungsname Schlumbergera, nach Frederick Schlumberger, einem belgischen Gärtner und Kenner der Kakteen, des 19. Jahrhunderts. Da es sich ausschließlich um Hybriden handelt, werden die Pflanzen als Schlumbergera-Hybriden bezeichnet. Manchmal sind aber immer noch Bezeichungen Zygocactus oder Epiphyllum gebräuchlich.

▶ *Solanum (Korallenbäumchen)*

Ich habe mir im Frühsommer ein Korallenbäumchen (Solanum capsicastrum) gekauft. Mir wurde gesagt, daß es sich um eine sehr anspruchslose Pflanze handelt. Nachdem ich an der Pflanze eine große Freude hatte, ist sie im Spätherbst plötzlich eingegangen. Ist die Pflanze frostempfindlich?

◁ Ganz sicher ist das Korallenbäumchen durch zu kühle Herbsttemperaturen abgestorben oder durch den ersten Nachtfrost zu Grunde gegangen. Es handelt sich beim Korallenbäumchen um ein Nachtschattengewächs (Solanaceae) aus Südbrasilien und Uruguay, der sehr nahe Verwandte Korallenstrauch mit etwas größeren Beeren (S. pseudocapsicum) stammt von der Insel Madeira. Beide Pflanzen werden meistens bei uns nur einjährig kultiviert. Man kann jedoch eine Weiterkultur probieren, wenn man die Klimabedingungen einhalten kann.
Wenn auch die Pflanzen den Sommer über an einer geschützten Stelle im Freien gehalten werden können, müssen sie in einen geschützten Raum gebracht werden, wenn die Temperatur im Herbst unter 10 °C absinkt. Am besten kann man sie am sehr hellen Fenster bei 8–10 °C halten. Hat man die Pflanze relativ gut durch den Winter gebracht, werden die Triebe im Februar um etwa ein Drittel zurückgeschnitten und die Pflanze umgetopft. Der neue Austrieb wird ein- bis zweimal gestutzt und die Pflanze im Sommer dann wieder ins Freie gebracht. An einem recht sonnigen Standort im Freien kann das Korallenbäumchen bzw. der Korallenstrauch wieder zum Blühen und Fruchten gebracht werden. Immer ist jedoch daran zu denken, daß die Pflanze aus sehr warmen und lichtintensiven Gebieten stammt.

► Sparmannia (Zimmerlinde) pflegen

Viel Freude bereitet mir meine Zimmerlinde. Ich möchte sie nun mit allem notwendigen versorgen. Wie muß ich sie pflegen, damit ich sie möglichst viele Jahre als Zimmerschmuck halten kann?

◁ Eigentlich gehört die Zimmerlinde oder Sparmannia zu den anspruchslosen Zimmerpflanzen. Der baumartige Strauch liebt im Zimmer einen günstigen, hellen Standort, möglichst nahe dem Fenster. Den Sommer über werden normale Temperaturen vertragen, im Winter sollte die Pflanze etwas kühler gehalten werden, damit sie nicht zu stark treibt. Es reichen in dieser Zeit sogar 10 °C völlig aus. Je kühler die Pflanze steht, um so vorsichtiger muß man gießen, um Wurzelfäule zu verhindern.

Verpflanzt wird je nach Wuchsstärke und Größe der Pflanze. Kleinere Exemplare werden im Abstand von 1–2 Jahren, größere im Abstand von 2–3 Jahren umgetopft. Gewünscht wird eine nahrhafte, durchlässige Erde. Mischungen aus eigener Komposterde mit Torf, Rindenhumus usw. sind möglich, ebenso käufliche Blumenerden. Zu humushaltige Erden werden mit etwas Kompost oder Gartenerde vermischt.

Den Sommer über kann eine Zimmerlinde auch an einem windgeschützten Standort im Freien aufgestellt werden.

Mein Zusatztip

Manchmal bekommen Zimmerlinden gelbe Blätter. Als Ursache kommen Nährstoff- oder Lichtmangel in Frage.

Wußten Sie...

daß die Zimmerlinde ihren botanischen Namen Sparmannia nach dem schwedischen Botaniker Andreas Sparmann (1748–1820) erhalten hat. Dieser begleitete Captain Cook auf seiner zweiten Entdeckungsfahrt von 1772–1775. Auch gehört die Zimmerlinde zur Familie der Lindengewächse (Tiliaceae) und ist also direkt verwandt mit der auch bei uns heimischen Linde.

► Sparmannia (Zimmerlinde), mit Weißer Fliege

Meine Zimmerlinde ist voller kleiner weißer Tiere. Sie sitzen vorwiegend auf der Blattunterseite. Komme ich in die Nähe, fliegen sie hoch, um sich aber schon bald darauf wieder an der gleichen Pflanze niederzulassen. Jetzt werden die Blätter gelb, und manche trocknen völlig ein. Um was für einen Schädling handelt es sich, und wie kann ich ihn wieder loswerden?

◁ Es handelt sich um sogenannte Weiße Fliegen oder Mottenschildläuse, also eine besondere Art von Läusen, die jedoch sehr widerstandsfähig sind und sich vor allen Dingen in trocken-warmem Klima stark ausbreiten. Die Bekämpfung dieser Läuse ist nicht einfach. Da die Pflanze im Zimmer steht, könnten sie den Einsatz eines Nützlings probieren. Recht gute Erfahrungen hat man im Blumenfenster schon mit Schlupfwespen gemacht, die ihre Eier mit Hilfe eines „Legebohrers" in die Larven der Weißen Fliege ablegt. Die Schlupfwespenlarve entwickelt sich innerhalb der Weißen Fliege-Larve und bringt diese zum Absterben. Da ein Schlupfwespen-Weibchen ca. 50 Eier auslegen kann, können auf diese Weise immerhin 50 Larven abgetötet werden. Die Schlupfwespen werden von Speziallabors in Form parasitierter Larven bzw. Puparien der Weißen Fliege geliefert, die auf kleine Kartonkärtchen aufgeklebt sind. Diese muß man nach dem Eintreffen gleichmäßig im unteren Teil befallener Pflanzen aufhängen, damit die jungen Wespen schon bald nach ihrem Ausschlüpfen schon wieder die Larven der Weißen Fliegen orten und dort ihre Eier ablegen können. Es sollte beachtet werden, daß die Schlupfwespen zur optimalen Entwicklung eine Temperatur von 20–27 °C benötigen. Unter 18 °C sollte die Temperatur nicht absinken.

Mein Zusatztip

Sollten sie den Versuch mit Schlupfwespen machen, dürfen gleichzeitig keine anderen Pflanzenschutzmittel eingesetzt werden, da diese auch die Schlupfwespen abtöten würden. Sollten keine Schlupfwesepen zur Verfügung stehen, können auch Mittel auf der Basis von Kaliseife oder Pyrethrine eingesetzt werden. Meistens ist eine mehrmalige Wiederholung notwendig.

▶ Springschwänze an Zimmerpflanzen

Seit einiger Zeit beobachte ich, daß auf der Erde meiner Zimmerpflanzen, vor allen Dingen nach dem Gießen, kleine Tiere auftreten, die manchmal auch richtig hüpfen. Schaden diese den Pflanzen, und was kann ich dagegen tun?

◁ Nach der Schilderung handelt es sich um sogenannte Springschwänze, das sind kleine, bis etwa 4 mm lange, springende Insekten, die gerne in Zimmerpflanzenkulturen auftreten. Gelegentlich kann man sie auch im Garten antreffen. Sie fressen an den Wurzeln, im Garten auch an Zwiebeln und Knollen. Da sich die kleinen Tiere stark vermehren, treten sie öfters in größerer Menge auf. Dann ist mit Pflanzenschäden durchaus zu rechnen. Einzelne Tiere können keinen größeren Schaden anrichten.

Vorbeugend kann man einer Massenvermehrung begegnen, in dem man den Wurzelballen der Pflanzen nicht zu feucht hält. Günstig ist es, wenn man immer wieder die Oberfläche etwas abtrocknen läßt und erst dann wieder zur Gießkanne greift. Sollte der Befall sehr stark sein und ein Schaden an den Wurzeln der Zimmerpflanzen befürchtet werden, kann man mit einigen Mitteln dagegen vorgehen. Verwendet werden kann u.a. ein Präparat auf der Basis von Kaliseife, das man im Gießverfahren einsetzt. Empfohlen wird z.B.: Neudosan in 1%iger Konzentration (10 ml/l Wasser).

Wußten Sie...

daß die Springschwänze ihren Namen nach einer Sprunggabel erhalten haben, mit deren Hilfe sich diese kleinen Tiere sprungartig fortbewegen können,

daß die Alpenveilchen den botanischen Namen Cyclamen persicum tragen, obwohl sie nicht in Persien beheimatet sind? Die eigentliche Heimat ist das östliche Mittelmeer. Dort sind es Stauden, die im lichten Schatten gedeihen. Das genaue Datum der Einführung nach Mitteleuropa ist nicht bekannt. Erste Kulturpflanzen gab es wohl schon um 1620 in Paris.

► Trauermücken

Seit einiger Zeit habe ich Probleme mit meinen Zimmerpflanzen. Sie kümmern, und ich habe den Eindruck, daß die Wurzeln abgefressen sind. Als ich die Topferde näher untersuchte, entdeckte ich etwa 5–6 mm lange, weißliche Larven an den Wurzeln, teilweise aber auch am Stengelgrund und an den Stengeln, vor allen Dingen an jüngeren Pflanzen. Kann der Schaden durch diese winzigen Tiere verursacht werden? Was sind es für Larven oder Maden, und was kann ich dagegen tun?

◁ Nach der Schilderung handelt es sich um die Larven oder Maden der Trauermücke. Die Mücke selbst ist etwa 3–4 mm groß und schwarz gefärbt. Oft sieht man sie gegen das Fenster fliegen. Die Weibchen legen ihre Eier besonders gerne in eine feuchte humushaltige Erde. Deshalb werden gerade Substrate für Topfpflanzen bevorzugt. Unter den günstigen Bedingungen im Zimmer oder im Kleingewächshaus entwickeln sich die Larven sehr schnell. Vom Ei bis zum erwachsenen Tier kann die Entwicklung nur 3 Wochen dauern.

Während man früher zur Bekämpfung chemische Mittel einsetzte, kann man heute weitgehend darauf verzichten. In Fachgeschäften gibt es Gelbtafeln oder kleine Gelbsticker, die man im Wintergarten entweder an den Ästen größerer Büsche aufhängt oder bei normalen Zimmerpflanzen einfach in die Erde des Blumentopfes steckt. Die Trauermücken, nicht die Larven, werden von der gelben Farbe angezogen und bleiben auf dem Leim hängen.

Mein Zusatztip

Ganz neu ist die Anwendung eines Nützlings. So können die Larven der Trauermücken durch parasitäre Nematoden (Steinernema) abgetötet werden. Der mikroskopisch kleine Nützling kann von einem Labor bestellt werden. Sie werden in einem Kunststoffbeutel geliefert und mit einer Gießkanne ausgebracht. Bei der Anwendung richte man sich genau nach der Gebrauchsanweisung, damit ein Erfolg zu erwarten ist. Der Einsatz solcher Nützlinge ist vor allen Dingen dann sinnvoll, wenn man eine größere Anzahl von Zimmer- oder Balkonpflanzen auf schnelle Weise schützen will.

► *Tulipa (Tulpen) im Zimmer treiben?*

Tulpen soll man nicht nur im Garten zum Blühen bringen, sondern auch im Zimmer. Wie gehe ich vor, daß ich im Winter diese Zwiebelgewächse zum Blühen bringe?

◁ Eigentlich ist es kein Problem, Tulpen im Winter zum Blühen zu bringen. Auf einige Punkte jedoch ist besonders zu achten.

So müssen zunächst große und „dicke" Zwiebeln eingekauft werden. Alle frühlingsblühenden Zwiebelgewächse haben bereits im August oder September ihre Blütenknospen angelegt. Nur solche Zwiebeln, die einen voll ausgeprägten Knospenansatz und genügend Reservenährstoffe in den Zwiebelschuppen eingelagert haben, können problemlos zum Blühen gebracht werden. Erwerbsgärtner beziehen sogar präparierte Zwiebeln, die neben einer hervorragenden Qualität sogar noch einer Temperaturbehandlung unterworfen wurden, damit sie im Winter sicher zum Blühen kommen.

Solche Tulpenzwiebeln werden in Kistchen oder Töpfchen gelegt, wobei die Zwiebel noch etwa ein Drittel aus der Erde herausschauen kann. Ganz wichtig ist nun das Einwurzeln im Substrat. Die Zwiebeln können nicht sofort angetrieben werden, sondern müssen zunächst kräftige Wurzeln gebildet haben. Die Bewurzelungsdauer beträgt etwa 10–12 Wochen bei einer Temperatur zwischen 9 und 12 °C. Werden die Zwiebeln zu warm gehalten, treiben sie ohne Wurzelbildung durch, bei zu kühler Lagerung bilden sie zu wenig Wurzelmasse. Zum Einwurzeln selbst ist ein kühler Keller am besten geeignet.

Werden diese Zwiebeln z.B. im Oktober in dieser Weise in die Gefäße gelegt, können sie Mitte Dezember ins Wohnzimmer gebracht werden. Werden sie später gelegt, können sie auch erst zu einem späteren Zeitpunkt angetrieben werden.

▶ Veltheimia blüht im Winter

Vor einiger Zeit erhielt ich eine Veltheimia. Diese Pflanze soll normalerweise im Winter blühen. Jetzt im Januar zeigt sie aber nur Blätter. Habe ich etwas falsch gemacht bzw. wie kann ich diese Pflanze zum Blühen bringen?

◁ Die am häufigsten kultivierte Art ist Veltheimia viridifolia. Diese Pflanze blüht normalerweise ab Mitte Dezember oder Januar bis Ende Februar oder Anfang März. Ganz wichtig ist, daß dieses Liliengewächs von Anfang Mai bis Ende August eine ausgesprochene Ruhezeit durchmacht. Während dieser Zeit stirbt das Laub völlig ab. Die Zwiebeln werden möglichst im Garten, auf der Terrasse oder auf dem Balkon an einem hellen, sonnigen Platz völlig trocken gehalten.

Erst Ende August oder Anfang September setzt wieder der Neuaustrieb ein. Zu diesem Zeitpunkt können die Zwiebeln auch in eine mittelschwere, mit Lehm durchsetzte Gartenerde gepflanzt werden. Etwas Sand sorgt für den Wasserabzug. Man kann immer eine Zwiebel in einen Topf pflanzen. Oft werden jedoch 2 oder 3 Zwiebeln zusammen in ein größeres Gefäß gepflanzt. Beim Pflanzen achte man darauf, daß etwa ein Drittel der Zwiebel aus der Erde herausschaut.

Aufgestellt wird die Pflanze an einem hellen Platz in einem kühlen Raum. Es reichen 10–12 °C völlig aus.

Nun kann es sein, daß vielleicht ihre Veltheimie keine ausgesprochene Ruhezeit durchgemacht hat bzw. in einem zu warmen Raum aufgestellt war. Dadurch ist es möglich, daß die Pflanze aus ihrem Rhythmus gerät und nicht zum Blühen kommt.

Mein Zusatztip

Beim Umtopfen kann man kleine Brutzwiebeln, die sich am Zwiebelboden befinden, ablösen und in kleine Töpfchen pflanzen. Aus diesen kleinen Zwiebeln entwickeln sich nach 2–3 Jahren blühfähige Veltheimien.

► *Woll- und Schmierläuse an Zimmerpflanzen*

Viele meiner grünen Zimmerpflanzen, aber auch die Clivien, sind von Schild- oder Schmierläusen befallen. An den Trieben und Blättern, insbesondere aber an den Blattachseln sitzen sie und sind mit einem dichten, wachsartigen, weißen Überzug versehen. Sind diese Pflanzen noch zu retten? Was kann ich gegen diese Schädlinge unternehmen?

◁ Woll- oder Schmierläuse zählen zu den hartnäckigsten Schädlingen von Zimmerpflanzen. Sie lieben die gleichmäßige Temperatur in geheizten Wohnräumen und vermehren sich praktisch ganzjährig. Von Pflanze zu Pflanze verbreiten sie sich durch wandernde Jungläuse, aber auch durch ausgewachsene Stadien. Eigentlich sollte man auf den Einsatz von Pflanzenschutzmitteln zur Beseitigung von Zimmerpflanzenschädlingen verzichten, es sei denn, daß andere Möglichkeiten keinen ausreichenden Schutz gewähren.

Seit kurzer Zeit kann aber ein Nützling mit gutem Erfolg eingesetzt werden. Angeboten wird nämlich von Spezialunternehmen der Australische Marienkäfer, der gute Erfolge verspricht. Dieser Marienkäfer ist etwa 4 mm lang, hat schwarze Flügeldecken und einen orangefarbenen Kopf. Gezüchtet wird er in Labors. Er wird als erwachsener Käfer in Papierwolle geliefert. Meistens enthält eine Versandpackung 25 Marienkäfer. Zur erfolgreichen Bekämpfung der Woll- und Schmierläuse benötigt man etwa 5 Käfer pro Pflanze, im Wintergarten oder Kleingewächshäusern rechnet man mit 2–5 Käfern/m².

Nach dem Eintreffen müssen die Marienkäfer möglichst dicht bei den Woll- und Schmierlauskolonien ausgesetzt werden. Die Käfer ernähren sich dann von diesen Tieren, aber auch von Blattläusen und Larven anderer Insekten. Bei günstigen Bedingungen vermehren sich die Marienkäfer sehr gut weiter. Die Weibchen legen ihre Eier zwischen die Eigelege der Woll- und Schmierläuse. Jedes Weibchen kann bis zu 500 Eier ablegen. Vorsicht: Die älteren Marienkäferlarven sind, ähnlich den Woll- und Schmierläusen, von einer wachsartigen Ausscheidung bedeckt und daher von den Beutetieren oft nur schwer zu unterscheiden.

Die Larven ernähren sich bereits von den Eiern und jungen Woll- und Schmierläusen, die ausgewachsenen Marienkäfer nehmen alle Schädlingsstadien an. Ein Marienkäfer kann im Verlauf seiner Entwicklung über 250 Woll- und Schmierläuse vertilgen.
Eines ist jedoch Voraussetzung für den Erfolg: Der Australische Marienkäfer benötigt immer Temperaturen über 10 °C. Ideal sind Temperaturen zwischen 18 und 26 °C.

► *Yucca (Palmlilie) bekommt braune Blattspitzen*

Seit einiger Zeit besitze ich eine Yucca-Palme. Sie entwickelt sich völlig zufriedenstellend, doch bekommen die älteren Blätter braune Spitzen. Was ist die Ursache und was kann ich dagegen tun?

◁ Meistens wird heute als Zimmerpflanze Yucca elephantipes angeboten, eine Palmlilienart, die in Mexiko und Guatemala beheimatet ist. Natürlich sind auch andere Arten im Handel.
Alle Yucca sind eigentlich keine typischen Zimmerpflanzen. Sie sollten den Sommer über auf dem Balkon oder der Terrasse, ansonsten an einem hellen Platz am Fenster oder im Wintergarten kultiviert werden.
Die braunen Spitzen deuten auf eine zu große Lufttrockenheit hin. Die Pflanzen verdunsten über die ganze Länge ihrer schwertförmigen Blätter das Wasser, das dann in trockenen Räumen oft nicht mehr ausreicht, die Blattspitzen zu versorgen. Diese trocknen ein. Durch stärkeres Gießen kann der Schaden nicht behoben werden, da die Pflanzen auch nur in der Lage sind, eine bestimmte Menge Feuchtigkeit aufzunehmen. Die Pflanzen sollten auch nur immer mit mittleren Wassergaben versorgt werden, um Wurzelschäden durch Staunässe zu verhindern. Im Wintergarten oder im Kleingewächshaus tritt die genannte Erscheinung wegen der dort höheren Luftfeuchtigkeit meistens nicht auf. In diesem Falle reicht die aufgenommen Wassermenge zur Versorgung aller Blätter bis zur Blattspitze.

▶ *Yucca-Palme vermehren*

Meine Yucca-Palme ist in den letzten Jahren stark gewachsen und ist jetzt schon über 1 m hoch. Von unten nach oben hat sie Blätter verloren und sieht jetzt nicht mehr dekorativ aus. Kann ich die Pflanze selbst vermehren, was muß ich dabei beachten?

◁ Zwei Möglichkeiten der Vermehrung bieten sich an. Die sichere Methode ist das sogenannte Abmoosen. Zu diesem Zweck wird der Stamm im oberen Bereich an einer günstigen Stelle, die selbst bestimmt werden muß, mit einem scharfen Messer etwa bis zur Mitte durchgeschnitten. In die Schnittstelle klemmt man ein Kunststoffplättchen, damit diese nicht mehr zusammenwachsen kann. Nun wird der Stamm mit feuchtem Moos oder grobem Torf umhüllt und mit einer Folie umgeben. Sie wird oben und unten zugebunden, damit kein Wasser verdunsten kann und nichts von dem Moos oder Torf herausfällt.

Bei normalen Zimmertemperaturen bilden sich an den Schnittstellen im oberen Teil des angeschnittenen Stammes Wurzeln, die nach 4–6 Wochen durch die Folie zu erkennen sind. Sollte das Substrat in dieser Zeit austrocknen, muß es einmal befeuchtet werden. Haben sich Wurzeln gebildet, wird die Umhüllung vorsichtig entfernt, der Stamm vollends durchgeschnitten und der „Kopfsteckling" mit den Wurzeln in Blumenerde eingepflanzt.

Bei der zweiten Methode wird der Stamm in 20–25 cm lange Stücke zerschnitten und immer mit dem unteren Stammende in einen Topf oder in ein anderes Gefäß in eine Mischung aus Torf und Sand gesteckt. Nach dem Angießen wird das Ganze in einen Folienbeutel eingehüllt und an einem hellen, jedoch nicht sonnigen Platz am Fenster aufgestellt. In diesem Falle sollten jedoch ca. 22–25 °C Bodentemperatur vorhanden sein, damit diese Stammstücke auch Wurzeln bilden. Nach der Wurzelbildung werden die Stämme vorsichtig herausgenommen und ebenfalls in Blumenerde eingetopft. Aus schlafenden Augen aus dem oberen Stammbereich bilden sich nun neue Austriebe.

Es ist auch möglich, nach dem Abmoosen des oberen Pflanzenteils das verbliebene Stammstück aufzuteilen und nach der „Stammstecklingsmethode" zu vermehren.

RTENPFLEGE

Die richtige Pflege

Pflanzen sind lebende Wesen, die heimatbedingt bestimmte Ansprüche an die Wachstumsfaktoren Licht, Luft, Wärme, Feuchtigkeit und Nahrung stellen. Je günstiger diese gestaltet werden können, um so besser gedeihen sie. Da sie nun in einer Kulturlandschaft oder in Gefäßen leben, muß man der Pflege besondere Beachtung schenken. Außerdem sind sie ständig von Krankheiten und Schädlingen bedroht. Hier muß der Mensch hilfreich eingreifen, um sie vor dem Verderb zu retten.

▶ Blumen blühen nicht

Auf einem Grab, das unter hohen Bäumen liegt, pflanze ich immer wieder Sommerblumen an. Obwohl sie recht gut gedeihen, läßt doch der Blütenflor zu wünschen übrig. Was ist die Ursache?

◁ Offensichtlich leiden die Pflanzen unter mangelndem Sonnenlicht. Unter dem Blätterdach der Bäume bekommen sie nur spärliches Licht, das zur Induktion, also zur Knospenbildung bei Sommerblumen nicht ausreicht. Abhilfe ist möglich, wenn man zu solchen Gattungen und Arten greift, die schattenverträglich sind. Nur wenige Gattungen sind dafür geeignet. Besonders bewährt haben sich für solche schattigen Pflanzstellen Fuchsie, Knollenbegonie, Semperflorens-Begonie und Fleißiges Lieschen. Mit allen anderen, sonst prächtigen Sommerblumen, wird man in diesem Falle keinen ausreichenden Blütenflor erzielen.

▶ Grabbepflanzung wächst nicht an

Auf einem von mir gepflegten Grab wächst überhaupt nichts. Ich kann anpflanzen was ich will, die Pflanzen kümmern vor sich hin. Welche Pflanzen soll ich auswählen, damit das Grab einen ordentlichen Eindruck macht?

◁ Untersuchungen haben gezeigt, daß auf vielen Gräbern Nährstoffmangel herrscht. Meistens wird die bei der Bestattung ausgehobene Erde eingefüllt und oft nur eine dünne zusätzliche Substratschicht oben aufgebracht. Pflanzt man nun regelmäßig Frühjahrsblüher, Sommerblumen usw. an, ohne eine Bodenverbesserung und Düngung vorzunehmen, kann es zu einem akuten Nährstoffmangel kommen.
Empfehlenswert wäre auf jeden Fall, einmal die oberste Schicht des Bodens mit Humusmaterial zu verbessern. Geeignet sind alle im Handel angebotenen Humusdünger oder natürlich auch der Kompost aus dem eigenen Garten. Zusätzlich sollte einmal vor dem Auspflanzen eine Grund-

düngung verabreicht werden. Geeignet ist ein organisch-mineralischer Dünger oder auch ein sogenannter Depotdünger. Von einem organisch-mineralischen Dünger können pro Quadratmeter Fläche 50 – 70 g von einem Depotdünger etwa 30 – 35 g auf die gleiche Fläche ausgebracht und mit der obersten Bodenschicht vermischt werden. Sollte sich diese Düngung bewährt haben, ist diese nach ein bis zwei Jahre zu wiederholen.
Auf eine Besonderheit muß noch hingewiesen werden. Grabsteine werden meistens auf stabilen Bodenplatten verankert, damit sie standfest sind und nicht „absacken". Deshalb kann es sein, daß im Bereich des Grabmals das Wachstum von Pflanzen nur eingeschränkt möglich ist, da sich diese Platte oft nur 15 – 20 cm unter der Erdoberfläche befindet. Wie weit diese Platte in das Grab hineinreicht, kann durch das Einstechen mit einem Stab oder mit dem Spaten einmal überprüft werden.
Außerhalb der Grabplatte ist aber ein normales Wachstum bei ausreichender Humus und Nährstoffversorgung bestimmt möglich. Natürlich müssen die Pflanzen artgerecht ausgesucht werden. Für Schattenlagen sind andere Gewächse zu auszuwählen, wie für eine freie, sonnige Lage des Grabes. Auch kann man zwischen einer Dauerbepflanzung, einer Wechselbepflanzung oder einer kombinierten Bepflanzung wählen.

▶ Katzen im Rosenbeet

In meinen Garten kommen immer wieder die Katzen aus den Nachbarhäusern. Kann es sein, daß durch ihr „Geschäft“, das sie in meinem Rasen oder in den Rosen verrichten, Pflanzen eingehen?

◁ Durch scharfen Urin bzw. Kot ist es durchaus möglich, daß Pflanzen geschädigt werden. Gelbe Platten im Rasen deuten auf einen solchen Schaden hin. Vielleicht ist es ihnen möglich, durch ein entsprechendes „Geruchsmittel“ die Katze von ihrem Grundstück fernzuhalten. Relativ neu ist ein Dosierglöckchen, das man gegen Wildverbiß einsetzen kann. In dieses kleine Kunststoffglöckchen (Handelsname „Arbin Dosierfix“) wird eine mit Arbin getränkte Zellstoffkugel eingelegt und an einem nieder hängenden Zweig im Garten aufgehängt. Die Zellstoffkugel verströmt ihren Wirkstoff 6 – 8 Wochen lang. Danach kann sie gegen eine frische Zellstoffkugel ausgetauscht werden. Die Geruchsstoffe selbst sollen aus reinen Naturstoffen bestehen. Sie sind für Mensch und Haustiere nicht gefährlich.
Der Hersteller weist daraufhin, daß dieses Dosierfix-Kügelchen nicht nur Wild aus dem Garten vertreibt, sondern auch Hunde und Katzen davon abhalten soll, auf einem Grundstück „Duftmarken“ zu hinterlassen.

▶ Brennesselbrühe als Dünger

Ich bin ein eifriger Verfechter natürlicher Stoffe im Garten. Seit einiger Zeit setze ich zum Düngen ausschließlich Brennesselbrühe ein. Jedoch meine ich festzustellen, daß nicht alle Pflanzen optimal gedeihen. Kann das mit der Brennesselbrühe zusammenhängen? Welche Mittel können außerdem empfohlen werden, die jedoch nicht künstlich hergestellt werden?

◁ Die Brennessel ist eine sogenannte Ruderalpflanze. Sie wächst überall an Zäunen, Rainen, auf Schutthalden usw. Das Besondere an dieser Pflanze ist, daß sie sehr viel Stickstoff bindet und deshalb tatsächlich Komposte und Auszüge aus Brennesseln eine deutliche Düngewirkung zeigen. Vor allen Dingen kommt hier der Stickstoff zur Wirkung, der bekanntlich besonders für das vegetative Wachstum verantwortlich ist.

Leider gibt es keine exakten Angaben über die Wirkung der Brennessel als Düngemittel. Normalerweise können sicherlich die Inhaltsstoffe für Komposte angenommen werden, wobei nach einer gewissen Rotte der Stickstoffgehalt etwas höher sein dürfte.

Über den Nährstoffgehalt von Brennesselbrühen gibt es keine verlässlichen Angaben. Nur werden diese sicherlich nicht so hoch mit Nährstoffen versorgt werden, da in solchen Brühen nur die tatsächlich lösbaren Nährstoffe enthalten sind. Auf jeden Fall können solche Brühen und vor allen Dingen Komposte sehr gut im Garten verwendet werden. Bei intensiver Kultur ist es aber denkbar, daß dieses Material, vor allen Dingen nur die Brühen zu einer optimalen Versorgung an Nährstoffen nicht ausreichen.

Weitere Empfehlungen sind schwierig, da nicht bekannt ist, in welchem Zustand sich der Boden befindet und welche Vorräte im Boden vorhanden sind. Einen guten Rat kann man eigentlich erst nach einer Bodenanalyse geben. Deshalb ist zu überlegen, ob eine solche nicht vorab einmal durchgeführt werden soll. Aufgrund dieser Ergebnisse könnte man dann beispielsweise eine verstärkte Kompostdüngung oder eine Düngung mit verrottetem Stallmist als natürliche Dünger empfehlen. Fehlen weitere Humusstoffe und sind nicht genügend dieser organischen Humusdünger vorhanden, können Ersatzstoffe wie Rindenhumus, Rindenkompost oder Holzfaserstoffe angewandt

Wußten Sie…

daß eigentlich auch mineralische Dünger auf natürlicher Basis aufgebaut sind? So werden beispielsweise Stickstoffdünger aus Luftstickstoff, Phosphorsäure aus Rohphosphaten bzw. dem bei der Eisenverhüttung anfallenden Tomasphosphat und Kalidünger aus den natürlichen Rohsalzlagern gewonnen. Natürlich müssen diese Dünger chemisch aufbereitet werden. Es handelt sich dabei aber um Stoffe, die bei richtiger Anwendung für Menschen und Haustiere ungiftig sind.

werden. Da diese keine Nährstoffe enthalten bzw. nur unzureichend mit Nährstoffen versorgt sind, könnten dann zusätzliche Nährstoffe mit organischen Düngemitteln z.B. Hornmehl, Knochenmehl oder auch einem organisch-mineralischen Volldünger erfolgen. In allen diesen Fällen werden nahezu ausschließlich natürliche Mittel zur Verbesserung des Bodens verwendet. Die jeweiligen Aufwandmengen richten sich nach den zu kultivierenden Gewächsen und den Ergebnissen der Bodenanalyse.

► *Düngerstäbchen bei Geranien*

In meine Balkonkästen habe ich vor 2 Wochen Geranien gepflanzt (Mai). Beim Einkauf der Pflanzen habe ich Düngerstäbchen erworben. Soll ich diese jetzt schon in die Erde stecken, und sind sie in der Wirkung besser als übliche Blumendünger?

◁ Düngerstäbchen gibt es in verschiedenen Ausführungen. Es handelt sich dabei im wesentlichen um die gleichen Dünger, wie sie ansonsten in granulierter oder pulverisierter Form im Handel sind. Man hat sie nur einfach in andere Formen gepresst, um so den Umgang mit dem Dünger zu vereinfachen. Man kann diese Düngerstäbchen in gewissen Zeitabständen einfach in die Erde drücken und auf diese Weise die Zimmer- und Balkonpflanzen zusätzlich ernähren.

Beim Umgang mit Düngerstäbchen sollte man jedoch beachten, daß in unmittelbarer Nähe der Stäbchen die Salzkonzentration relativ hoch sein kann. Dies ist der Fall, wenn die Erde austrocknet. Deshalb sollte man nach der Anwendung von Düngerstäbchen die Erde immer gleichmäßig feucht halten, damit sich die Nährstoffe auflösen und gleichmäßig im Substrat verteilen. Ist dies nicht gewährleistet, sollte man vielleicht besser zu einem flüssigen Dünger greifen oder einen granulierten bzw. pulverisierten Dünger nehmen, den man im Wasser auflöst und an die Pflanzen angießt. Auf diese Weise werden die Nährstoffe gleichmäßig im Substrat verteilt und Salzkonzentrationsschäden sind weniger zu befürchten.

► „Engerlinge" im Kompost

In meinem Kompost finde ich zur Zeit sehr viel kleine „Engerlinge". Diese sind etwa 10–12 mm lang, meistens bauchwärts gekrümmt, haben einen weißen Körper mit einem braunen Kopf. Es handelt sich wohl um die Larve eines Käfers, vielleicht sogar des Maikäfers. Wie kommen diese Larven in den Kompost, und können sie für Gartenpflanzen gefährlich werden?

◁ Aufgrund der Schilderung handelt es sich mit großer Wahrscheinlichkeit nicht um den Engerling, also die Larve des Maikäfers, sondern um die Larve des Gefurchten Dickmaulrüßlers. Dieser für viele Pflanzen schädliche Käfer, der tagsüber versteckt lebt, richtet nachts an vielen Sträuchern, Sommerblumen und Stauden große Schäden an.
Viel gefährlicher noch sind die Larven, die sich von feinen Wurzeln ernähren, bei holzigen Pflanzen die Wurzelrinde bis aufs Holz abnagen und auch in fleischige Triebe von Sommerblumen eindringen und die Pflanzen zerstören.
Der Käfer selbst ist deshalb so unangenehm, weil er seine Eier gern in humose Substrate, vor allen Dingen in Komposterden ablegt, und so für eine weite Verbreitung der Larven sorgt.
Eine chemische Bekämpfung scheidet im Haus- und Kleingarten aus. Seit einiger Zeit gibt es aber Nützlinge, die gerade die Larven abtöten. Es handelt sich dabei um parasitäre Nematoden (Älchen, Fadenwürmer), die von einigen Labors angeboten werden und von diesen bezogen werden

Mein Zusatztip

Sollten sich tatsächlich viele Dickmaulrüßler-Larven im Kompost befinden, ist eine vorherige Behandlung unbedingt notwendig. Keinesfalls soll eine „verseuchte" Erde ausgebracht werden, da sich sonst Larven und Käfer im ganzen Garten verteilen.
Sollten nach dem Eintreffen der Nützlinge ungünstige Witterungsverhältnisse herrschen, bzw. die Temperatur nicht ausreichend hoch sein, können die Nematoden einige Tage gelagert werden. Die Aufbewahrung muß aber im Kühlschrank bei +5 bis +7 °C erfolgen. Nur so bleiben die Nützlinge bis zur Verwendung lebensfähig.

können. Sie werden auf Schwämmen oder Kunststoffflocken geliefert und müssen in Wasser ausgeschwemmt werden. Dabei ist die Gebrauchsanweisung genau zu beachten. Außerdem muß bei der Anwendung eine Mindesttemperatur von 13 °C herrschen.
Nach dem Ausbringen dringen die Nematoden in die Larven ein und verseuchen das Insektenblut mit einem Bakterium. Dieses wiederum vermehrt sich in der Dickmaulrüsslerlarve so stark, daß nach wenigen Tagen der Tod des Schädlings eintritt. Die Wirkung des Nützlings ist dann gegeben, wenn die Erde gleichmäßig angefeuchtet ist.

► *Dünger für den Garten*

Im Fachhandel werden so viele Dünger für den Garten angeboten, daß man völlig die Übersicht verliert. Kürzlich wurde mir sowohl Blaukorn als auch Guano angeboten. Was soll ich nun im Garten verwenden, welche Unterschiede bestehen zwischen diesen Düngern?

◁ Die Zahl der Dünger für den Garten ist Legion. Eigentlich kann man grundsätzlich 3 Gruppen auseinander halten, die auch zu unterschiedlichen Zeiten zum Einsatz kommen. So gibt es einmal organische Dünger, die meistens auf der Basis von tierischen Abfällen, z.B. Hornmehl, Knochenmehl, Fischmehl usw. beruhen. Dazu kann auch Guano gezählt werden. Es handelt sich dabei um einen Dünger aus Vogelexkrementen, der überwiegend in Chile gesammelt und hergestellt wird. In diese Richtung kommen aber auch neuerdings Dünger auf der Basis von getrocknetem Rindermist usw.
Diesem Dünger stehen gegenüber mineralische Dünger, als Nährsalze, die zum großen Teil auch auf natürlichen Vorkommen aufgebaut sind. Der große Unterschied jedoch ist zu den vorgenannten, daß es sich hierbei um Salze handelt, die meistens rasch löslich sind und von den Pflanzen in kürzerster Zeit verwertet werden können. Die vorgenannten organischen Dünger müssen jedoch im Boden

zunächst durch Mikroorganismen abgebaut werden, ehe sie von den Pflanzen aufgenommen werden können. Man spricht von der sogenannten Mineralisierung. Da diese abhängig ist von der Bodenfeuchtigkeit und der Temperatur, kann sich dieser Vorgang über viele Wochen erstrecken.
Neuerdings gibt es noch eine dritte Gruppe von Düngemitteln, die als sogenannte Langzeit- oder Depotdünger im Handel sind. Es handelt sich dabei um synthetisch hergestellte Dünger, die jedoch ihre Nährstoffe in langsam fließender Form abgeben und somit in der Wirkung den organischen Düngern ähnlich sind.
Auf eines muß jedoch hingewiesen werden, daß es kaum organische Dünger gibt, die Kali enthalten, da dieses Element immer in mineralischer Form vorliegt. Bezieht man deshalb einen organischen Volldünger – der alle 3 Kernnährstoffe Stickstoff, Phosphorsäure und Kali enthält – so sind meistens die Elemente Stickstoff und Phosphorsäure organisch, das Kali mineralisch. In diesem Falle wird ein solcher Dünger als organisch-mineralischer Volldünger bezeichnet.
Organische oder organisch-mineralische Dünger bzw. Volldünger werden in erster Linie zur Grunddüngung im Frühjahr verwendet. Sie ernähren die Pflanzen mit ihren Nährstoffen über einen längeren Zeitraum. Das selbe gilt für die Depotdünger. Mineralische Dünger oder auch Volldünger sind dann zu verabreichen, wenn eine rasche Wirkung erzielt werden soll. Sie werden auch in geringeren Aufwandmengen im Frühjahr, ansonsten aber gerne zur Kopfdüngung verwendet. Unter einer Kopfdüngung versteht man eine Düngung während der Vegetation auf stehende Kulturen.

Mein Zusatztip

Von den mineralischen Düngern gibt es sehr viele Formulierungen. Für den Garten sind gut geeignet die sogenannten Blaukorn-Volldünger. Diese haben den Vorzug, daß sie kein Chlor enthalten. Vor allen Dingen im Gemüse und Beerenobstgarten sind manche Kulturen chlorempfindlich. Einige Gemüsekulturen lieben Chlor. Wegen diesen wenigen Arten braucht aber ein spezieller chlorhaltiger Dünger im Haus- oder Kleingarten nicht eingesetzt zu werden.

► Gründüngung

Immer wieder höre ich, daß man im Garten eine Gründüngung ausbringen soll. Was versteht man darunter und wie wird diese ausgeführt?

◁ Unter einer Gründüngung versteht man die dichte Aussaat bestimmter schnellwachsender Pflanzen oder Kräuter, die in relativ kurzer Zeit sehr viel „Masse" bilden. Schon nach einigen Wochen ist die Bestandshöhe erreicht, und die Pflanzen werden in frischem, grünem Zustand in die Krume des Bodens eingebracht. Dort verrottet die organische Substanz und sorgt auf diese Weise für eine Verbesserung der Humusversorgung und Nährstoffanreicherung im Boden. Durch diese Gründungung werden die Struktur und Gare des Bodens verbessert sowie das Pflanzenwachstum angeregt.

Eine Gründüngung ist praktisch ein Ersatz für eine sonstige Humusdüngung. Sie ist sinnvoll, wenn ansonsten wenig Humusdünger zur Verfügung steht und die Beete vielleicht über einen gewissen Zeitraum nicht bestellt werden können oder sollen. Deshalb wird eine Gründüngung dann ausgebracht, wenn im Sommer die Ernte eingebracht wird und eine weitere Nutzung für den Spätsommer oder Herbst nicht mehr vorgesehen ist. Die Gründüngung hat auch noch einen bodenschützenden Effekt. Es ist immer besser, wenn sich ein Pflanzenbestand auf den Beeten befindet, da auf abgeräumten, leeren Böden durch die Witterungseinflüsse (Sonne, Regen) die Bodenstruktur und Gare ungünstig beeinflußt wird.

Eine Gründüngung wird meistens in den Monaten Juli und August ausgebracht. Spezielle Gründüngungspflanzen werden verwendet. Beliebt sind Kreuzblütler und Schmetterlingsblüter, aber auch einige andere geeignete Gattungen (z.B. Ackerbohne, Bitterlupine, Buchweizen, Esparsette, Gelbsenf, Luzerne, Ölrettich, Sommerwicke, Weißklee). Besonders wertvoll ist das Büschelschön (Phacelia). Diese Pflanze liefert in relativ kurzer Zeit sehr viel organische Substanz.

▶ Hausabfälle im Kompost

Schon seit längerer Zeit kompostiere ich alle organischen Gartenabfälle. Nun wird immer wieder darauf hingewiesen, daß man auch Hausabfälle auf den Kompost bringen kann. Welche sind zum Kompostieren geeignet, auf welche soll man verzichten?

◁ Eigentlich können alle organischen Hausabfälle kompostiert werden. Dies gilt vor allen Dingen für pflanzliche Abfälle aus der Küche, einschließlich Kaffeesatz, Tee, Bananen- und Orangenschalen usw.

Tierische Abfallprodukte, also Fleisch- und Fischreste usw. sind meistens weniger geeignet, da sie Ungeziefer, manchmal sogar Mäuse und Ratten anlocken.

Kompostiert werden können auch Papierabfälle. Doch sollte man auf größere Mengen verzichten. Dies gilt vor allen Dingen für bedrucktes Papier, da sich unter Umständen Schwermetallreste darin befinden könnten. Aus diesem Grunde gibt man Papierabfälle besser in die grüne Tonne.

Keinesfalls dürfen unverrottbare Substanzen auf den Kompost kommen, also Glas, Kunststoffe oder ähnliche Materialien.

Mein Zusatztip

Manchmal werden Haushaltgeräte in Styroporverpackungen ausgeliefert. Dieses Styropor kann mechanisch zerkleinert und ebenfalls auf den Kompost gebracht werden. Bei Korngrößen von 5–15 mm ist dieses Styropormaterial zur Lockerung und Durchlüftung schwerer Komposterden hervorragend geeignet. Man muß sich nur die Mühe machen und diese Verpackungen in kleine Stückchen zerreißen.

► Hornmehl im Kompost

In meinem Garten werden alle Pflanzenabfälle gesammelt und auf den Komposthaufen gebracht. Nun habe ich gehört, daß die Zugabe von Hornmehl die Zersetzung fördern soll. Ich habe immer angenommen, daß im Kompost genügend Nährstoffe enthalten sind. Was soll also diese zusätzliche Düngung? Wenn sie jedoch sinnvoll ist, wann wird sie ausgeführt und welche Mengen sind erforderlich?

◁ Die Zersetzung des organischen Materials auf dem Kompost erfolgt durch Mikroorganismen, vor allen Dingen Bakterien und Pilze. Diese benötigen jedoch zur Aktivierung ihrer Lebenstätigkeit Stickstoff, den sie normalerweise dem organischen Material entziehen. Wenn nun vor allen Dingen viel holziges Material auf den Kompost gebracht wird, fehlt der Stickstoff, um sozusagen als Lokomotive die Verrottung anzuheizen. In diesem Falle ist in der Tat eine zusätzliche Stickstoffgabe sinnvoll. In welcher Form diese verabreicht wird, spielt keine große Rolle. Es kann frischer Stallmist verwendet werden, aber auch Blut oder Hornmehl. Genauso gut können mineralische Stickstoffdünger verwendet werden, zu denen auch der Kalkstickstoff zählt. Gerade diesem Dünger wird eine positive Wirkung zugeschrieben, da er Kalk liefert.

Im allgemeinen reichen von diesen Düngern ca. ein Kilogramm/m³ Kompostmaterial aus. Die Dünger sollten beim schichtweisen Aufbau eines Komposthügels immer wieder dazwischen gestreut werden. Soll die desinfizierende Wirkung des Kalkstickstoffs genutzt werden, kann die Dosierung auch bis auf 3 kg/m³ erhöht werden.

Derartige Stickstoffgaben haben im Winter keinen Sinn, da zu dieser Zeit keine biologische Zersetzung stattfindet. Aktiv werden die Mikroorganismen während der warmen Jahreszeit. Dann wird auch der meiste Stickstoff benötigt. Eines ist jedoch auf jeden Fall zu beachten, daß die Düngemittel nur auf frisches Kompostmaterial gebracht werden. Keinesfalls darf z.B. Kalkstickstoff auf einen Kompost ausgebracht werden, der schon kurze Zeit später im Garten verteilt wird. Pflanzenschäden sind in diesem Falle möglich.

► *Kaffeesatz zum Düngen*

Kann ich Kaffeesatz zum Düngen von Zimmerpflanzen oder im Garten verwenden?

◁ Kaffeesatz ist ein organisches Material und kann am besten über den Kompost im Garten „entsorgt" werden. Natürlich ist es auch möglich, ihn auf den Beeten im Garten auszustreuen. Dort wird das organische Material durch Mikroorganismen und Regenwürmer weiter humifiziert. Ebenso ist eine Beimischung zu Blumenerden möglich. Kaffeesatz reagiert leicht sauer, enthält 2% Stickstoff, 0,3% Phosphorsäure und eine geringe Menge Kalium.

► *Kalk zum Düngen*

Der Vorbesitzer meines neu erworbenen Gartens hat mir empfohlen, den Boden reichlich zu kalken. Welche Bedeutung hat diese Kalkdüngung, welche Dünger verwende ich und welche Aufwandmengen sind erforderlich?

◁ Der Kalk im Boden hat zweierlei Bedeutung. Einmal dient er als wichtiger Pflanzennährstoff. So festigt er das Gewebe und bindet schädliche Säuren.
Er ist aber auch ein sehr wichtiger Bodendünger, da er einer Versauerung des Bodens entgegenwirkt, die Struktur des Bodens verbessert und insgesamt gesehen für eine dauerhafte Krümelstruktur des Bodens sorgt. Außerdem ist er für die Löslichkeit mancher Nährstoffe, jedoch auch für die Abbindung und Festlegung mancher Nährstoffe im Boden verantwortlich. Normalerweise soll ein Gartenboden, in dem keine ausgesprochen säureliebenden Pflanzen kultiviert werden, eine neutrale bis schwach saure Bodenreaktion aufweisen (pH 6–7). Neigt nun der Boden zur Versauerung, kann der pH-Wert durch entsprechende Kalkgaben angehoben werden. Ansonsten ist es üblich, einem Boden im Abstand von 2–3 Jahren etwas Kalk zuzuführen. Einseitige und zu hohe Kalkgaben sind zu vermeiden. Es muß also auch dieser Dünger wohl dosiert verabreicht wer-

den. Für den Garten kommen als Kalkdünger meistens Kohlensaurer Kalk, Korallenkalk und ähnliche Düngemittel in Frage. Es handelt sich dabei um milde Kalkdüngemittel, die sich positiv auf den Boden und die Pflanzen auswirken. Kalkdüngemittel werden im allgemeinen im Herbst ausgebracht, wenn die Beete abgeräumt sind. Kalk soll immer auf trockenen Boden ausgestreut und sofort in die Krume eingearbeitet werden. Die Höhe einer Kalkgabe hängt ganz vom Bodenzustand ab. Eine normale Gabe mit kohlensaurem Kalk liegt bei etwa 100 – 150 g/m². Ist jedoch der Boden schon ausreichend mit Kalk versorgt und werden auch sonst noch kalkhaltige Düngemittel (z.B. Kalksalpeter, Kalkammonsalpeter o.ä.) verwendet, sind die Mengen zu reduzieren. Durch größere Mengen, die vielleicht auf mehrere Gaben verteilt werden, kann man den Reaktionsgrad eines Bodens ansteigen lassen. Bei ausgesprochen säureliebenden Pflanzen ist Kalk mit Vorsicht oder gar nicht anzuwenden.

Mein Zusatztip

Einen genauen Aufschluß über die Kalkversorgung des Bodens ergibt eine Bodenanalyse. Neben einer Bodenuntersuchung im Labor gibt es auch einfache Untersuchungssets in Fachgeschäften, mit denen man relativ schnell den Reaktionsgrad des Bodens feststellen kann.

Wußten Sie...

daß man auch mit sogenannten Salzsäureproben den freien Kalkgehalt des Bodens festgestellen kann? Zu diesem Zweck wird dem Boden eine kleine Probe entnommen. Man träufelt auf sie 15%ige Salzsäure. Braust der Boden auf, enthält er Kalk, braust er nicht auf, ist kein kohlesaurer Kalk enthalten. Im allgemeinen gilt die Regel, daß bei weniger als 1% Kalk im Boden kein Aufbrausen erfolgt, bei anhaltendem Aufbrausen kann man auf mehr als 5% Kalk schließen.

▶ *Kompost ausbringen*

In meinem Garten fällt reichlich Kompost an. Nun bin ich mir nicht sicher, wann ich dieses Material im Garten ausbringen soll. Früher wurde immer wieder gesagt, Kompost sollte im Herbst auf die Beete gestreut werden. Neuerdings werden aber auch immer wieder Frühjahrstermine genannt. Wann ist nun der richtige Zeitpunkt gekommen, und welche Mengen sollen ausgebracht werden?

◁ Früher wurde tatsächlich meistens empfohlen, den Kompost vor dem Umgraben im Herbst auszustreuen bzw. nach dem Umgraben und den ersten Nachtfrösten auf die Gartenbeete auszubringen. Damals hat man jedoch noch nicht durch Untersuchungen nachweisen können, daß durch die Niederschläge im Winter zahlreiche Nährstoffe, vor allen Dingen der Stickstoff, ausgewaschen wird. Dadurch geht dieser wichtige Kernnährstoff für die Pflanzen verloren.

Aus diesem Grunde ist man von diesem Düngetermin abgekommen und empfiehlt heute, den Kompost mit Vegetationsbeginn auszubringen. Günstige Termine sind also ab Ende Februar bis Anfang oder Mitte April. Die Komposterde wird oberflächlich in die Krume des Bodens eingearbeitet oder aber auch zum Mulchen, also zum Abdecken der Beete verwendet. Auf diese Weise erhält der Boden die notwendigen Humusvorräte, andererseits stehen die im Kompost gelösten Nährstoffe den Pflanzen während der Hauptwachstumszeit vom Frühjahr bis zum Sommer voll zur Verfügung. Damit ist auch mit geringeren Auswaschverlusten zu rechnen.

Die jährlichen Aufwandmengen hängen vom Humusgehalt des Bodens und den im Boden vorhandenen Nährstoffreserven ab. Normalerweise wird davon ausgegangen, daß eine jährliche Humusdüngung mit 5–10 l Kompost/m^2 völlig ausreichend ist. Bei einer Neuanlage kann auf einen humusarmen Boden auch eine Menge bis zu 30 oder sogar 50 l/m^2 ausgebracht werden. Andererseits sollte die Kompostmenge reduziert werden, wenn der Humusgehalt des Bodens gut und der Nährstoffvorrat hoch ist. Dann genügen oft sogar nur 2–3 l/m^2.

► Komposterde im Balkonkasten

Solbald es die Witterung erlaubt, möchte ich in meine Balkonkästen Frühlingsblüher, z.B. Stiefmütterchen, Gänseblümchen usw. setzen. Kann ich als Substrat Komposterde aus dem eigenen Garten verwenden? Muß ich diese noch in irgendeiner Weise aufbereiten, bzw. mit anderen Erden mischen?

◁ Normalerweise kann eine lockere, humose Komposterde direkt zur Kultur von Frühjahrs- und Sommerblühern verwendet werden. Natürlich hängt es auch von der Qualität der Erde ab. Sofern diese etwas abgelagert und gut verrottet ist, braucht man im allgemeinen keine Zuschläge mehr beizumischen. Ist die Komposterde zu schwer, kann sie durch Sand aufgelockert werden. Weiteres Humusmaterial ist im allgemeinen nicht mehr erforderlich.
Eine zusätzliche Düngung ist bei einem Kompost, der etwa 1–2 Jahre alt ist, im allgemeinen auch nicht erforderlich, da meistens noch genügend Reservenährstoffe enthalten sind. Bei älterer Komposterde können die Nährstoffe schon stärker verbraucht sein. Dann kann man eine Grunddüngung mit einem Blumenkastendünger (organisch-mineralischer Dünger oder Depotdünger) untermischen. Sinnvoll ist es jedoch, die Pflanzen in eine ungedüngte Komposterde zu setzen und eine zusätzliche Kopfdüngung dann zu verabreichen, wenn man am Wachstum der Pflanzen einen gewissen Nährstoffbedarf feststellen kann.

Mein Zusatztip

Steht genügend Komposterde zur Verfügung, sollten die Blumenkästen jedes Jahr mit frischer Erde gefüllt werden. Durch das häufige Gießen wird auch das Mikroorganismenleben im Balkonkasten stark angeregt, so daß die Humussubstanzen im Laufe eines Jahres weitgehend abgebaut werden. Außerdem geht die Struktur des Bodens verloren. Am besten bringt man im Herbst die Erde wieder auf den Kompost und füllt die Kästen im Frühjahr mit frischer Erde. Übrigens braucht die Erde nicht gesiebt zu werden, da sie danach oft zu fein ist und schon nach kurzer Zeit wieder zum Verschlämmen neigt. Ganz grobe Bestandteile, z.B. Stengelstücke usw. können von Hand ausgelesen werden.

▶ Warum Komposttonne?

Meine Gartenabfälle will ich in Zukunft sammeln und zu Kompost aufbereiten. Ist die Verwendung einer Komposttonne notwendig und sinnvoll?

◁ Normalerweise reicht es aus, wenn die organischen Abfälle aus dem Garten in einem Haufen aufgeschichtet und zwei- bis dreimal pro Jahr umgesetzt werden. Das Kompostmaterial kann aber auch in Kompostbehältern gesammelt werden. Zahlreiche Modelle sind im Fachhandel erhältlich. Die Mehrzahl der handelsüblichen Modelle – offen und geschlossen – sind so konstruiert, daß im Kompostmaterial günstige Verhältnisse herrschen. Wichtig ist eigentlich nur, daß die Vorschriften für eine optimale Zersetzung des organischen Materials eingehalten werden. So muß der Kompost ständig feucht gehalten und locker gelagert werden, damit die Mikroorganismen aerobe Verhältnisse vorfinden. In diesem Falle findet eine Verrottung des Materials statt. Unter Luftabschluß gehen organische Substanzen in Fäulnis über. Dies muß auf jeden Fall verhindert werden.

Mein Zusatztip

Auch in Tonnen oder anderen Kompostbehältern gelagertes Kompostmaterial sollte ein bis zweimal im Jahr umgesetzt werden. Dabei werden die Gartenabfälle miteinander vermischt, so daß eine homogene, gute Komposterde entsteht.

▶ Kuhdung im Garten

Wir wohnen in einer ländlichen Gemeinde mit zahlreichen Landwirten. Nun könnte ich zum Düngen meiner Pflanzen Kuhdung erhalten. Kann ich diesen im Garten verwenden? Welche Mengen bringe ich aus und für welche Pflanzen ist Kuhdung am besten geeignet?

◁ Kuhdung kann durchaus im Garten verwendet werden. Er liefert Humussubstanzen für den Boden und Nährstoffe für die Pflanzen. Wenn man diesen Mist nicht für spezielle Pflanzen verwenden will, wäre abgelagerter Dünger besonders wertvoll. Er hat seine „aggressive“ Phase bereits hinter sich und liefert wertvolle Humusformen.
Generell könnte Kuhdung zum Abdüngen der Gemüsebeete verwendet werden, auf denen nährstoffbedürftige Pflanzen angebaut werden, z.B. Kohl, Tomaten, Sellerie usw. Nachfolgende Kulturen wären dann Salate, Radies, Rettiche, Spinat usw.
Natürlich kann abgelagerter Kuhdung auch zum Abdüngen von Blumenbeeten verwendet werden. Vor allen Dingen Rosen vertragen diesen Mist sehr gut. Hier könnte man sogar den Boden rund um die Rosenstöcke einige Zentimeter mit Kuhdung abdecken. Eine weitere Möglichkeit wäre, den Gartenkompost schichtweise mit Kuhdung aufzusetzen. Dadurch erhält man innerhalb von einigen Monaten eine sehr gute Komposterde, die für viele Zwecke, auch zum Eintopfen von Balkon- und Kübelpflanzen verwendet werden kann.

Mein Zusatztip

Kuhdung, aber auch Pferdemist, sollte nicht bei solchen Gemüsepflanzen verwendet werden, die erfahrungsgemäß von Fliegenmaden befallen werden. Bekannte Schädiger sind z.B. Kohlfliege, Möhrenfliege, Zwiebelfliege und Rettichfliege. Nicht überall sind diese Fliegen gleich verbreitet. Wenn in einem Gebiet die Kohlfliege stärker verbreitet ist, sollte natürlich auch ein Kohlbeet nicht unbedingt mit Mist abgedeckt werden, da der Geruch vom Mist Fliegen anlockt. Ansonsten kann man Fliegen von der Eiablage abhalten, wenn die gefährdeten Gemüsepflanzen mit Gemüse- oder Kulturschutznetzen abgedeckt werden.

▶ *Laub auf Kompost bringen*

In meinem Garten fallen im Herbst von den Sträuchern und Bäumen sehr viel Laub an. Soll ich dieses unter den Gehölzen liegen lassen oder auf den Kompost bringen?

◁ Beides ist möglich. Es kommt aber wohl im wesentlichen darauf an, ob unter den Sträuchern und Bäumen andere Pflanzen wachsen, z.B. Bodendecker, Zwiebelgewächse usw. Normalerweise kann das Laub unter den Bäumen und Sträuchern liegen bleiben. Es verrottet dort langsam und trägt durch seine organische Substanz zur Verbesserung des Bodens mit Humus bei. Andererseits, das darf nicht verkannt werden, können sich unter dem Laub auch Krankheiten und Schädlinge halten, bzw. andere Pflanzen unter Licht- und Luftmangel leiden. Deshalb ist es manchmal günstiger, das Laub im Spätherbst abzurechen und auf den Kompost zu bringen. Dort kann es lagenweise mit anderen Gartenabfällen aufgeschichtet werden, so daß es auf diese Weise nach der Zersetzung wertvolle Komposterde gibt. Zweckmäßig ist es, die Schichten auf dem Kompost nicht zu hoch zu wählen, damit das Laub nicht zu dicht liegt und dadurch beim Zersetzungsprozess Luftmangel entsteht. Auf dem Kompost müssen immer aerobe Verhältnisse herrschen, also genügend Luft zu einer ordnungsgemäßen Rotte vorhanden sein. Die Verrottung kann verbessert werden, wenn unter frisches Kompostmaterial etwas bereits zersetzter Kompost gemischt wird. Der bereits stark verrottete Kompost liefert die Mikroorganismen, die das frische Material rasch angreifen und zersetzen. Zusätzliche Gaben eines Stickstoffdüngers sowie Kalk sind günstig. Stickstoffdünger fördern den Rotteprozess, Kalk bindet schädliche Säuren.

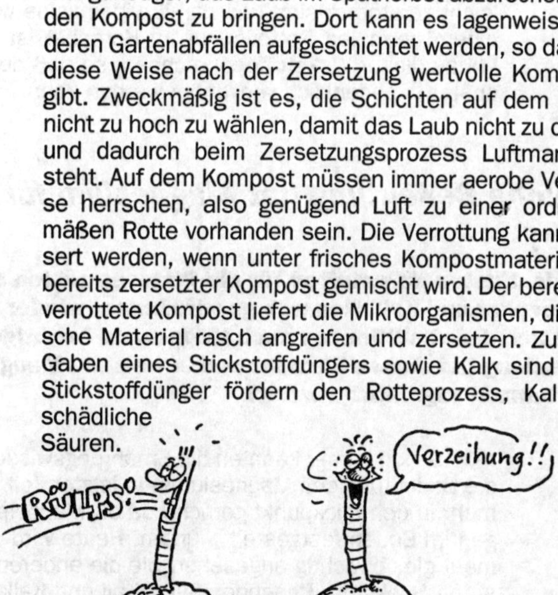

▶ Laub vom Nußbaum und Liguster auf dem Kompost

Ich habe in meinem Garten einen großen Nußbaum und um das Grundstück eine Ligusterhecke. Mir wurde gesagt, daß ich das Schnittgut vom Liguster und das Laub vom Nußbaum nicht auf den Kompost bringen darf. Was soll ich tun?

◁ Das Laub vom Walnußbaum kann sicher kompostiert werden. Dies gilt umso mehr, wenn es mit anderen organischen Gartenabfällen auf dem Kompost vermischt wird. Unter günstigen Rottebedingungen entsteht dann aus dem Mischgut ein brauchbarer Kompost.

Liguster gehört zu den giftigen Pflanzen. Er enthält in Blättern und Rinde Ligustron und Syringin. Es handelt sich dabei um zuckerhaltige Verbindungen, die jedoch relativ leicht zerstörbar sind und damit wirkungslos werden. Bei einem normalen Rotteverlauf im Kompost ist mit einem Abbau dieser Wirkstoffe zu rechnen, so daß der Kompost später unbedenklich verwendet werden kann.

▶ Welche Bedeutung hat Magnesium für die Pflanze?

Zu den wichtigsten Nährstoffen für die Pflanzen zählen Stickstoff, Phosphor und Kali. Neuerdings wird immer wieder darauf hingewiesen, daß die Pflanzen auch Magnesium benötigen. Welche Bedeutung hat dieses Element und in welchen Mengen muß es den Pflanzen zugeführt werden?

◁ Schon immer kannten die Ernährungswissenschaftler die Bedeutung des Magnesiums. In letzter Zeit ist es aber mehr in den Blickpunkt gerückt, da oft Mangelerscheinungen im Boden festgestellt wurden. Heute wird dieses Element gleich wichtig angesehen wie die anderen Kernnährstoffe Stickstoff, Phosphorsäure, Kali und Kalk.

Bei einem Magnesiummangel färben sich die Blätter meistens gelb (Chlorose-Erscheinungen), manchmal sind auch

nur chlorotische Flecken zwischen den Blattadern sichtbar (Marmorierung, Tigerung). Es muß jedoch darauf hingewiesen werden, daß solche Erscheinungen nicht nur durch Magnesiummangel verursacht werden, sondern auch durch einseitige Ammoniakdüngung oder durch eine zu hohe Kalidüngung.
Magnesium selbst ist bei vielen Aufbauprozessen in der Pflanze beteiligt, außerdem ist es ein wichtiger Bestandteil des Blattgrüns (Chlorophyll).
Magnesiummangel im Boden zeigen z.B. Tomaten und Obst besonders schnell. Auch viele Koniferen leiden unter Magnesiummangel. Sie haben dann gelbe Nadelspitzen.
Wird ein Magnesiummangel vermutet, kann man durch eine Bodenuntersuchung den vorhandenen Magnesiumgehalt feststellen lassen. Enthält der Boden ca. 10 – 15 mg Magnesium (MgO)/100 g Boden ist er relativ ausreichend versorgt, bei einem Gehalt von 15 oder mehr Milligramm/100 g Boden ist er gut bis sehr gut versorgt.

▶ Nadelgehölze düngen

In meinem großen Garten stehen einige Nadelgehölze. Sie haben zum Teil gelbe Nadeln, manche werden auch von innen heraus kahl. Wie muß ich die Pflanzen düngen, damit sie normal gedeihen?

◁ Zwei Dinge sollte man unterscheiden. Einmal können die Aufhellungen der Nadeln tatsächlich auf einen Nährstoffmangel hindeuten, andererseits ist das Kahlwerden der Gehölze von innen nach außen manchmal ein Zeichen

Mein Zusatztip

Vielleicht wäre zu empfehlen, bei einem größeren Gartengrundstück einmal eine Bodenuntersuchung zu machen, um festzustellen, welcher Nährstoffvorrat im Boden vorhanden ist. Gleichzeitig könnte man auch eine Aussage über den Säuregrad des Bodens, also den pH-Wert erhalten. Nadelgehölze lieben eine leicht saure Reaktion, also einen pH-Wert zwischen 5,5 und 6,5.

für Läusebefall. Diese treten gerne an Fichten, ganz besonders an Blaufichten auf. Deshalb sollten sie einmal zunächst durch eine Klopfprobe feststellen, ob Läusebefall vorliegt. Zu diesem Zweck wird ein weißer Karton oder ein weißes Papier unter einen Zweig gehalten und mit einem Stock kräftig gegen einen Ast geschlagen. Bester Zeitpunkt, ist Ende Februar oder Anfang März. Durch die ruckartige Bewegung fallen Läuse auf die Unterlage. Pflanzenschutzexperten sind der Ansicht, wenn mehr als 5 Läuse herabfallen, ist eine Behandlung mit einem zugelassenen Pflanzenschutzmittel ratsam. Natürlich kann auch Nährstoffmangel vorliegen. Nadelgehölze lieben an sich einen lockeren Waldhumusboden, der jedoch keine großen Nährstoffvorräte enthalten soll. Auch sind sie gegen zu hohe Salzkonzentrationen empfindlich, weshalb man wohl am besten im Frühjahr, bei Vegetationsbeginn, einen organisch-mineralischen Volldünger ausstreut und ganz flach in die Krume einarbeitet. Ansonsten haben Nadelgehölze ein hohes Magnesium-Bedürfnis. Die gelben Spitzen deuten gelegentlich auf einen Magnesiummangel hin. In diesem Falle könnte einmal eine spezielle Düngung mit schwefelsaurem Kalimagnesia (Patentkali) verabreicht werden. Dieser Dünger enthält sowohl Kali als auch Magnesium. Beide Nährstoffe sind für Nadelgehölze sehr wichtig. Die Aufwandmenge sollte nicht zu hoch gewählt werden. 20 g/m² reichen völlig aus. Der Dünger wird ausgestreut und gründlich eingewässert.

▶ *Nitrate messen*

Schon oft wurde darauf hingewiesen, daß ein übermäßiger Nitratgehalt in Gemüsen gesundheitliche Schäden zur Folge hat. Gibt es Möglichkeiten, den Nitratgehalt im Boden und in den Gemüsepflanzen selbst auf einfache Weise zu messen?

◁ Stickstoff- bzw. Nitratuntersuchungen im Boden können durch Schnelltests selbst oder aber auch im Labor vorgenommen werden. In Fachgeschäften gibt es Bodenuntersuchungssets, die zur Testung von Erden und Substraten geeignet sind. Die Feststellung erfolgt kolorimetrisch,

also auf Grund eines Farbumschlags der Bodenlösung: Andererseits kann der lösliche Stickstoff (Nitrat) auch im Labor exakt untersucht werden. In diesem Falle muß eine Bodenprobe gezogen und möglichst umgehend an das Labor gesandt werden. Zwischen der Bodenprobenahme und der Untersuchung sollte nur ein kurzer Zeitraum verstreichen, da sich der Stickstoff bzw. die Löslichkeit des Stickstoffs im Boden verändern kann.
Auch in der Pflanze kann man den Nitratgehalt testen. Dazu gibt es Hilfsmittel ähnlich dem Lackmuspapier, das zur Reaktionsbestimmung eingesetzt wird. Bekannt sind z.B. Merckoquant-Streifen, mit denen man den Preßsaft von Pflanzen untersuchen kann. Am besten informiert man sich im Fachgeschäft oder in einem chemischen Untersuchungsamt über die Möglichkeiten.

► *Rasenfläche mit Rindenmulch vorbereiten*

Ich beabsichtige, nur eine etwa 25 m² große Fläche mit Gras einzusäen. Im Fachgeschäft wurde mir Rindenmulch zur Bodenverbesserung angeboten. Kann ich dieses Material in meinen schweren Boden einarbeiten?

◁ Grundsätzlich lieben Rasenpflanzen einen leicht sauren, möglichst durchlässigen und nicht zu schweren, verdichteten Boden. Auf einem „dauerfeuchten Boden“ bilden sich bald Moospolster, die empfindliche Rasengräser verdrängen können. Aus diesem Grunde ist es sinnvoll, vor dem Anlegen des Rasens eine gründliche Bodenvorbereitung zu treffen. Schwerer Boden sollte reichlich mit Humus versorgt werden. Außerdem ist das Untermischen von scharfem Sand (Flußsand) sehr zu empfehlen. Grabsand, der viele erdige Einschlüsse hat, ist nicht so günstig. Der ihnen angebotene Rindenmulch ist zur Bodenverbesserung nicht so gut geeignet, da es sich um grobes, nicht vorbehandeltes Material handelt. Diese Produkte werden besser zum Abdecken, also Mulchen von Gehölzflächen usw. verwendet. Sehr gut geeignet ist jedoch Rindenhumus oder Rindenkompost. Auch diese Materialien gibt es lose und in Säcken im Fachgeschäft.

► Rindenmulch ausbringen

Meine Gartenbeete will ich mit organischem Material abdecken (mulchen). Da ich zu wenig Kompost habe, wurde mir die Verwendung von Rindenmulch empfohlen. Wann muß ich dieses Material ausbringen?

◁ Rindenmulch ist als Abdeckmaterial in vielen Gartenbereichen gut geeignet. Es handelt sich dabei um grob geschrotete Rinde, die beim Fällen von Waldhölzern anfällt. Da das Material keinerlei auswaschbare Nährstoffe enthält, kann es ganzjährig ausgebracht werden. Am besten geeignet ist Rindenmulch zum Abdecken von Flächen zwischen Gehölzen. Grundsätzlich hat eine Mulchschicht sehr günstige Auswirkungen auf die Bodenstruktur und Bodengare. Außerdem wird die Bodenfeuchtigkeit günstig beeinflußt, da die unproduktive Wasserverdunstung verhindert wird. Bei einer gewissen Schichtstärke von über 5 cm konnte auch eine Unterdrückung von Wildkrautwuchs (Unkraut) festgestellt werden.

Mein Zusatztip

Wird mit Rindenmulch gearbeitet, sollte auf den Stickstoffgehalt des Bodens geachtet werden. Da es sich um organisches Material handelt, das keinerlei Nährstoffe enthält, kann es bei der im Laufe der Zeit einsetzenden Rotte Stickstoff aus dem Boden entziehen. Dadurch kann es unter Umständen in einem nährstoffarmen Boden zu Nährstoffmangelerscheinungen, speziell Stickstoffmangel kommen. Deshalb ist in einem solchen Fall eine zusätzliche Stickstoffdüngung erforderlich. Außerdem kann die herbizide Wirkung (unkrautbekämpfende Wirkung) von frischem Rindenmulch bei empfindlichen Pflanzen (Stauden, Sommerblumen, Gemüse) zu Wachstumsstockungen führen.

▶ *Stallmist ausbringen?*

Ich wohne in einem ländlichen Gebiet und kann von den umliegenden Landwirten Stallmist für meinen Garten erhalten. Wann soll ich diesen Stallmist im Garten ausbringen? Welche Mengen sind erforderlich?

◁ Während früher Stallmist üblicherweise im Herbst ausgebracht wurde, kommt heute eher das Frühjahr in Frage. Maßgebend dafür ist, daß die leicht löslichen Nährstoffinhalte, vor allen Dingen Stickstoff, über Winter ausgewaschen werden. Sie gehen dadurch den Pflanzen verlustig. Es sind aber auch ökologische Gründe dafür maßgebend. Der ausgewaschene Stickstoff kann nämlich ins Grundwasser gelangen.

Grundsätzlich sollte im Garten kein frischer Stallmist verwendet werden. Er kann durch freiwerdendes Ammoniak Schaden an den Pflanzen verursachen. Einige Zeit abgelagerter Stallmist (Rinder- oder Pferdemist) ist günstig.

Die Aufwandmengen liegen bei 2–3 kg/m². Bei einer Gartenneuanlage kann man auch 5 und mehr Kilogramm/m² ausbringen und mit der Krume vermischen.

Abgelagerter Stallmist eignet sich auch gut zum Abdecken von Gemüsebeeten bei bestimmten Kulturen, z.B. Tomaten, Gurken, Zucchini usw.

▶ *Styropor zur Bodenverbesserung*

Der Boden in meinem Garten ist sehr schwer. Nun wurde mir geraten, daß ich zur Lockerung bzw. Dränage Sand oder Styropor in den Boden einarbeiten soll. Ist das möglich, und ist das Material nicht pflanzenschädlich?

◁ Tatsächlich kann man zur Lockerung schwerer Böden beide Materialien verwenden. Sie dienen der physikalischen Verbesserung des Bodens, also der Durchlüftung und Wasserabführung. Keinesfalls sind sie Humusersatz. Auch Humus lockert den Boden, doch ist er gleichzeitig auch noch Bakterienfutter, also für das Mikroorganismen-

leben im Boden notwendig. Bei schweren Böden ist es angebracht, sowohl Humus als auch andere Mittel zuzuführen, die zur Verbesserung der Bodenverhältnisse dienen. Sollte Sand verwendet werden, ist sogenannter Flußsand oder scharfer Sand günstig, der nur einen geringen Anteil an erdigen Bestandteilen hat.
Auch Styropor ist verwendbar. Es gibt käufliche Präparate, wobei diese in verschiedener Ausführung angeboten werden. Kleine, runde Kugeln, die oft für Isolationszwecke verwendet werden, sind für die Durchlüftung des Bodens nicht so günstig. Ihre Oberfläche ist zu gering, so daß sie nicht so wirksam sind. Besser ist sogenannte gerissene Ware, also unregelmäßig geformte Styroporflocken. Flocken von 4 – 12 mm Durchmesser sind besonders gut geeignet. Das Material wird an einem möglichst windstillen Tag flächig ausgebracht und mit dem Dunghaken oder einem anderen Arbeitsgerät in die Krume eingearbeitet.
Nachteilig ist vielleicht die weiße Farbe. Manche Gartenbesitzer stören sich daran. Doch verwittert Styropor im Laufe der Zeit und verliert dabei das strahlende Weiß.

► *Soll man umgraben oder schoren?*

Früher habe ich meinen Garten im Herbst immer umgegraben. Nun habe ich gehört, daß das Umgraben für den Gartenboden sogar schädlich sei. Stimmt das, und mit welcher Begründung wird auf das Umgraben verzichtet?

◁ Es gibt heute Tendenzen, daß auf bestimmten Böden oder bei bestimmten Kulturen auf das Umgraben verzichtet wird. Grundsätzlich hat das Umgraben oder Schoren den Vorteil, daß der Boden spatentief gelockert und gewendet wird. Dadurch können die Niederschläge im Herbst und Winter rascher in den Boden einziehen, ebenso der Frost, so daß im Frühjahr der Boden eine gute Struktur und Gare (Frostgare) aufweist. Auch werden die aus den obersten Bodenschichten ausgewaschenen Nährstoffe durch das Umwenden der Scholle wieder nach oben gebracht, so daß sie im Frühjahr den Pflanzen wieder zur Verfügung stehen. In hängigem Gelände wird das Niederschlagswasser also aufgefangen während es auf verdichteten, freien Flächen rasch abfließt und zur Erosion des Bodens beiträgt. Diesen günstigen Eigenschaft steht möglicherweise entgegen, daß gewisse Insekten im Boden durch das Umgraben gestört werden oder diese bodenverbessernde Wirkung auch nicht so stark zur Wirkung kommt. Dies trifft vor allen Dingen auf sandige Böden zu, auf denen Niederschlagswasser rasch einziehen und auch der Frost tief eindringen kann. Aus diesem Grunde kann heute immer noch empfohlen werden, daß abgeräumte, freie Böden mit schweren Bodenverhältnissen im Herbst nach wie vor umgegraben werden. Nicht umgegraben werden bepflanzte Flächen, also Staudenbeete, Gehölzstreifen usw. Dort werden durch das Umgraben die flach unter der Bodenoberfläche streichenden Wurzeln abgestochen und so die Pflanze geschädigt.

► *Umweltgifte untersuchen*

Mein Garten liegt in der Nähe einer viel befahrenen Straße. Nun habe ich gehört, daß es problematisch ist, dort Gemüsepflanzen anzubauen. Umweltgifte sollen meine Gemüsepflanzen verseuchen. Was soll ich tun, kann ich Boden und Pflanzen irgendwo untersuchen lassen?

◁ Es ist richtig, daß gewisse Gefahren bei einem Anbau von Gemüse und Obst an viel befahrenen Straßen lauern. Schwermetalle, vor allen Dingen Blei, manchmal auch Cadmium lagern sich auf den Pflanzen und im Boden ab. So

Mein Zusatztip

Immer wieder wird darauf hingewiesen, daß Holzasche ein sehr gutes Düngemittel ist. Grundsätzlich stimmt das, da über die Holzasche wertvolle Mineralstoffe, z.B. Kalium dem Boden zugeführt wird. Oft wird jedoch übersehen, daß diese Asche auch sehr hohe Mengen Kupfer und Zink enthält. Diese Werte übersteigen gelegentlich die sogenannten „Bodengrenzwerte". Deshalb sollte sich eine Düngung mit Holzasche auch immer in Grenzen halten. Überdosierungen sind zu vermeiden.

gibt es heute gewisse Richtwerte, das von viel befahrenen Straßen ein Abstand von 10 – 25 m eingehalten werden soll. Grundsätzlich sollte Gemüse und Obst aus direkt an der Straße liegenden Gärten gründlich gewaschen werden, ehe es zum Verzehr kommt. Ansonsten gibt es Möglichkeiten der Untersuchung. Am besten wendet man sich an ein chemisches Untersuchungsamt, das entweder staatlichen Dienststellen zugeordnet oder bei größeren Kommunen angesiedelt ist. Auch landwirtschaftliche chemische Untersuchungsanstalten an Universitäten und anderen staatlichen Dienststellen führen gelegentlich solche Untersuchungen durch. Am besten ist es, wenn man sich an die Landwirtschaftsverwaltung wendet, um geeignete Adressen zu erfahren. Meistens gibt es in den einzelnen Kreisen Ämter für Landwirtschaft, Landwirtschafts- und Bodenkultur (Landwirtschaftsämter), die über geeignetes Adressenmaterial verfügen.

► *Unkraut im Kompost*

Ich habe beobachtet, daß ich mit meinem verrotteten Kompost das Unkraut im Garten geradezu verteile und vermehre. Gibt es eine Möglichkeit, den Kompost unkrautfrei zu halten?

◁ Früher war es möglich, den Kompost auf chemischem Wege zu entseuchen. Durch die Behandlung mit einem auch für Haus- und Kleingarten zugelassenen chemischen Präparat konnte Unkraut und keimender Unkrautsamen abgetötet werden. Dieses Mittel (Basamid-Granulat) ist in vielen Bundesländern zum Einsatz in Haus- und Kleingärten nicht mehr erlaubt. Andere Entseuchungsmöglichkeiten gibt es nicht. Die Erwerbsgärtner können ihren Kompost durch Dämpfen sterilisieren. Eine solche Maßnahme ist für den Liebhabergärtner unwirtschaftlich. Eine Eigenerhitzung des Kompostes, wie es auf großen Mieten möglich ist, kommt bei den meist kleinen Mengen im Garten nicht in Frage, so daß Unkrautsamen im Gartenkompost normalerweise nicht abgetötet werden. Die Keimfähigkeit vieler Unkrautsamen bleibt bis zu 5 – 7 Jahre erhalten. Einziger Ausweg ist in diesem Falle, auf den Kompost kein samentragendes Unkraut zu werfen.

► *Aegopodium (Giersch) bekämpfen*

In meinem Garten hat sich der Giersch sehr stark verbreitet. Wie kann ich ihn bekämpfen? Das Abdecken mit einer 3 cm hohen Mulchschicht brachte keinen Erfolg.

◁ Giersch (Aegopodium) gehört zu den hartnäckigsten Unkräutern im Garten. Er wuchert sehr stark, und seine tiefreichenden, weit verzweigten Rhizome machen eine wirkungsvolle Bekämpfung sehr schwierig. Chemische Mittel dürfen im Haus- und Kleingarten nicht mehr eingesetzt werden, weshalb zunächst nur das Jäten bzw. das Ausgraben der Rhizome in Frage kommt. Manchmal hat man schon Erfolge mit der Aussaat von stark wachsender Kapuzinerkresse (Tropaeolum) erzielt. Zu diesem Zweck wird etwa ab April das Saatgut relativ dicht ausgesät und mit ausreichender Feuchtigkeit und etwas Dünger den Pflanzen gute Startbedingungen gegeben. Sie bilden im Laufe des Sommers eine dichte Pflanzendecke und können so den Giersch unterdrücken. Eine andere Möglichkeit wäre, die Fläche mit einer etwa 20 – 30 cm hohen Laubschicht abzudecken. Meistens wachsen dann während der Vegetationsperiode die Ausläufer des Giersch in diese feuchte, lockere Schicht, so daß sie später leichter entfernt werden können.

► *Ameisen*

In meinem Garten haben sich unzählige Ameisen eingenistet. Sie bauen überall ihre Nester mit weitverzweigten Gängen und unterminieren vor allen Dingen junge Sämlinge, die vertrocknen und absterben. Was kann ich gegen diese lästige Plage unternehmen?

◁ Ameisen sind eigentlich keine Schadinsekten, wenn sie auch gelegentlich zarte oder saftige Pflanzenteile beschädigen, um sich an ihrem Saft zu erlaben. Der Schaden ist im allgemeinen gering. Es gibt verschiedene Hausmittel, um die Tiere zu beseitigen. So kann man die Nester mit kochendem Wasser ausgießen oder aber eine Mischung aus 2 Teilen Borax und 2 Teilen Puderzucker herstellen. Dieses

Gemisch soll man auf die Ameisenstraßen streuen. Will man die Ameisen einfach anlocken, vermischt man 2 Teile Honig mit einem Teil frischer Hefe und bringt diese Mischung in einem Schälchen aus. Die Ameisen werden angelockt und können dann beseitigt werden Neu ist das insektizidfreie Streumittel „Ameisenfrei", dessen Wirkung auf Geruchsstoffen beruht, deren Baugruppe aus der Natur übernommen worden sind. Durch diese naturidentischen Geruchsstoffe gerät das soziale System der Ameisen aus dem Gleichgewicht, so daß auch die Nester nicht mehr versorgt bzw. aufgegeben werden. Das Mittel ist biologisch abbaubar, nicht zulassungspflichtig und deshalb im Handel frei erhältlich.

► *Asseln, Kellerasseln*

In meinem Kleingewächshaus sind Sämlinge immer wieder angefressen, auch an meinen Gurkenfrüchten finde ich immer wieder rätselhafte Fraßspuren. Vor allen Dingen die Früchte, die auf dem Boden direkt aufliegen sind angefressen. Nun habe ich beobachtet, daß abends viele Kellerasseln auftauchen. Sind diese Tiere für den Schaden verantwortlich, und was mache ich dagegen?

◁ Asseln sind lichtscheue Tiere und kommen erst bei Dunkelheit aus ihren Verstecken. Sie verzehren hauptsächlich verwesende organische Stoffe von Pflanzen oder Tieren. Doch kann es durchaus sein, daß sie auch zarte Pflanzenteile, wie Sämlinge oder weichere Organe älterer Pflanzen anfressen. Deshalb ist es möglich, daß diese Asseln auch die Gurkenfrüchte angefressen haben. Die Fraßschäden selbst sind ähnlich wie bei Schneckenfraß. Es fehlen nur die typischen Schleimspuren. Da die Asseln (Keller und Mauerasseln) den Tag über in Verstecken leben, sollten diese weitgehend beseitigt werden (z.B. Steinhaufen, morsche Bretter). Auch sonst ist in diesem Falle peinliche Ordnung und Sauberkeit wichtig, da faulige Pflanzenteile Leckerbissen für die Asseln sind. Ansonsten kann man versuchen, die Asseln in künstlich geschaffene Schlupfwinkel, wie Holzwolle, zu locken und am Morgen die Tiere aufzusammeln und zu beseitigen.

► Blattläuse an Zimmerpflanzen

Meine Zimmerpflanzen, besonders Orchideen, Anthurien, Spathiphyllum sind voller Läuse. Knospen, die noch gebildet wurden, öffnen sich nicht und sterben ab. Was kann ich tun, damit die Pflanzen noch gerettet werden?

◁ Bei einem so starken Läusebefall wird es wohl sinnvoll sein, die Pflanzen mit einem Präparat, das für die Anwendung im Wohnbereich zugelassen ist, zu behandeln. Möglich ist z.B. die Anwendung von Kaliseife oder einem Mittel mit dem Wirkstoff Pyrethrum. Beide Wirkstoffe enthalten bei sachgemäßer Anwendung keine für Menschen und Haustiere giftige Substanzen. Außerdem könnte einmal der Einsatz von Nützlingen versucht werden. Für einzeln stehende Pflanzen kommen unter Umständen Florfliegen in Frage, die auch unter der volkstümlichen Bezeichnung Blattlauslöwe oder Goldauge bekannt sind. Die Larven der Florfliege leben von kleinen Insekten und deren Eiern, besonders von Blattläusen. Blattläuse in einem Kleingewächshaus oder Wintergarten können mit Räuberischen Gallmücken bekämpft werden. Sie werden als Puppen geliefert und schlüpfen erst nach dem Auslegen unter den befallenen Pflanzen aus. Geliefert werden Nützlinge von Labors, die sich auf die Zucht dieser winzigen Insekten spezialisiert haben. Die Adressen können in Fachgeschäften oder beim örtlichen Pflanzenschutzdienst erfragt werden.

Mein Zusatztip

Ein Nützlingseinsatz ist nur dann erfolgreich, wenn die Tiere geeignete Klimaverhältnisse vorfinden. Deshalb sollte man sich vorab genau erkundigen, ob für den speziellen Zweck ein Nützlingseinsatz Erfolg verspricht. So sind die Mehrzahl der Nützlinge nur für geschützte Räume geeignet, die Florfliegen können aber auch auf der Terrasse oder auf dem Balkon zur Blattlausbekämpfung ausgebracht werden, da sie auch in der Natur den Sommer über im Freien leben.

► Blattwanzen

An meinen Dahlien und Astern habe ich schon im vergangenen Jahr verkrüppelte und verfärbte Blätter sowie mißgebildete Blüten beobachtet. Dort fand ich auch ab und zu flache, plattgedrückte, etwa 1 cm große bräunliche Käfer. Die gleichen Tiere treten jetzt auch schon wieder auf (Mai). Ich beobachte sie vor allen Dingen auch an Himbeeren. Was sind das für Schädlinge, und was kann ich gegen diese Tiere unternehmen?

◁ Aufgrund der Schilderung vermute ich, daß es sich nicht um einen Käfer, sondern um Blattwanzen handelt. Wanzen sind flache, beinahe platte Tiere mit 6 Beinen und einer Größe zwischen 5 und 10 mm. Es gibt verschiedene Arten, die eine gelbgrüne, gelblich braune oder rötlich braune Farbe haben können. Die völlig ausgewachsenen Tiere haben zwei flach dem Körper anliegende Flügelpaare. Blattwanzen sind nahe Verwandte der Blattläuse und Zikaden.

Diese Wanzen ernähren sich vom Saft junger Triebe, Blätter, Knospen und Blüten. Sie scheiden mit ihrem Saugrüssel gleichzeitig einen giftigen Speichel aus, der zu den Verkrüppelungen der Pflanzenteile führt. Meistens sind sie bei sonnigem, warmem Wetter immer wieder zu entdecken, während sie bei feucht-kühler Witterung in ihren Verstecken bleiben. Sie sind auch sehr scheu und lassen sich meistens fallen, wenn man in ihre Nähe kommt.

Normalerweise ist der Schaden durch Blattwanzen nicht besonders groß. Auch treten die Tiere von Jahr zu Jahr in unterschiedlicher Stärke auf. Sollte einmal ein sehr starker Befall befürchtet werden, empfiehlt der Pflanzenschutzdienst den Einsatz eines Pflanzenschutzmittels auf der Basis von Pyrethrinen. Diese Mittel sind auch gegen Blattläuse zugelassen.

Wußten Sie...

daß nicht alle Wanzen Zier- und Nutzpflanzen schädigen. Es gibt sehr viele Gattungen, die zu den Nützlingen gezählt werden können, da sie sich vorwiegend von Blattläusen, Blattsaugern, Spinnmilben, Gallmückenlarven ernähren. Manche gehören zur Gruppe der Blumen- und Weichwanzen.

► *Echter Mehltau auf Ahorn*

Ich habe einen Zier-Ahornbusch im Garten stehen, dessen Blätter seit einigen Wochen mit einem weißen, mehligen Belag völlig überzogen sind. Handelt es sich hierbei um eine Krankheit, und was kann ich dagegen tun?

◁ Diese Krankheit ist weit verbreitet und wird durch einen Pilz verursacht. Es handelt sich um den Erreger des Echten Mehltaus. Dieser Pilz ist ein Ektoparasit (Außenpilz), der mit seinen Hyphen bzw. seinem Mycel das Blattgewebe dicht überzieht und zu seiner Ernährung Saugschläuche (Haustorien) in das Zellgewebe des Blattes sendet. Er saugt Zellsaft aus den Blättern, Trieben und Knospen. Dadurch verfärbt sich befallenes Blattgewebe gelb, später braun und stirbt ab. Die Krankheit breitet sich vor allen Dingen bei wechselhaftem Wetter (feucht/trocken, warm/kühl) stark aus.

Je nach Stärke des Befalls kann eine Bekämpfung vorgenommen werden. Auch in den Bundesländern, in denen der Einsatz chemischer Pflanzenschutzmittel verboten ist, sind einige Wirkstoffgruppen zur Bekämpfung dieses Pilzes zugelassen. Zu den biologischen Präparaten gehört z.B. Lecithin. Sie sind nur wirksam, wenn sie ab Befallsbeginn wöchentlich angewandt werden.

Ansonsten sind Mittel aus den Wirkstoffgruppen Bitertanol, Dichlofluanid, Fenarimol und Triforin zugelassen.

► *Erdflöhe an Rettichen und Kohlsämlingen*

Die Blätter der Rettiche und Radieschen, aber auch von Kohlsämlingen sind stark zerfressen. Außerdem habe ich beobachtet, daß kleine schwarze oder gelb gestreifte Käfer in großen Massen auf diesen Pflanzen sitzen. Komme ich in ihre Nähe oder berühre ich die Pflanzen, springen die Käfer fort. Was sind das für Schädlinge, und was kann ich dagegen tun?

◁ Wie das Schadbild geschildert wird, handelt es sich zweifelsfrei um Erdflöhe. Eigentlich sind es kleine Käfer, die vor allen Dingen an jungen Blättern der Kreuzblütler

(Cruciferae) einen siebartigen Lochfraß verursachen. Besonders bei trocken-warmer Witterung vermehren sich diese Schädlinge sehr stark und können größeren Schaden anrichten.
Zunächst einmal sollte versucht werden, die Käfer vorbeugend zu bekämpfen. Da sie Trockenheit und Wärme lieben, die Beete öfters mit Wasser besprühen. Deshalb treten sie auch während niederschlagsreicher Witterungsperioden seltener auf. Außerdem wurde beobachtet, daß fleißiges hacken der Beetflächen die Käfer vertreibt. Im biologischen Garten können gewisse Erfolge mit Wermut- oder Rainfarnbrühe erzielt werden. Die Pflanzen müssen mindestens zweimal in der Woche gespritzt werden.
Bei sehr starkem Befall können die Pflanzen auch mit einem pyrethrumhaltigen Stäubemittel behandelt werden.

► Harzfluß, Gummifluß an Kirschenbaum

In meinem Garten steht ein Süßkirschenbaum. Nun habe ich beobachtet, daß aus dem Stamm an mehreren Stellen eine Flüssigkeit austritt. Um was für einen Schaden handelt es sich, und was kann ich dagegen tun?

◁ An Stämmen und Ästen von Kirschen tritt gerne der sogenannte Gummifluß (Gummosis) auf. Ausgelöst wird diese Erscheinung durch Schnittmaßnahmen, Frostrisse, mikrobielle Verletzungen usw. Bäume auf ungünstigen Standorten werden bevorzugt befallen. Wird ein Schaden frühzeitig erkannt, sollte die befallene Stelle bis auf das gesunde Holz ausgeschnitten werden. Günstiger Zeitpunkt ist das Frühjahr. Anschließend muß die Wunde mit einem Verschlußmittel behandelt werden.

Mein Zusatztip

Beim Anpflanzen von Kirschbäumen ist auf einen günstigen Standort zu achten. Gut sind vor allen Dingen humusreiche, mittelschwere (lehmige) Böden mit gleichmäßiger Wasserversorgung. Extreme Standorte sind möglichst zu vermeiden.

▶ *Herkuleskraut*

Vor 10 Jahren pflanzte ich in meinen Garten ein Herkuleskraut (Bärenklau, Heracleum). Leider ließ ich die Pflanze immer wieder aussamen, so daß sie sich jetzt im ganzen Garten verbreitet hat. Immer wieder „verbrennt" sich jemand beim Berühren der Blätter und Stengel. Seit mehreren Jahren lasse ich die Pflanze nicht mehr blühen und schneide auch alle Blätter ab. Trotzdem kommen die Pflanzen immer wieder. Gibt es irgendein Mittel, sie los zu werden?

◁ Grundsätzlich dürfen in vielen Ländern der Bundesrepublik Unkrautbekämpfungsmittel, sogenannte Herbizide, im Liebhabergarten aus Gründen des Umweltschutzes nicht mehr eingesetzt werden. Deshalb kann man diese „Lästlinge" nur durch konsequentes Abschneiden aller oberirdischen Pflanzenteile aus dem Garten vertreiben. Diese Maßnahme muß ständig ausgeführt werden, da sonst die Gewächse durch die grünen oberirdischen Pflanzenteile immer wieder neue Kraft zum „Durchhalten" sammeln können. Sollten sich die Pflanzen auf einer zusammenhängenden Fläche entwickelt haben, die anderweitig nicht genutzt wird, können die Pflanzen am Durchtreiben gehindert und zum Absterben gezwungen werden, wenn man diese Fläche mit einer dichten, undurchlässigen, starken Folie oder „Wurzelschutzmatte" abdeckt.

▶ *Himbeeren sterben ab*

Kein Glück habe ich in letzter Zeit mit meinen Himbeerpflanzen. Immer wieder sterben Ruten ab, so daß der Bestand ganz lückig geworden ist. Was ist die Ursache? Was kann ich dagegen tun?

◁ Himbeerpflanzen werden von einigen pilzlichen Krankheiten befallen. Besonders bekannt sind „Rutenkrankheit" (Didymella) und „Wurzelfäule" (vermutlich verschiedene Erreger).

Die Rutenkrankheit ist relativ sicher zu diagnostizieren. An der Basis der einjährigen Ruten treten ab Mai blauviolette

Flecken auf. Sie erweitern sich zu dunklen Zonen. Meistens stirbt im Spätsommer die Rinde ab. Sie platzt dann auf, und am kranken Holz sind kleine schwarze Pusteln zu entdecken. Als Folge des Befalls sterben die Ruten ab. Die Krankheit tritt besonders in älteren Beständen auf, vor allen Dingen auch dann, wenn keine ausreichenden Bodenpflegemaßnahmen durchgeführt worden sind.
Eine direkte Bekämpfung im Haus- und Kleingarten ist nicht möglich. Wichtig sind optimale Standortbedingungen für die Himbeerpflanzen. Deshalb sollen die Bestände immer wieder ausgelichtet werden, damit die Ruten einen lichten, luftigen Stand haben. Außerdem hat sich das Mulchen, also das Abdecken des Bodens mit organischem Material, sehr bewährt. Abgetragene Ruten sind außerdem im Hochsommer tief abzuschneiden und zu verbrennen. Günstig ist das Anpflanzen herbsttragender Sorten, deren Ruten nach der Ernte bodennah abgeschnitten werden.
Bei der Wurzelfäule treten starke Wachstumsdepressionen der Pflanzen auf. Außerdem sind die Wurzeln schwarz und vermorscht. Auch hier gibt es keine direkten Gegenmaßnahmen. Gute Standortbedingungen müssen prophylaktisch (vorbeugend) für eine günstige Entwicklung der Pflanzen sorgen.

► *Geißblatt mit Läuse*

An meiner Pergola rankt eine wunderschöne Lonicera oder Geißblatt (Jelängerjelieber) empor. Dieser Kletterstrauch hat so viele Läuse, daß sich die vielen Blüten nicht mehr entfalten können. Habe schon viel versucht. Mit Seifenlauge, Knoblauch, Lavendel usw., aber keinen Erfolg gehabt. Gibt es irgendein, möglichst nicht chemisches Mittel, um die Läuse auszurotten?

◁ Bei starkem Läusebefall reichen die genannten Präparate zur Bekämpfung nicht aus. Es gibt jedoch einige Präparate, die auch in den Bundesländern eingesetzt werden dürfen, in denen ansonsten der Einsatz chemischer Mittel im Haus- und Kleingarten verboten ist. Dazu zählen u.a. Präparate auf Kaliseifenbasis, sowie Pyrethrummittel und sogenannte Pyrethrine. Auch das nützlingsschonende Mittel Pirimor G ist zugelassen.

► *Läusebekämpfung mit biologischen Mitteln*

In meinem Garten haben sich an vielen Gewächsen Läuse angesiedelt. Auch Zimmerpflanzen sind von Läusen befallen. Nun will ich keine Chemie einsetzen. Welche biologischen oder natürlichen Mittel können empfohlen werden, damit ich der Läuseplage Herr werde?

◁ Es gibt viele Hausrezepte, die zur Abwehr bzw. Beseitigung von Blattläusen empfohlen werden. So soll man diese mit Kartoffelschalenbrühe, Zwiebelschalentee, Rhabarberblätterbrühe oder einem Auszug aus Knoblauch bereits beseitigen können. Oft wird auch empfohlen, die Pflanzen mit Brennesselwasser zu spritzen, das aus einem Kaltwasserauszug gewonnen wurde. Zu diesem Zweck werden 1 kg Brennesselabschnitte in 10 l Wasser angesetzt und 12 Stunden stehen gelassen. Zum Ansetzen wird Kaltwasser verwendet. Anschließend wird diese Brühe unverdünnt auf die Pflanzen gespritzt.
Auch Rainfarn- oder Wermuttee sollen dafür geeignet sein. Auch im Fachhandel gibt es Präparate, die auf natürlichen, oft pflanzlichen Stoffen aufgebaut sind. Anzuführen sind Mittel auf der Basis von Natur-Pyrethrum. Auch Mittel auf der Basis von Kaliseife können dazugezählt werden.
Sollen diese Präparate nicht wirken oder ist ein größerer Schaden abzuwenden, so empfiehlt der Pflanzenschutzdienst einige wenige Mittel, die vom Gartenbesitzer unter Beachtung der allgemeinen Vorsichtsmaßnahmen eingesetzt werden dürfen. Dazu gehören u.a. Pyrethrine und Mittel auf der Basis von Pirimicarb, z.B. Blattlausfrei Pirimor G.

Mein Zusatztip

Sollen Blattläuse in geschützten Räumen, also im Blumenfenster, Wintergarten oder Kleingewächshaus beseitigt werden, kann man auch ohne Einsatz von Hausmitteln und käuflichen Pflanzenschutzmitteln die Schädlinge beseitigen, in dem Nützlinge eingesetzt werden. Angeboten werden von verschiedenen Züchtern Räuberische Gallmücken und Schlupfwespen.

► Lauchmotte

Die Blätter meiner Lauchpflanzen waren im Sommer übersät mit streifenförmigen Blattbeschädigungen. Als es im Herbst öfters regnete, gingen die Lauchpflanzen in Fäulnis über. Um welche Krankheit oder Schädlinge handelt es sich, und wie kann ich meine Lauchpflanzen gesund erhalten?

◁ Bei der geschilderten Erscheinung handelt es sich um einen Befall durch die Raupen der Lauchmotte. Bereits ab Juni fressen die kleinen Räupchen helle „Gangmienen" in die Blätter. Die Fraßschäden können im Laufe der Zeit bis ins Herz reichen. Bei feuchter Witterung geht dann der Lauch oder Porree in Fäulnis über. Die Lauchmotte selbst tritt meistens in zwei Generationen auf, erste Generation von Ende Mai bis Ende Juni, die zweite Generation von Mitte August bis Mitte September. Gute Erfolge hat man mit der Abdeckung der Lauchpflanzen mit Gemüseschutznetzen erzielt. In diesem Falle werden die Motten (Kleinschmetterlinge) an der Eiablage auf den Porreepflanzen gehindert. Dadurch kann ein guter Schutz der Pflanzen erzielt werden. Wichtig ist nur, daß die Netze bereits ab der Pflanzung ausgelegt werden und die Motten keine Möglichkeit haben durchzuschlüpfen. Damit sich die Pflanzen gut entwickeln können, sollte man über die Pflanzen ein Stützgerüst anbringen und darauf das Netz auslegen. Dadurch verbleibt auch ein großer Luftraum unter dem Netz, so daß mögliche Überhitzungsschäden gering bleiben.

Mein Zusatztip

Wird Lauch oder Porree in Mischkultur mit Möhren angebaut, kann der Geruch der Möhren die Lauchmotten vertreiben und so eine Eiablage auf den Lauchblättern reduzieren, eventuell sogar ganz verhindern.

► Malven mit Rostbefall

Alljährlich säe ich in meinem Garten Malven (Stockrosen) aus. Heuer sind die Blätter und Triebe voller brauner Pusteln. Die stark befallenen Blätter welken und sterben ab. Um welche Krankheit handelt es sich, und was kann ich dagegen tun?

◁ Die Malven werden sehr gerne vom Malvenrost (Puccinia) befallen. Es handelt sich dabei um einen Innenpilz, dessen Sporenlager zunächst auf der Blattunterseite als braune Pusteln sichtbar werden. Die reifen Sporen werden auf gesunde Pflanzenteile übertragen. Bei einem starken Befall kann es zum Absterben der Blätter kommen. Im Augenblick ist gegen diese Krankheit nicht mehr viel auszurichten, da sich der Pilz im Innern des Gewebes von Trieben und Blättern eingenistet hat. Im nächsten Jahr sollte auf jeden Fall darauf geachtet werden, daß die Pflanzen gut ernährt werden, da nach Beobachtungen, eine gute Nährstoffversorgung einem Rostbefall vorbeugt. Außerdem sind die Pflanzen ständig zu kontrollieren. Sobald die ersten Rostpusteln auftreten, sollten die erkrankten Blätter entfernt werden. Helfen alle diese Maßnahmen nicht, kann auch ein zugelassenes Pflanzenschutzmittel eingesetzt werden. Gegen Rostpilze wirken z.B. Mittel auf der Basis von Bitertanol (z.B. Baymat-Rosenspritzmittel, Compo Rosen-Schutz usw.) und Triforin (Pilzfrei Saprol Neu).

► Monilia bei Sauerkirschen

Meine Sauerkirschen sehen augenblicklich (Juni) traurig aus. Zunächst einmal sind ziemlich plötzlich die Blüten vertrocknet, jetzt sterben die Triebspitzen samt den Blättern ab. Was soll ich machen, um dieser Seuche Herr zu werden?

◁ Es handelt sich bei dieser Krankheit um die sogenannte Spitzendürre oder Blütenfäule (Monilia), die Sauerkirschen, gelegentlich auch Süßkirschen und andere Prunus-Arten (z.B. Zierkirschen, Mandelbäumchen) befällt. Verursacht wird sie durch einen pilzlichen Erreger, wobei

dieser im Frühjahr während der Blütezeit die Pflanzen über die Narben der Blüten infiziert und in die Blütenorgane, anschließend in die Triebe eindringt. Durch den Befall wird das geschilderte Schadbild hervorgerufen.
Die Krankheit tritt vor allen Dingen bei häufigen Niederschlägen vor und während der Blüte auf. In den letzten Jahren ist diese Krankheit beinahe seuchenhaft in vielen Gebieten aufgetreten.
Sterben nur einzelne Zweige ab, sind diese sofort bis ca. 10 bis 15 cm ins gesunde Holz zurückzuschneiden. Meistens ist nämlich der Pilz mit seinen Hyphen bereits tiefer in den Zweig eingedrungen. Eine andere Bekämpfungsmaßnahme ist um diese Jahreszeit nicht mehr erfolgreich. Jedoch muß man im nächsten Jahr die Witterung beobachten. Sollte vor oder während der Blütezeit niederschlagsreiches Wetter herrschen, ist eine Pflanzenschutzbehandlung empfehlenswert, wenn mit einem stärkeren Befall gerechnet werden muß. Der Pflanzenschutzdienst empfiehlt den Einsatz von Bitertanol-Präparaten, z.B. Baycor-Spritzpulver, Baymat-Rosenspritzmittel oder Compo Rosen-Schutz oder ein Mittel mit dem Wirkstoff Triforin, z.B. Pilzfrei Saprol Neu. Eine Anwendung der Mittel ist nur sinnvoll bei Blühbeginn, mit einer Wiederholung während der Blüte. Obwohl die Mittel nicht bienengefährlich sind, sollte nicht während der Hauptflugzeit der Bienen gespritzt werden. Am besten erfolgt die Anwendung früh morgens oder am Abend.

Mein Zusatztip

Der amtliche Pflanzenschutzdienst gibt über einen automatischen Telefon-Auskunftgeber meistens Hinweise zur aktuellen Lage. Ist man sich über den genauen Termin der entsprechenden Pflanzenschutzbehandlungen nicht im Klaren, sollte man diese Warnmeldungen abhören. Die Nummern der automatischen Telefonansage sind über Dienststellen des amtlichen Pflanzenschutzdienstes oder über die Ämter für Landwirtschaft, Landschafts- und Bodenkultur (Landwirtschaftsämter) zu erfragen.

▶ *Ohrwurm*

Meine frisch gesäten Roten Rüben werden immer wieder abgefressen. Ich vermute, daß es die im Garten reichlich vertretenen Ohrwürmer sind. Kann das sein, und was kann ich dagegen unternehmen?

◁ Ohrwürmer werden nicht als typische Pflanzenschädlinge angesehen, wenngleich auch zarte Pflanzenteile, Blüten usw. angefressen werden. Es kann also sein, daß der Schaden von Ohrwürmern verursacht wird.
Andererseits tragen die Tiere sogar zur Blattlausvertilgung bei. Deshalb wird der Ohrwurm heute von vielen Gartenbesitzern als Nützling angesehen und ihm sogar als Unterschlupf „Ohrwurmnester“ angeboten. Ein solches Nest besteht aus einem Blumentopf, der mit Holzwolle vollgestopft und umgekehrt an einem Zweig aufgehängt oder am Boden aufgestellt wird. Ab Juni werden diese Töpfe zunehmend von den Ohrwürmern besiedelt.
Eine Bekämpfung von Ohrwürmern kommt normalerweise nicht in Frage.

▶ *Pflanzenschutzmittel frostfrei lagern*

Ich benutze einige zugelassene Pflanzenschutzmittel und lagere sie in meinem Gartenhaus. Können sie dort den Winter über verbleiben?

◁ Grundsätzlich sollten Pflanzenschutzmittel in verschlossenen Räumen oder Schränken und nicht zusammen mit Lebensmitteln gelagert werden. Bei der Aufbewahrung von Mitteln in körniger oder Pulverform spielen Temperaturen keine Rolle. Kritischer ist es bei vielen flüssigen Pflanzenschutzmitteln. Sie dürfen im allgemeinen nur frostfrei gelagert werden.
Werden flüssige Pflanzenschutzmittel in unbeheizten Räumen gelagert, sind die Herstellerhinweise in der Gebrauchsanleitung bezüglich der Aufbewahrung genau zu lesen und zu befolgen. Unter Umständen müssen also die flüssigen Präparate in einen frostfreien Raum umgelagert werden.

► Schnecken

In meinem Garten „wüten“ die Schnecken. Alles, was ich bisher probiert habe, hilft nicht, sie nehmen weiter überhand. Manchmal sind die Blätter im Gemüsebeet von Nacktschnecken geradezu überzogen. Was soll ich denn tun, um diese Plage zu beenden?

◁ Schnecken können in manchen Gärten schon zu Großschädigern werden. Unter für sie günstigen Witterungsbedingungen vermehren sie sich sehr stark und fressen vor allen Dingen zarte Blätter im Gemüse- und Ziergarten radikal ab.

Der Pflanzenschutzdienst empfiehlt zunächst einmal bei einem relativ geringen Befall das Absammeln der Tiere in den frühen Morgenstunden oder an Regentagen. Es können an verschiedenen Stellen auch Salatblätter ausgelegt werden, die von den Schnecken besonders gerne aufgesucht und manchmal auch tagsüber als Schlupfwinkel benutzt werden. Auch das Zwischenpflanzen sogenannter Köderpflanzen kann das tägliche Absammeln erleichtern. Geeignet sind dafür Studentenblumen (Tagetes).

Im biologischen Garten haben sich Bierfallen bewährt. Verwendet werden dazu gerne Joghurtbecher, die man so in den Boden eingräbt, daß die Schnecken den etwas überstehenden Rand mühelos überwinden können. Werden die Fallen mit frischem Bier gefüllt, lockt dieses die Tiere an und sie können dann abgelesen und beseitigt werden. Im Fachhandel gibt es auch Schneckenzäune, mit denen man empfindliche Kulturen schützen kann.

Ursprünglich war vorgesehen, daß die bisher im Handel befindlichen Schneckenkörner im Liebhabergarten nicht mehr eingesetzt werden dürfen. Wie vom Pflanzenschutzdienst zu erfahren war, ist dieses Verbot augenblicklich wieder aufgehoben worden. Auf jeden Fall sollte man sich genau informieren, ob das Ausbringen dieser Ködergifte noch erlaubt ist. Sollte dies der Fall sein, kann man in einem der geschilderten speziellen Fälle, wenn also ein großer Schaden an den Gartenpflanzen zu erwarten ist, mit diesen Mitteln eine Dezimierung dieser Schädlinge erreichen. Im Zweifelsfall erkundige man sich über die Anwendung und den Einsatz dieser Mittel beim amtlichen Pflanzenschutzdienst.

► *Sellerie mit Septoria-Blattfleckenkrankheit*

Die Blätter meiner Selleriepflanzen sind voller rostiger Flecken. Die Blätter werden gelb, später braun und sterben ab. Beim genauen Betrachten sieht man in den Flecken kleine schwarze Pünktchen. Die Krankheit hat schon nach kurzer Zeit fast alle Sellerieblätter befallen. Um welche Krankheit handelt es sich hier, und was kann ich dagegen tun?

◁ Selleriepflanzen werden von verschiedenen Pilzkrankheiten befallen. In diesem Falle handelt es sich sicher um die weitverbreitete Septoria-Blattfleckenkrankheit, die vor allen Dingen bei feuchtem Wetter und nach Nächten mit starker Taubildung auftritt.

Typisch ist für diese Pilzkrankheit die Fleckenbildung auf den Blättern sowie die Sporenbildung. So sind die Sporen als kleine schwarze Pünktchen unregelmäßig auf den Flecken der Blattoberseite verbreitet.

Am besten ist es, beim ersten Auftreten der Krankheit das befallene Laub sofort zu entfernen und zu vernichten. Es sollte nicht auf den Kompost geworfen werden. Außerdem sollten Selleriepflanzen vorbeugend weit genug gesetzt werden, damit ständig genügend Luft durch die Blätter streichen kann und feuchte Blätter immer schnell wieder abtrocknen.

Nach einem stärkeren Befall sollte auf eine weitgestellte Fruchtfolge geachtet werden. Außerdem soll in Zukunft auf den Anbau weniger anfälliger Sorten geachtet werden, z.B. die Knollenselleriesorten 'Sperlings Dolvi', 'Ibis' und die Bleichselleriesorte 'Tall Utah'.

Tritt die Krankheit immer wieder auf, kann in solchen Befallslagen eine Behandlung mit Grünkupfer-Mitteln vorgenommen werden. Der Pflanzenschutzdienst empfiehlt höchstens 4 Anwendungen im Abstand von 10 – 14 Tagen. Eine Wartezeit bis zur Ernte von 14 Tagen nach der letzten Anwendung ist einzuhalten.

Mein Zusatztip

Müssen chemische Mittel zur Bekämpfung eingesetzt werden, sind diese nur beim Knollensellerie anzuwenden, nicht bei Bleich- oder Schnittsellerie!

► Spinnmilben am Gummibaum (Ficus)

Ich besitze einen wunderschönen Ficus (Gummibaum) mit mehreren Trieben. Seit einiger Zeit bekommen die Blätter gelbliche Flecken. Später werden sie braun und sterben ab. Auf der Blattunterseite stelle ich ein feines Gespinst fest. Handelt es sich hierbei um einen Schädling, und was kann ich dagegen tun?

◁ Wenn Sie die Blattunterseite genau betrachten, können Sie unter dem Gespinnst grünlichgelbe oder rötliche, ca. 0,5 mm große Tiere entdecken. Es handelt sich um sogenannte Spinnmilben, zu der auch die Rote Spinne gehört. Diese Tiere ziehen mit ihren stechend-saugenden Mundwerkzeugen den Saft aus den Zellen der Blätter. Sie werden deshalb gelb und später braun und sterben ab.

Die Tiere vermehren sich sehr stark bei warmer, trockener Zimmerluft. Als hartnäckige Schädlinge sind sie auch schwer zu bekämpfen. Es gibt jedoch seit einiger Zeit einen Nützling, den man auch an Zimmerpflanzen im Blumenfenstern oder Wintergarten einsetzen kann. Es handelt sich um eine Raubmilbe (Phytoseiulus), die sich ausschließlich von Spinnmilben und deren Eiern ernährt. Diese Raubmilben werden in Labors gezüchtet und meistens auf Bohnenblättern verschickt. Die Blätter werden nach dem Eintreffen sofort auf den befallenen Pflanzen ausgelegt. Die Raubmilben suchen dann ihre Beute auf. Eine Raubmilbe kann am Tag 5 ausgewachsene Spinnmilben oder 20 Eier bzw. Jungtiere abtöten. Die Raubmilben ver-

Mein Zusatztip

Da sich Spinnmilben vor allen Dingen bei trockener Zimmerluft stark vermehren, sollte man für eine höhere Luftfeuchtigkeit im Raum sorgen. Günstig ist, wenn der Gummibaum auch ein oder zweimal am Tag ganz fein mit Wasser besprüht wird.

Wußten Sie...

daß der botanische Name Ficus eigentlich der römische Name für die Feige ist. Zur gleichen Gattung gehört nämlich auch der „Gemeine" Feigenbaum, Ficus carica.

mehren sich weiter. Das Weibchen kann 40–60 Eier ablegen, aus denen nach 2–3 Tagen junge Milben ausschlüpfen. Da der Lebenszyklus der Raubmilben nur halb so lang ist wie der der Spinnmilben, ist meistens eine schnelle und nachhaltige Wirkung durch den Einsatz dieser Nützlinge möglich.
Eines ist aber auf jeden Fall zu beachten. Auch die Raubmilben benötigen hohe Temperaturen und eine möglichst hohe Luftfeuchtigkeit. Ideal sind Temperaturen zwischen 20° und 27 °C sowie eine Luftfeuchtigkeit über 60%.

▶ Thrips (Blasenfüße) an Zimmerpflanzen

Viele meiner Zimmerpflanzen zeigen auf den Blättern kleine weißliche Flecken und Sprenkel. Stärker befallene Blätter haben einen silbrigen Glanz. Später trocknen die Stellen aus und es entstehen braune Flecken. Einige Zimmerpflanzen werfen auch schon die Blätter ab. Ich vermute, daß es sich um einen Thripsbefall handelt.

◁ Das geschilderte Schadbild deutet ganz eindeutig auf einen Befall durch Blasenfüße (Thripse) hin. Meistens treten diese weißlichen Flecken entlang der Blattnerven besonders stark auf. Der silbrige Glanz entsteht dadurch, daß die Insekten mit ihren stechend-saugenden Mundwerkzeugen den Pflanzensaft aus den Zellen saugen und Luft in das Blattgewebe eindringt. Übrigens kann man die winzigen, oft nur 1 mm großen, meist dunkel gefärbten Tiere kaum erkennen. Typisch sind andererseits die kleinen, punktförmigen und schwärzlichen Kothäufchen auf Blättern und Blüten. Eine Bekämpfung mit chemischen Mitteln in Wohnräumen ist relativ schwierig. Mit den sogenannten Pyrethrum-Präparaten, die in Spraydosen angeboten werden, kann möglicherweise eine gewisse Linderung erreicht werden. Von stark befallenen Pflanzen sollte man sich trennen.

Wußten Sie…

daß die Thripse ihren volkstümlichen Namen Blasenfuß wegen der Haftblasen an ihren Beinen erhalten haben. Da sie auch zwei Paar fransige Flügelchen besitzen, werden sie oft auch als „Fransenflügler“ bezeichnet.

► Weinrebe schneiden

Vor einiger Zeit habe ich ein Haus gekauft. An der Südseite rankt eine Weinrebe. Ich möchte sie erhalten, weiß jedoch nicht, wie ich die Triebe beschneiden soll.

◁ Es handelt sich sicherlich um ein schon älteres Spalier, das bereits vor Jahren aufgebaut wurde. In diesem Falle wird man in erster Linie die vorhandenen Seitentriebe immer wieder zurückschneiden, um aus den Basisknospen Jungtriebe zu erzielen. Weinreben blühen meistens nur an Jungtrieben, die sich aus dem zweijährigen Holz entwickelt haben. Es werden also die letztjährigen Triebe im Winter auf zwei gut entwickelte Augen zurückgenommen. Daraus entwickeln sich zwei Triebe. Im Folgejahr schneidet man von den beiden die obere Rute weg, die untere, näher am Haupttrieb stehende, wird auf 2 Augen eingekürzt. Die Haupttriebe werden in der Regel auf 6–8 Augen eingekürzt, damit sich aus den verbleibenden Knospen wieder neue Seitentriebe entwickeln.

Bei besonders starkwüchsigen Reben kann anstelle des Zapfensschnitts auch der „Bogenschnitt" durchgeführt werden. In diesem Fall schneidet man den Seitentrieb nicht auf Zapfen sondern beläßt einen Trieb mit 8 – 10 Augen, der tief herabgebunden wird. Die austreibenden Augen bringen Blüten und Früchte. An der obersten Stelle der Biegung lässt man den besten Trieb stehen und biegt diesen für die Fruchtbildung im folgenden Jahr wieder nach unten. Der Rest des alten Bogens wird weggeschnitten.

Mein Zusatztip

Weinreben eignen sich sehr gut zur Bekleidung von Wänden, Mauern usw. Das Anpflanzen ist aber nur in günstigen, gemäßigten Klimazonen zu empfehlen. Die Weinrebe benötigt im Jahr ca. 600 mm Niederschlag und eine durchschnittliche Temperatur während der Vegetationsperiode von mindestens 13 °C. Die Sonnenscheindauer soll bei knapp 3000 Stunden liegen und 1300 Stunden nicht unterschreiten. Kritisch sind sehr tiefe Wintertemperaturen. Mit Knospenschäden muß bei Temperaturen unter –12 °C, mit Holzschäden bei unter –16 °C gerechnet werden.

► *Nützlingseinsatz gegen Weiße Fliege*

Meine Balkonpflanzen, insbesondere die Fuchsien, sind stark von Weißer Fliege befallen. Ich habe gehört, daß man zur Bekämpfung einen Nützling einsetzen kann. Um welches Tier handelt es sich, und wie setze ich es ein?

◁ In der Tat kann man die Weiße Fliege oder Mottenschildlaus mit Schlupfwespen (Encarsia) bekämpfen. Leider ist das im Freien, also auf dem Balkon oder der Terrasse nicht möglich, weil diese Tiere besondere Ansprüche an die Temperatur stellen. So benötigen sie zur optimalen Entwicklung Temperaturen zwischen 20 und 27 °C. Deshalb kommt ein Einsatz von Schlupfwespen gegen Weiße Fliegen nur im Kleingewächshaus, Blumenfenster oder einem ähnlichen geschützten Raum in Frage. Dort ist jedoch die Anwendung und der Einsatz von Schlupfwespen sinnvoll und erfolgreich.

Geliefert werden Schlupfwespen in Form parasitierter, d.h. schwarz gefärbter Larven oder Pupparien der Weißen Fliege, aufgeklebt auf kleinen Kartonkärtchen. Diese werden im unteren Bereich der Pflanzen aufgehängt. Innerhalb weniger Tage schlüpfen die jungen Wespen. Sie sind mit bloßem Auge kaum zu erkennen, da sie nur 0,6 mm lang sind. Sie ernähren sich vom Honigtau (Ausscheidungen der Läuse) und von jüngeren Stadien der Weißen Fliegen. Später legen sie ihre Eier mit Hilfe eines „Legebohrers" in die Larven der Weißen Fliege und bringen diese zum Absterben. Ansonsten empfiehlt der Pflanzenschutzdienst zur Bekämpfung der Weißen Fliege Mittel auf der Basis von Kaliseife und Pyrethrine. Diese Mittel sind normalerweise zum Einsatz gegen Blattläuse gedacht. Sie haben aber auch eine Nebenwirkung gegen Weiße Fliege.

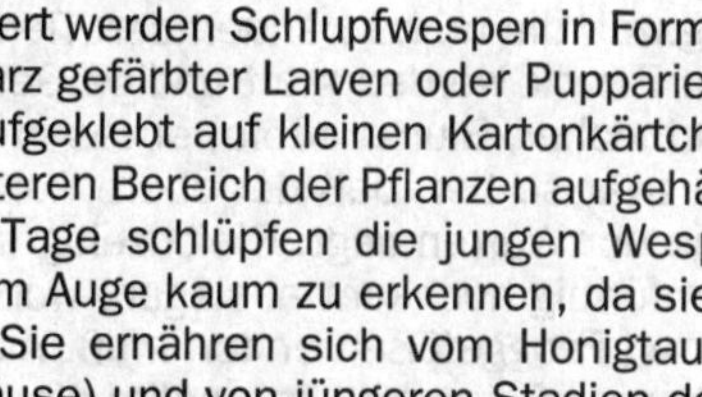

► Werren

In meinem Garten haben sich unzählige Werren (Maulwurfsgrillen) eingenistet. Es wächst auf den Gemüsebeeten praktisch überhaupt nichts mehr. Säe ich frisches Gemüses aus, kommt es kaum zum Keimen, die Pflänzchen werden sofort wieder abgefressen. Was kann ich gegen diese Plage tun?

◁ Die Maulwurfsgrille oder Werre ist eine nahe Verwandte unserer Grillen. Die Tiere leben dicht unter der Erdoberfläche und legen etwa fingerdicke Gänge an. Sie ernähren sich durch Fraß an Wurzeln und unteren Stengelteilen, besonders beliebt sind Sämlinge und Jungpflanzen. Die Tiere halten sich die meiste Zeit ihres Lebens in ihren Gängen auf. Die Bekämpfung ist nicht einfach, da chemische Mittel nicht mehr eingesetzt werden dürfen. Mit einer biotechnischen Maßnahme kann man einen gewissen Erfolg erzielen. Zu diesem Zweck ist es sinnvoll, zur Paarungszeit die umherwandernden Tiere abzufangen. Zu diesem Zweck werden glattrandige Gefäße (z.B. Gläser, Joghurtbecher, Blumentöpfe) etwas in die Erde eingegraben und zwar so tief, daß der obere Rand etwa auf der Ganghöhe der Werren liegt. Gleichzeitig sollte man Dachlatten sternförmig hochkant auslegen, wobei die eine Stirnseite an den Fanggefäßen enden muß. Auch an der gegenüber liegenden Seite der Latte sollte ein solches Fanggefäß im Boden eingegraben sein. Nun wandern die Tiere an der Latte entlang und fallen in die Gefäße. Sie müssen täglich kontrolliert und die Tiere beseitigt werden.
Im Juni und Juli erfolgt die Eiablage in etwa hühnereigroßen, ca. 15 – 20 cm tief gelegenen Brutnestern. Kann man ein solches Nest entdecken, sollte dieses auf jeden Fall ausgehoben und beseitigt werden. Den Nestplatz kann man daran erkennen, daß die darüber befindlichen Pflanzen welken und absterben.

Wußten Sie...

daß sich Maulwurfsgrillen sehr stark vermehren. So können die weiblichen Tiere in einem Nest oft über 300, etwa hanfkorngroße, gelbe Eier ablegen, aus denen nach 2–3 Wochen die ameisenähnlichen Jungen ausschlüpfen.

▶ *Wühlmäuse in Rosen und Tulpen*

In meinen Garten sind Wühlmäuse eingedrungen. Sie fressen besonders gerne Tulpenzwiebeln, aber auch die Wurzeln von Rosen. Wie kann ich die Wühlmäuse am besten bekämpfen und die Tulpen vorbeugend vor Mäusefraß schützen?

Die Wühl- oder Schermaus frißt unterirdische Pflanzenteile, vorwiegend Wurzeln, Rüben (z.B. Möhren), aber auch besonders gerne Tulpenzwiebeln.
Da der Einsatz chemischer Bekämpfungsmittel im Haus- und Kleingarten in vielen Bundesländern nicht mehr erlaubt ist, kommt am ehesten das Fangen mit der Falle in Frage. Spezielle Wühlmausfallen sind im Fachhandel erhältlich.
Wenn Wühlmäuse immer wieder aufs neue in den Garten eindringen, sollte man Tulpenzwiebeln bereits beim Legen mit einem engmaschigen Drahtgeflecht umgeben, das die Wühlmäuse nicht durchdringen können. Es gibt in Fachgeschäften auch gitterartige Pflanzkörbe, in die man die Zwiebeln einlegt und anschließend im Garten ausbringt. Auch sie können als vorbeugende Schutzmaßnahme verwendet werden.
Treten die Wühlmäuse in sehr großer Zahl auf, sollte man sich wegen einer intensiveren Bekämpfung mit dem zuständigen Amt für Landwirtschaft, Landwirtschafts- und Bodenkultur (Landwirtschaftsamt) in Verbindung setzen.

Wußten Sie...

daß man einen Wühlmaus- und Maulwurfsgang relativ sicher unterscheiden kann? So sind die ausgeworfenen Erdhaufen des Maulwurfs rund, relativ hoch und regelmäßig, da der Maulwurf die Erde senkrecht nach oben drückt. Schermäuse dagegen schieben die Erde schräg aus dem Gang, die Erdhaufen sind flach und unregelmäßig. Außerdem sind sie mit Gras- und Wurzelresten durchsetzt. Auch hat der Schermausbau selten offene Löcher. Gerade deshalb ist es oft schwierig, den Befall rechtzeitig zu erkennen. Im übrigen ist der Maulwurf kein Pflanzenschädiger. Er lebt von Insekten und Regenwürmern, während die Wühlmaus ein ausgesprochener Pflanzenfresser ist.

► Bekämpfung der Wühlmäuse

In meinem Garten wüten die Wühlmäuse. Sie scheinen sich geradezu von allen Seiten in meinen Garten zu stürzen. Zahlreiche Pflanzen, auch junge Obstbäume sind abgefressen. Ich habe schon kochendes Wasser in die Gänge geleert, doch alles hoffnungslos. Was soll ich machen, damit ich dieser Plage Herr werde?

◁ Wühl- oder Schermäuse können tatsächlich oft zur Plage werden. Man kann jedoch bereits vorbeugend durch bestimmte Maßnahmen dafür sorgen, daß sich die Wühlmäuse nicht so sehr im Garten breit machen. Einmal sollte man versuchen, Greifvögeln das „Landen" im Grundstück zu erleichtern. Das Aufstellen sogenannter Greifvogelstangen (Sitzstangen) ist hilfreich. Manchmal ist auch bereits eine Katze ein wertvoller Helfer.

In größeren, grasbewachsenen Grundstücken sollte man darauf achten, daß das Gras, vor allen Dingen dem Herbst zu, häufig und kurz gemäht wird. Im hohen Gras können sich die Mäuse besser verstecken.

Manchmal kann auch schon das Anpflanzen bestimmter Gewächse Mäuse von diesen Flächen fernhalten. Das gilt z.B. für Kaiserkrone, Hundszunge und Knoblauch.

Mein Zusatztip

Da nicht immer alle Wühlmausgänge „befahren" sind, sollte man vor dem Fallenstellen eine sogenannte Verwühlprobe machen. Zunächst wird also der Wühlmausgang geöffnet. Befindet sich eine Wühlmaus im Gang, wird dieser von der Schermaus schon nach kurzer Zeit mit Erde von innen wieder verstopft (verwühlt). Nun kann man sicher sein, daß sich die Wühlmaus in diesem Bau bzw. Gang befindet, so daß das Stellen der Falle Aussicht auf Erfolg hat.

Das Auffinden von unterirdischen Wühlmausgängen wird durch die Verwendung eines Suchstabs erleichtert. Es handelt sich dabei um einen eisernen Stab mit verdickter Spitze, den man beim Schlosser anfertigen lassen muß. Beim Aufsuchen der Gänge stößt man den Stab dort, wo man einen Wühlmausgang vermutet, in die Erde uns spürt an dem ruckartigen Einsinken, daß man einen Wühlmausgang getroffen hat.

Alle diese Maßnahmen helfen natürlich nichts mehr, wenn der Garten sehr stark von Wühlmäusen besiedelt ist. Manchmal wird empfohlen, die Wühlmaus-Wolfsmilch, Euphorbia lathyris anzupflanzen. Man sieht sie auch immer wieder in Gärten stehen. Nur hat das Anpflanzen selbst wenig Wert, da die Samen wichtig sind. Sie muß man in die Gänge legen, damit sie von den Wühlmäusen gefressen werden.
Während früher im Garten auch chemische Mittel zum Einsatz kamen, sind diese heute in vielen Bundesländern nicht mehr erlaubt. Möglich ist es jedoch, die Schermäuse mit Fallen zu fangen. Es ist jedoch schon etwas Geschick notwendig, um sie in die Fallen zu locken. Vor ihrem Einsatz sollte auch immer eine Verwühlprobe gemacht werden. Zu diesem Zweck wird ein Wühlmausgang auf einer Länge von ca. 20 cm freigelegt, so daß Licht in die Gangöffnungen fällt. Die Wühlmäuse verschließen nun diese Öffnung wieder, weil sie die einströmende Kälte und das Licht scheuen. Schon nach wenigen Stunden ist der geöffnete Gang wieder zugewühlt. Geschieht das nicht, ist der Gang nicht bewohnt. Dann ist es auch sinnlos, eine Falle einzubauen. Zum Fangen der Schermäuse werden vom Pflanzenschutzdienst Drahtfallen oder Blättchenfallen empfohlen. In manchen Orten bieten geübte „Wühlmausfänger“, also Pflanzenschutzfachleute mit Spezialerfahrung, Kurse an, wie man Fallen richtig stellt. Über solche Informationsveranstaltungen erkundige man sich am besten bei einer zuständigen Pflanzenschutzdienststelle oder einem Amt für Landwirtschaft, Landschafts- und Bodenkultur (Landwirtschaftsamt).

Wußten Sie...

daß man einen Wühlmausgang deutlich von dem eines Maulwurfs unterscheiden kann. Letzterer ist nützlich und sollte auf keinen Fall gejagt werden. Die Gänge der Wühlmäuse haben eine hoch ovale Form und sind über 5 cm breit und bis zu 8 cm hoch, während ein Maulwurfsgang meistens rundlich und nicht mehr als 4–5 cm breit ist. Außerdem sind die von einer Wühlmaus aufgeworfenen Haufen kleiner als die der Maulwürfe. Die durch Schermäuse aufgewühlte Erde enthält meistens Wurzeln und Pflanzenreste, ein Maulwurfshaufen besteht immer nur aus reiner Erde.

▶ Wurzelläuse an Kopfsalat

Seit einiger Zeit kümmern meine Kopfsalatpflanzen sehr stark. Als ich nun einige Pflanzen ausgegraben habe, stellte ich fest, daß am Wurzelhals und im Wurzelbereich unzählige weiß gepuderte Tiere sitzen. Um welchen Schädling handelt es sich, und wie kann ich ihn bekämpfen?

◁ Bei dem geschilderten Schädling handelt es sich um sogenannte Wurzelläuse, die besonders gerne am Kopfsalat, aber auch an anderen Gemüsepflanzen, z.B. Petersilie, Möhren usw. auftreten. Die Läuse schützen sich durch die weißlichen Wachsausscheidungen vor äußeren Einflüssen. Oft treten sie massenhaft auf, so daß sie den Pflanzen so viel Saft entziehen, daß diese kränkeln bzw. nur einen schwachen Wuchs zeigen.

Eine Bekämpfung mit chemischen Mitteln ist nicht angebracht. Im biologischen Garten wird ab und zu das wiederholte Angießen mit Rainfarnbrühe empfohlen. Sie wird entweder aus frischem oder getrocknetem Kraut hergestellt. Benötigt werden von frischem Kraut 300 g, von getrockneten Kraut- und Blütenteilen 30 g/10 l Wasser.

Auf jeden Fall sollte die Anbaufläche gewechselt werden, vielleicht ist auch eine Mischkultur mit Kerbel, Bohnenkraut, Salbei oder Thymian hilfreich.

Mein Zusatztip

Neuerdings beschäftigt sich die Züchtung mit resistenten Sorten. Erfolge wurden bereits bei Kopfsalat erzielt. Gegen Wurzelläuse weitgehend resistent sein sollen die Kopfsalatsorten 'Elvira' und die Krulsalat-Sorte 'Krizet'. Wahrscheinlich wird es in nächster Zeit noch weitere resistente Sorten geben.

▶ Schneelast bei einem Kleingewächshaus

Ich beabsichtige, ein Kleingewächshaus zu erstellen. Wir wohnen im Schwarzwald und müssen im Winter mit starkem Schneefall rechnen. Muß ich hinsichtlich der Stabilität auf besondere Konstruktionsmerkmale achten?

◁ Ein Kleingewächshaus ist, wie jedes andere Bauwerk auch, gewissen „Lasten" ausgesetzt. Wichtig sind die sogenannten Windlast und die Schneelast. Am besten ist es, wenn man dem Anbieter von Kleingewächshäusern die örtliche Lage genau schildert und sich mit ihm über die Stabilität seiner Konstruktionen unter den gegebenen Verhältnissen unterhält.
Kleingewächshäuser sind vor allen Dingen dann durch Schneelasten gefährdet, wenn sie nicht beheizt werden, da in diesem Falle der Schnee auf der Glasfläche liegen bleibt. In beheizten Kleingewächshäusern taut der Schnee meistens rasch ab.
Im Gewächshausbau wird im allgemeinen eine Schneelast von 25 kp/m^2 als Schneelast einkalkuliert. Diese Zahl sollte also dem Anbieter von Kleingewächshäusern auf jeden Fall einmal vorgetragen werden, um sicher zu sein, daß das Gewächshaus später unter einer möglichen Schneelast keinen Schaden leidet.

TSCHÜSS!
Edgar
R.K.93

Pardatscher, G.: Die schönsten Ziergehölze. Verlag Eugen Ulmer, 1985.

Schmid, H.: Obstbaumwunden. Verlag Eugen Ulmer, 1992.

Bärtels, A.: Schöne Clematis. Verlag Eugen Ulmer, 1989.

Boerner, F. & Koch, H.: Gehölzschnitt. Verlag Eugen Ulmer, 1981.

Heieck, I.: Schöne Efeus. Verlag Eugen Ulmer, 1992.

Koch, H.: Gehölzschnitt. Verlag Eugen Ulmer, 1981.

Lampe, G.F.: Koniferen für den Garten. Franckh'sche Verlagshandlung, 1980.

Berg, J. & Heft, L.: Rhododendron und immergrüne Laubgehölze. Eugen Ulmer-Verlag, 1979.

Woessner, D.: Gartenrosen. Verlag Eugen Ulmer, 1978.

Wolf, Dr. G.: Die Blumenwiese. Auswertungs- und Informationsdienst für Ernährung, Landwirtschaft und Forsten (AID), 5300 Bonn 2, Heft 11555, 1989.

Noack, H.: Schöne Gartenrosen. Verlag Eugen Ulmer, 1989.

Gugenhan, E.: Lebensraum Garten 4 - Standort, Pflanzenauswahl, Kulturverfahren, Pflegemaßnahmen. Ministerium für Ländlichen Raum, Ernährung, Landwirtschaft und Forsten, 1993.

Woessner, D.: Das Schneiden der Rosen. Verlag Eugen Ulmer, 1992 und Harkness, P.: Gartenrosen. Stedtfeld-Verlag, 1989.

Bärtels, A.: Gehölzvermehrung. Verlag Eugen Ulmer, 1978.

Pardatscher, G.: Schöne Blütengehölze. Verlag Eugen Ulmer, 1990.

Frank, R.: Päonien. Verlag Eugen Ulmer, 1989.

Gugenhan, E.: Bunte Gärten auf Balkon und Terrasse. BLV-Verlags-Gesellschaft, 1985.

Hope, F.: Rasen. Verlag Eugen Ulmer, 1983.

Schmid, H.: Obstbaumwunden. Verlag Eugen Ulmer, 1992.

Metzner, R.: Das Schneiden der Obstbäume und Beerensträucher. Verlag Eugen Ulmer, 1991.

Stoll, K. & Gremminger, U.: Besondere Obstarten. Verlag Eugen Ulmer, 1986.

Wilhelm, P.G.: Obst im Garten. Verlag Eugen Ulmer, 1985.

Bauckmann, M.: Unser Beerengarten. Franckh'sche Verlagshandlung, 1979.

Wilhelm, P.G.: Obst im Garten. Verlag Eugen Ulmer, 1985.

Schmid, H.: Obstbaumschnitt. Verlag Eugen Ulmer, 1982.

Jenuwein, H.: Avocado bis Zuckerrohr. Verlag Eugen Ulmer, 1986.

Preissel, H.-G. & Preissel, U.: Schöne Kübelpflanzen. Verlag Eugen Ulmer, 1991.

Köchel, C. & Köchel, M.: Flora mediterranea. Eigenverlag, 1987.

Manthey, G.: Schöne Fuchsien. Eugen Ulmer-Verlag, 1989.

Preissel, K.-G. & Preissel U.: Brugmansia (Datura), Engelstrompeten. Verlag Eugen Ulmer, 1991.

Kreuter, M.-L.: Kräuter + Gewürze aus dem eigenen Garten. BLV-Verlag.

Hiller, K. & Bickerich, G.: Giftpflanzen. Urania-Verlag, Leipzig, 1990.

Grunert, C.: Das Blumenzwiebelbuch. Verlag Eugen Ulmer, 1980.

Burger, A.: Schöne Orchideen. Verlag Eugen Ulmer, 1990.

Steiner, H.: Nützlinge im Garten. Verlag Eugen Ulmer, 1985.

Henggeler, S., Schmid, O.: Biologischer Pflanzenschutz im Garten. Verlag Eugen Ulmer, 1984.

Schmid, O. & Henggeler, S.: Biologischer Pflanzenschutz im Garten. Verlag Eugen Ulmer, 1984.

Gremminger, U. & Stoll, K.: Besondere Obstarten. Verlag Eugen Ulmer, 1986.

Michel, H.-G. & Umgelter, H.: Pflanzenschutz im Garten. Verlag Eugen Ulmer, 1982.

333 Gartentips von Edgar Gugenhan

Herausgeber:
SDR 1
Jochen Heuer
Neckarstraße 230, 70049 Stuttgart
Redaktion: Heinz Waldmüller

Verlag:

Zeppelinstraße 29–31, 73760 Ostfildern

Projektleitung: Sigmund Zipperle
Herstellung: Jolanta Gatzanis
Redaktion: Hans Schilder
Umschlaggestaltung: Grafik Rolf Seufferle
Cartoons: Rolf Kutschera
Satz: SCS Schwarz Satz & Bild digital
Druck: Ebner Ulm

ISBN: 3-7718-0695-X

Liebe Leserin, lieber Leser

Wer mit Pflanzen umgeht weiß, daß oft Probleme auftreten. Es bleibt nicht aus, daß Pflanzen kränkeln, gelbe Blätter bekommen, nicht rechtzeitig blühen oder zur Unzeit „schießen". Ganz zu schweigen von Krankheiten und Schädlingen, die Pflanzen und Menschen das Leben schwer machen.
Mit solchen Problemen wurde ich während meiner praktischen Tätigkeit und auch später nach dem Gartenbaustudium immer wieder konfrontiert. Durch die vielen Kontakte zu Gartenbesitzern und Blumenfreunden entwickelte sich eine fachjournalistische Tätigkeit, aus der heraus zahlreiche Blumen- und Gartenbücher entstanden sind.

Eines Tages – es sind fast 30 Jahre her – saß ich plötzlich im Studio des Süddeutschen Rundfunks und durfte so mehreren 100 000 Hörern Ratschläge zur Garten- und Blumenpflege geben. Als dann SDR 1 mit seinem „Hallo Radiomarkt-Telefon" die Möglichkeit eröffnete, direkten Kontakt zu den Hörerinnen und Hörern zu bekommen, war es für mich erstaunlich, wie wichtig gerade für meinen Bereich der Rat des Experten ist. Hunderte von Anrufen erreichten mich auf diese Weise bei SDR 1 im Laufe der letzten 10 Jahre.
Mehr einem Zufall ist es zu verdanken, daß ich seit Beginn der Telefonaktion die Fragen und auch viele Antworten notiert und gesammelt habe. Sie sollten immer wieder Grundlage für spätere Sendungen in SDR 1 sein.
Nicht Nein sagen konnte ich, als die SDR 1-Radiomacher mit dem Wunsch an mich herantraten, aus den direkten Hörerfragen und Antworten das erste Buch für die neue SDR 1-Ratgeber-Reihe zu verfassen. So entstand „Ein Herz fürs Grüne – 333 Gartentips von Edgar Gugenhan".

Mein besonderer Gruß gilt meinen Hörerinnen und Hörern, die mir über viele Jahre hinweg die Treue gehalten haben. Meinen Lesern wünsche ich, daß Sie aus den „333 Gartentips" viele Anregungen für Ihren grünen Bereich schöpfen können.

Ihr
Edgar Gugenhan

Liebe Leserin, lieber Leser

Hörfunk ist ein flüchtiges Medium. Und so ist es nicht verwunderlich, daß das, was über den Sender geht, von den Hörerinnen und Hörern „schwarz auf weiß“ eingefordert wird. In vielen Fällen konnte SDR 1 mit einfachen Handzetteln aushelfen. In diesem Fall kommt der SDR der Bitte vieler Hörerinnen und Hörern nach: Die Hörfunkexpertentips erscheinen als Buchreihe.

Mit dieser SDR 1-Ratgeber-Reihe kommen wir der Bitte unserer Hörer nach, Information zu geben, die man schwarz auf weiß nachlesen kann. Ratgeber-Themen stehen in der Gunst der Hörer ganz oben. Guter Rat ist also gefragt. Deshalb steht, gewissermaßen unsichtbar, über dieser SDR 1-Ratgeber-Reihe die optimistische Devise: auch wenn der Alltag gelegentlich schwierig ist, gibt es für die meisten Probleme passable Lösungen. Man muß sie nur kennen. Und man muß wissen, wo guter Rat nicht teuer ist: in SDR 1. Es ist die ganz praktische Information, der handfeste Tip, den unsere Hörer in Sendungen wie dem Radiomarkt (8.20 bis 11.00 Uhr, täglich Montag bis Freitag in SDR 1) zu schätzen wissen.

Warum wir diese SDR 1-Ratgeber-Reihe mit dem Titel „Ein Herz fürs Grüne – 333 Gartentips von Edgar Gugenhan“ beginnen? Edgar Gugenhan ist in SDR 1 eine „Institution“. Seit 30 Jahren ist er Freund und Helfer der Hörer. Edgar Gugenhan steht für Kompetenz und Zuverlässigkeit, sein Herz schlägt fürs Grüne. Was er sagt, interessiert, und wie er's sagt, das wird vom Hörer verstanden.

Deshalb ist es uns eine Freude, mit ihm unsere SDR 1-Ratgeber-Reihe zu starten. 30 Jahre Gartenexperte beim Süddeutschen Rundfunk und 10 Jahre Telefon-Anrufservice für die Hörer von SDR 1 sind in diesem Buch kompakt zusammengefaßt. Wer das Buch liest, erfährt Seite für Seite, daß guter Rat nicht teuer ist, wenn man SDR 1 hört.

SÜDDEUTSCHER RUNDFUNK
Jochen Heuer